北京市高等教育精品教材立项项目

国家电工电子教学基地系列教材

SOPC 技术基础教程

（第 2 版修订本）

侯建军　郭　勇　编著

扫描二维码，可获取配套电子资源

U0268394

清 华 大 学 出 版 社

北京交通大学出版社

·北京·

内 容 简 介

本书系统地介绍了基于 FPGA 的 SOPC 的软硬件开发技术，以一个简单的设计实例为主线介绍软硬件的开发流程、开发工具的使用及开发的思想，使读者对 SOPC 技术有一个基本的了解。将 Nios Ⅱ 体系结构、Avalon 总线规范、Nios Ⅱ 处理器常用外部设备的更多底层细节提供给读者，使读者获得进行高级开发的能力，如第 8 章介绍的定制指令、定制外设开发和 C2H 编译器的使用。另外还介绍了使用 MATLAB 和 DSP Builder 进行基于 FPGA 的 DSP 开发技术，并提供了一些典型的实验。

本书可作为高等院校电子信息类各专业本科生、研究生的教材，也可以作为相关工程技术人员的参考书。

图书在版编目（CIP）数据

SOPC 技术基础教程／侯建军，郭勇编著．—2 版．—北京：北京交通大学出版社：清华大学出版社，2018.1（2024.1 重印）

（国家电工电子教学基地系列教材）

ISBN 978-7-5121-3446-1

Ⅰ. ① S⋯　Ⅱ. ① 侯⋯　② 郭⋯　Ⅲ. ① 微处理器-系统设计-教材　Ⅳ. ① TP332

中国版本图书馆 CIP 数据核字（2017）第 302071 号

SOPC 技术基础教程

SOPC JISHU JICHU JIAOCHENG

策划编辑：韩　乐　　责任编辑：付丽婷

出版发行：清 华 大 学 出 版 社　　邮编：100084　　电话：010-62776969　　http://www.tup.com.cn
　　　　　北京交通大学出版社　　邮编：100044　　电话：010-51686414　　http://www.bjtup.com.cn

印 刷 者：北京时代华都印刷有限公司

经　　销：全国新华书店

开　　本：185 mm×230 mm　　印张：24　　字数：538 千字

版 印 次：2019 年 6 月第 2 版第 1 次修订　　2024 年 1 月第 5 次印刷

印　　数：6 001～7 500 册　　定价：62.00 元

本书如有质量问题，请向北京交通大学出版社质监组反映。对您的意见和批评，我们表示欢迎和感谢。

投诉电话：010-51686043，51686008；传真：010-62225406；E-mail：press@bjtu.edu.cn。

国家电工电子教学基地系列教材
编审委员会成员名单

主　任　谈振辉

副主任　张思东　赵乐沅　孙雨耕

委　员　（以姓氏笔画为序）

王化深　卢先河　刘京南　朱定华　沈嗣昌

严国萍　杜普选　李金平　李哲英　张有根

张传生　张晓冬　陈后金　邹家骈　郑光信

屈　波　侯建军　贾怀义　徐国治　徐佩霞

廖桂生　薛　质　戴瑜兴

总　序

当今信息科学技术日新月异，以通信技术为代表的电子信息类专业知识更新尤为迅猛。培养具有国际竞争能力的高水平的信息技术人才，促进我国信息产业发展和国家信息化水平的提高，都对电子信息类专业创新人才的培养、课程体系的改革、课程内容的更新提出了富有时代特色的要求。近年来，国家电工电子教学基地对电子信息类专业的技术基础课程群进行了改革与实践，探索了各课程的认知规律，确定了科学的教育思想，理顺了课程体系，更新了课程内容，融合了现代教学方法，取得了良好的效果。为总结和推广这些改革成果，在借鉴国内外同类有影响教材的基础上，决定出版一套以电子信息类专业的技术基础课程为基础的"国家电工电子教学基地系列教材"。

本系列教材具有以下特色：

◇ 在教育思想上，符合学生的认知规律，使教材不仅是教学内容的载体，也是思维方法和认知过程的载体；

◇ 在体系上，建立了较完整的课程体系，突出了各课程内在联系及课群内各课程的相互关系，体现了微观与宏观、局部与整体的辩证统一；

◇ 在内容上，体现了现代与经典、数字与模拟、软件与硬件的辩证关系，反映了当今信息科学与技术的新概念和新理论，内容阐述深入浅出，详略得当，增加了工程性习题、设计性习题和综合性习题，培养学生分析问题和解决问题的素质与能力。

◇ 在辅助工具上，注重计算机软件工具的运用，使学生从单纯的习题计算转移到基本概念、基本原理和基本方法的理解和应用，提高了学生的学习效率和效果。

本系列教材包括：

《基础电路分析》《现代电路分析》《电路分析学习指导及习题精解》《模拟集成电路基础》《信号与系统》《信号与系统学习指导及习题精解》《模拟电子技术》《模拟电子技术学习指导与习题精解》《电子测量技术》《微机原理与接口技术》《电路基础实验》《电子电路实验及仿真》《数字实验一体化教程》《SOPC 技术基础教程》《数字信息处理综合设计实验》《电路基本理论》《现代电子线路》《电工技术》。

本系列教材的编写和出版得到了教育部高等教育司的指导、北京交通大学教务处及电子与信息工程学院的支持，在教育思想、课程体系、教学内容、教学方法等方面获得了国内同行们的帮助，在此表示衷心的感谢。

北京交通大学
"国家电工电子教学基地系列教材"
编审委员会主任

2019 年 6 月

第 2 版前言

本书作为 SOPC 技术的入门教程，希望提供给读者 SOPC 技术基本的概念、基本的设计理念和设计方法。第 2 版结构和第 1 版相似，内容由浅入深，循序渐进，理论和实践紧密结合。本书由一个设计实例将 SOPC 完整的设计流程介绍给读者，使读者对 SOPC 技术有一个整体的认识，然后再对各个环节进行详细介绍。

本书对开发设计用到的软件进行了小幅度的升级，但没有升级到最新的版本，这样可以兼顾技术和教学环境的更新。增加了最新的 FPGA 芯片的介绍，可以看到硬件的发展给 SOPC 提供了更好的舞台，同时对第 1 版中的一些错误进行了订正，对部分章节进行了精简。为方便学习，本书免费提供了配套的电子资源，读者可以通过扫描扉页上的二维码获取。

参与本书再版的作者与第 1 版相同，由侯建军教授和郭勇老师共同完成。

第 2 版虽然对第 1 版进行了改进，但难免还存在一些问题和不妥之处，恳请读者批评指正，以便我们做进一步的改进和提高。

编　者
2019 年 6 月

第 1 版前言

微电子技术与计算机技术的飞速发展对电子系统的设计技术产生了巨大而深远的影响，电子系统的设计技术在近几年发生了革命性的变化。

在集成电路（IC）发展初期，电路设计都是从器件的物理版图设计入手。后来出现了集成电路单元库，使得集成电路设计从器件级进入逻辑级，极大地推动了 IC 产业的发展。随着 IC 设计技术与工艺水平的发展，集成电路的集成度越来越高，规模越来越大，在 20 世纪 90 年代末，SOC（system on chip）技术成为主流的设计技术。SOC 称为片上系统，是指将一个完整产品的功能集成在一个芯片或芯片组上。SOC 从系统的整体角度出发，以 IP（intellectual property）核为基础，以硬件描述语言为系统功能和结构的描述手段，借助于以计算机为平台的 EDA 工具进行开发。由于 SOC 设计能够综合、全盘考虑整个系统的情况，因而可以实现更高的系统性能。

SOPC（system on a programmable chip，片上可编程系统）是 Altera 公司提出来的一种灵活、高效的 SOC 解决方案，是一种新的软硬件协同设计的系统设计技术，它将处理器、存储器（ROM、RAM 等）、总线和总线控制器、I/O 端口、DSP、锁相环等集成到一片FPGA芯片中。SOPC 技术是可编程器件技术与 SOC 技术的融合，代表半导体产业未来的发展方向。SOPC 的设计周期短、成本低。现在 SOPC 技术已经成为众多中小企业、科研院所和大专院校青睐的设计技术。

SOPC 技术是新兴的技术，有许多新的概念、设计理念和设计方法，但同时 SOPC 技术又有很强的应用性，而且通过实践可以更好地掌握 SOPC 技术。因此，本书的编写特征是由浅入深、循序渐进，理论和实践并重、理论和实践紧密结合。相应的理论讲解完后一定有相应的配套实验。本书贯穿少而精的原则，力求重点突出，基本概念明确清晰。

参加本书编写的教师多年来一直从事电子电路课程体系、课程内容的改革，总结了多年的教学经验，尤其是在新技术方面有较大的突破。本书由侯建军、郭勇编著，侯建军执笔第 1、3 章，并对全书进行了整理和统稿，郭勇执笔其余各章。陈后金教授认真审阅了大部分章节，并提出了许多宝贵意见。借此机会也向所有关心、支持和帮助过本书编写的同志们和北京革新科技有限公司致以诚挚的谢意。

由于作者水平有限，书中难免出现不妥之处和错误，恳请读者批评指正。

编 者
2008 年 3 月

目　　录

V

第 1 章 绪 论

微电子技术与计算机技术的飞速发展对电子系统的设计技术产生了巨大而深远的影响，电子系统的设计技术在近几年发生了革命性的变化。

在集成电路（IC）发展初期，电路设计都从器件的物理版图设计入手。后来出现了集成电路单元库，使得集成电路设计从器件级进入逻辑级，极大地推动了 IC 产业的发展。不过当时 IC 之间是通过 PCB 板等技术来进行互联而构成整个系统的，所以 PCB 板上 IC 芯片之间连线的延时、PCB 板的可靠性、PCB 板的尺寸等因素，会对系统的整体性能造成很大的限制。传统的集成电路设计技术已经不能满足现代电子系统对整机性能的日益提高的要求。

随着 IC 设计技术与工艺水平的发展，集成电路的集成度越来越高，规模越来越大，在20 世纪 90 年代末，达到了可以将整个系统集成在一个芯片上的水平，高性能产品的要求和微电子技术的发展使 SOC（system on chip）技术成为主流的设计技术。SOC 称为片上系统，是指将一个完整产品的功能集成在一个芯片上或芯片组上。SOC 从系统的整体角度出发，以 IP 核为基础，以硬件描述语言作为系统功能和结构的描述手段，借助于以计算机为平台的 EDA 工具进行开发。由于 SOC 设计能够综合、全盘考虑整个系统的情况，因而可以实现更高的系统性能。SOC 的出现标志着电子系统设计领域内的一场革命，其影响将是深远和广泛的。SOC 是专用集成电路系统，其设计周期长、成本高，因而 SOC 的设计技术难以被中小企业、研究院所和大专院校采用。

SOPC（system on a programmable chip，片上可编程系统）是 Altera 公司提出来的一种灵活、高效的 SOC 解决方案。它将处理器、存储器（ROM、RAM 等）、总线和总线控制器、I/O 端口、DSP、锁相环等集成到一片 FPGA 芯片中。它具有灵活的设计方式，可裁剪、可扩充、可升级，并具备软硬件在系统可编程的功能。市场上有丰富的 IP 核可供选择，用户可以快速地构成各种不同的系统，有些可编程器件内还包含有部分可编程模拟电路。以上的特点使得 SOPC 的设计周期短、成本低。

1.1 基本概念

1.1.1 SOC

从集成规模和系统功能的角度来考察，SOC 并没有严格的定义。广义而言，SOC 指的是在单片上集成系统级、多元化的大规模功能模块，从而构成一个能够处理各种信息的集成系统。这个集成系统通常包括一个主控单元和一些功能模块。主控单元通常是一个处理器，这个处理器可以是一个通用的处理器的核，也可以是数字信号处理器的核，还可以是一个专用的运算控制逻辑单元。在主控单元周围集成了一些功能模块，这些功能模块可分别完成不同的功能。SOC 将硬件逻辑与智能算法集成在了一起。从系统集成的角度看，SOC 是以不同模型、不同工艺的电路集成作为支持基础的，所以要实现 SOC，首先必须重点研究器件的结构与设计技术、工艺兼容技术、信号处理技术、测试与封装技术等，这是 SOC 设计的一个重要方面。其次，还要研究 SOC 的应用技术，即对现有的 SOC，针对既定的功能要求，进行工程开发的技术研究，这将涉及比前者更多的工程技术人员的参与。

狭义地讲，SOC 是一种结合了许多功能模块和微处理器核的单芯片电路系统。传统的设计都是根据功能划分设计多个功能模块，再将这些功能模块与微处理器做在一个电路板上。利用 SOC 技术可以大大缩小系统所占的面积，提高系统的性能。在批量生产的情况下，可有效地降低成本。

使用可重用的 IP 来构建 SOC，可以缩短产品的开发周期，降低开发的复杂度。可重复利用的 IP 包括元件库、宏、特殊的专用 IP（如通信接口 IP、输入输出接口 IP），以及各开发商开发的微处理器 IP（如 ARM 公司的 RISC 架构的 ARM 核）。SOC 嵌入式系统就是由微处理器的 IP 再加上一些外围 IP 整合而成的。

SOC 以嵌入式系统为核心，集软、硬件于一体，并追求最高的集成度，是电子系统设计发展的必然趋势和最终目标，是现代电子系统设计的最佳方案。SOC 是一种系统集成芯片，其系统功能可以完全由硬件完成，也可以由硬件和软件协同完成。目前的 SOC 主要指后者。

1.1.2   SOPC

SOPC 是 SOC 技术与可编程逻辑技术结合的产物，即基于大规模 FPGA 的单芯片系统。它是由美国的 Altera 公司在 2000 年提出来的，该公司同时推出了相应的开发软件和可供利用的 IP。此外，还有很多公司开发的 IP 可供选择。Altera 公司提供了 SOPC 开发的整体解决方案，所以开发效率高、成本低，且不存在兼容性的问题。

1.1.3   IP 核

IP（intellectual property）是知识产权的简称，SOC 和 SOPC 在设计上都是以集成电路 IP 核为基础的。集成电路 IP 经过预先设计、验证，符合产业界普遍认同的设计规范和设计标准，并具有相对独立且可以重复利用的电路模块或子系统，如 CPU、运算器等。集成电路 IP 模块具有知识含量高、占用芯片面积小、运行速度快、功耗低、工艺容差性大等特点，还具有可重用性，可以重复应用于 SOC、SOPC 或复杂的 ASIC 的设计当中。

美国 Dataquest 咨询公司将半导体产业的 IP 定义为用于 ASIC、ASSP 和 PLD 等当中，并且是预先设计好的电路模块。IP 核模块有行为（behavior）、结构（structure）和物理（physics）三个不同级别的设计，对应描述功能的不同分为三类，即 IP 软核（soft IP core）、基于物理描述并经过工艺验证的 IP 硬核（hard IP core）和完成结构描述的 IP 固核（firm IP core）。

1. IP 软核

IP 软核通常是用 HDL 文本形式提交给用户的，它经过 RTL 级设计优化和功能验证，但其中不含有任何具体的物理信息。据此，用户可以综合出正确的门电路级设计网表，并可以进行后续的结构设计，具有很大的灵活性。借助于 EDA 综合工具，IP 软核可以很容易地与其他外部逻辑电路合成一体，并根据各种不同的半导体工艺，设计成具有不同性能的器件。IP 软内核也称为虚拟组件（virtual component，VC）。

2. IP 硬核

IP 硬核是基于半导体工艺的物理设计，已有固定的拓扑布局和具体工艺，并已经过工艺验证，具有可保证的性能。其提供给用户的形式是电路物理结构掩模版图和全套工艺文件，是可以拿来就用的全套技术。

3. IP 固核

IP 固核的设计程度介于软核和硬核之间，除了完成软核所有的设计外，还完成了门级电路综合和时序仿真等设计环节。一般以门级电路网表的形式提供给用户。

在 SOPC 的设计中，嵌入式微处理器的 IP 核分软核和硬核两种。基于 FPGA 嵌入 IP 硬核的 SOPC 系统，在 FPGA 中以硬核的方式预先植入嵌入式系统处理器，可以是 ARM 或其他的微处理器 IP 核，然后利用 FPGA 中的可编程逻辑资源和 IP 核来实现其他的外围器件和接口。这样使得 FPGA 灵活的硬件设计与处理器的强大运算功能可以很好地结合。

基于 FPGA 嵌入 IP 硬核的 SOPC 系统的高性能是以降低灵活性和高成本为代价的，它有以下的缺点。

（1）此类硬核多来自第三方公司，FPGA 厂商需要支付知识产权费用，从而导致 FPGA 器件价格相对偏高。

（2）由于硬核是预先植入的，所以设计者无法根据实际需要改变处理器的结构，如总线宽度、接口方式等，更不能将 FPGA 逻辑资源构成的硬件加速模块以定制指令的形式加入到嵌入式系统的指令集中。

（3）无法根据实际需要在同一 FPGA 中使用多个处理器核。

（4）无法裁剪处理器的硬件资源以降低 FPGA 成本。

（5）只能在特定的 FPGA 中使用硬核。

基于 FPGA 嵌入 IP 软核的 SOPC 系统可以弥补上述的缺点。目前最具代表性的软核嵌入式系统处理器分别是 Altera 公司的 Nios 和 Nios Ⅱ，以及 Xilinx 公司的 MicroBlaze 核。Altera 公司的 Nios 和 Nios Ⅱ 软核是用户可以配置的嵌入式软核，其好多特性都可以进行配置，如总线宽度、指令集等。另外，Altera 公司的完备的开发工具提供给客户一个良好的开发环境，SOPC Builder 中包含了其他常用的外设 IP 模块和接口模块，同时用户也可以自己设计自己的外设 IP。用户无须为 Nios 支付知识产权费用。通过 MATLAB 和 DSP Builder，或直接使用 VHDL 等硬件描述语言，用户可以为 Nios 嵌入式处理器设计各类加速器，并将其以指令的形式加入 Nios 的指令系统，从而使其成为 Nios 系统的一个接口设备，与整个片内嵌入式系统融为一体。

1.2   Nios Ⅱ 软核处理器简介

在第一代软核处理器 Nios 取得巨大成功的基础上，Altera 公司于 2004 年 6 月推出了 Nios Ⅱ 软核处理器（简称 NiosⅡ处理器）。相对于 Nios，Nios Ⅱ 性能更高，占用 FPGA 的资源更少，而与之配套的开发环境更先进，有更多的资源可供用户使用。

嵌入式设计工程师面临很棘手的一个挑战是：寻找一款能够实现特性、成本、性能和生命周期完美组合的处理器。Nios Ⅱ 处理器所具有的完全可定制特性、性能可配置性、较低的产品和实施成本、易用性、适应性和不会过时等优势使其成为工程师们的最佳选择。

Nios Ⅱ 系列 32 位 RISC 嵌入式处理器具有超过 200 DMIPS 的性能，在 FPGA 中实现的成本只有几十美分。由于处理器是软核形式，具有很大的灵活性，用户可以在多种系统设置组合中进行选择，以达到性能、特性和成本目标。采用 Nios Ⅱ 处理器进行设计，可以帮助用户将产品迅速推向市场，延长产品生命周期，防止出现处理器过时的问题。

下面详细阐述 Nios Ⅱ 处理器的这些特性。

1.2.1   可定制特性

采用 Nios Ⅱ 处理器，开发者将不会局限于预先制造的处理器技术，而是根据自己的标准定制处理器，按照需要选择合适的外围设备、存储器和接口。此外，用户还可以轻松集成自己专有的功能，使设计具有独特的竞争优势。Nios Ⅱ 处理器具有完全可定制和重新配置特性，所实现的产品可满足现在和今后的需求。

1. 三种处理器内核

Nios Ⅱ 处理器系列包括三种内核——快速型（Nios Ⅱ /f）、标准型（Nios Ⅱ /s）和经济型（Nios Ⅱ /e），每一型号都针对价格和性能进行了优化。三种类型的内核特性对比参见

表1-1。所有这些内核共享 32 位指令集体系，与二进制代码 100% 兼容。使用 Altera 公司的 Quartus Ⅱ 设计软件中集成的 SOPC Builder 工具，可以在系统中轻松加入 Nios Ⅱ 处理器。

表 1-1　Nios Ⅱ 处理器系列三种类型内核特性对比

特　　性	Nios Ⅱ /f（快速）	Nios Ⅱ /s（标准）	Nios Ⅱ /e（经济）
说明	针对最佳性能优化	平衡性能和尺寸	针对逻辑资源占用优化
流水线	6 级	5 级	无
乘法器	1 周期	3 周期	软件仿真实现
支路预测	动态	静态	无
指令缓冲	可设置	可设置	无
数据缓冲	可设置	无	无
定制指令	256 条	256 条	256 条

2. 外围设备

Nios Ⅱ 开发包含有一套通用外围设备（简称外设）和接口库，见表1-2。SOPC 的模块池中列出了所有 SOPC 设计可用的 IP 核，并且提供了 IP 核下载和评估请求的链接。

表 1-2　设计可采用的部分外设

定时器/计数器	外部三态桥接	EPCS 串行闪存控制器	串行外设接口（SPI）	LCD 接口
用户逻辑接口	JTAG UARTC	S8900 10Base-T 接口	以太网接口 PCI	系统 ID
外部 SRAM 接口	片内 ROM	直接存储器通道（DMA）	紧凑闪存接口（CFI）	UART
SDR SDRAM	片内 RAM	LAN 91C111 10/100	有源串行存储器接口	并行 I/O
PCI	DDR SDRAM	CAN	RNG	USB
DDR2 SDRAM	DES 16550 UART	RSA	10/100/1000 Ethernet MAC	I^2C
SHA-1	浮点单元			

注：前面三行的外设 IP 包含在 Nios Ⅱ 开发包中；后面的三行可单独由 MegaCore 或者 Altera Megafunction Partners Program（AMPP）IP 提供。

利用 SOPC Builder 软件中的用户逻辑接口向导，用户还可以生成自己的定制外设，并将其集成在 Nios Ⅱ 处理器系统中。使用 SOPC Builder，用户可以在 Altera FPGA 中，组合实现现有处理器无法达到的嵌入式处理器配置，每次都能得到所需的结果。

1.2.2　系统性能可配置性

用户所需要的处理器，应该能够满足当前和今后的设计性能需求。由于今后发展具有不确定性，因此，Nios Ⅱ 设计人员必须能够更改其设计，如加入多个 Nios Ⅱ CPU、定制指令集、硬件加速器，以达到新的性能目标。采用 Nios Ⅱ 处理器，可以通过 Avalon 交换架构来调整系统性能，该架构是 Altera 的专有互联技术，支持多种并行数据通道，可实现大吞吐量应用。

1. 多 CPU 内核

用户可以在 FPGA 内部实现多个处理器内核，通过将多个 Nios Ⅱ /f 内核集成到单个器件内，可以获得极高的性能。Nios Ⅱ 的 IDE 开发支持这种多处理器在单一 FPGA 上的开发，或多个 FPGA 共享一个 JTAG 链。

2. Avalon 交换架构

Avalon 交换架构能够实现多路数据同时处理，并实现无与伦比的系统吞吐量。SOPC Builder 自动生成的 Avalon 交换架构针对系统处理器和外设的专用互联需求进行了优化。在传统总线结构中，单个总线仲裁器控制总线主机和从机之间的通信。每个总线主机发起总线控制请求，由总线仲裁器对某个主机授权接入总线。如果多个主机试图同时接入总线，则总线仲裁器会根据一套固定的仲裁规则，分配总线资源给某个主机。由于每次只有一个主机能够接入总线并使用总线资源，因此会存在带宽瓶颈。

如图 1-1 所示，Avalon 交换架构的多主机体系结构提高了系统带宽，消除了带宽瓶颈。采用 Avalon 交换架构，每个总线主机均有自己的专用互联，总线主机只需抢占共享从机，而不是总线本身。每当系统加入模块或者外设接入优先权改变时，SOPC Builder 将利用最少的 FPGA 资源，产生新的最佳 Avalon 交换架构。

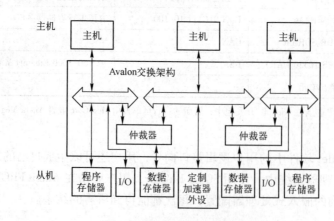

图 1-1   Avalon 交换架构体系

Avalon 交换架构支持多种系统体系结构，如单主机/多主机系统，可实现数据在外设与性能最佳数据通道之间的无缝传输。Avalon 交换架构同样支持用户设计的片外处理器和外设。

3. 定制指令

Nios Ⅱ 处理器定制指令扩展了 CPU 指令集，提高了对时间要求严格的软件的运行速度，从而使开发人员能够提高系统性能。采用定制指令，可以实现传统处理器无法达到的最佳系统性能。

Nios Ⅱ 系列处理器支持多达 256 条定制指令，通常用于加速由软件实现的逻辑和复杂数学算法。例如，在 64KB 缓冲中，执行循环冗余编码计算的逻辑模块，其定制指令速度比软件快 27 倍，如图 1-2 所示。Nios Ⅱ 处理器支持固定和可变周期操作，其向导功能将用户逻辑作为定制指令输入系统，可自动生成便于开发人员使用的软件宏功能。

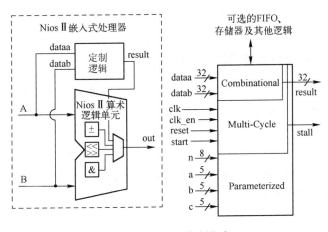

图 1-2 Nios Ⅱ 定制指令

4. 硬件加速

专用硬件加速器，如图 1-3 所示，可以作为 FPGA 中的定制协处理器，协助 CPU 同时处理多个数据块。图 1-2 中的循环冗余编码实例，采用硬件加速器处理 64KB 缓冲比软件速度快 530 倍。SOPC Builder 含有一个输入向导，能帮助开发人员将其加速逻辑和 DMA 通道引入系统。

1.2.3 延长产品生存周期

实现一个成功的产品，需要将其尽快推向市场，增强其功能特性以延长使用时间，避免处理器逐渐过时。用户可以在短时间内，将 Nios Ⅱ 嵌入式处理器由最初概念设想转为系统实现。这种基于 Nios Ⅱ 处理器的系统具有永久免版税设计许可，完全经得起时间考验。此外，在 FPGA 中软核处理器的成功植入，可以方便实现现场硬件和软件升级，这使得产品能够符合最新规范，具备最新特性。

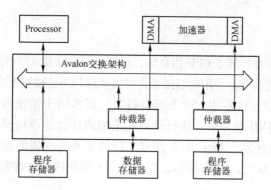

图 1-3　Nios Ⅱ 硬件加速

1. 完整的开发工具套件加速产品上市的时间

Altera 完整的硬件和软件开发工具帮助用户在极短的时间内，生成功能强大的 Nios Ⅱ 处理器系统。从概念产生到设计调试，Altera 提供了用户所需的全部工具，帮助其产品尽快面市。

2. 可升级性

Nios Ⅱ 处理器为 SOPC 产品带来的一个独特优势就是能够对硬件进行升级。即使产品已经交付给客户，仍可以定期对硬件进行升级。

3. 低成本

Cyclone 系列的 FPGA 是目前 ASIC 应用的低成本替代方案，在用户大批量应用的情况下目前其价格与 ASIC 相当。而且，一旦一个 FPGA 的设计被选定，并且打算进行大批量的生产，可以选择将它移植到 Altera 的 HardCopy（一种结构化的 ASIC）器件中，从而大幅度降低成本，提高性能。Altera 公司还可以提供 Nios Ⅱ 处理器的 ASIC 制造许可，用户可以将包括 Nios Ⅱ 处理器、外设、Avalon 交换式总线的设计移植到基于单元的 ASIC 中。

1.3　SOPC 设计流程

在采用 Nios Ⅱ 处理器设计嵌入式系统时，一般遵循如下的流程。

（1）系统需求分析，包括功能需求和性能要求等。

（2）建立 Quartus Ⅱ 工程，建立顶层实体。

（3）调用 SOPC Builder 生成一个用户定制的系统模块（包括 Nios Ⅱ 及标准外设模块）。

（4）将 SOPC 系统模块集成到硬件工程中，并添加一些模块，可以是 Altera 公司提供的 LPM 模块，也可以是第三方提供的或用户自己定制的模块。

（5）在顶层实体中，将 SOPC 系统模块、Altera 的 LPM 模块或用户自定义的模块连接起来。

（6）分配引脚和编译工程，编译生成系统的硬件配置文件（.sof 和 .pof 文件）。

（7）下载工程，验证，将配置文件下载到开发板上进行验证。

（8）软件开发，开发可以使用 IDE 开发环境，也可以使用 SDK shell。

（9）编译软件工程，生成可执行文件（.elf 文件）。

（10）调试程序，将硬件配置文件下载到开发板上，将可执行文件下载到 RAM 中，直到软硬件协同工作。

在上面的过程中，用到的软件有 Quartus Ⅱ、Nios Ⅱ SDK shell 或 Nios Ⅱ IDE、ModelSim 等，如果进行 DSP 的开发，还会用到 MATLAB 和 DSP Builder。

Quartus Ⅱ 是用来建立硬件系统的，其中包括 SOPC Builder 工具（SOPC Builder 工具是用来建立 SOPC 系统模块的）。Quartus Ⅱ 支持多种设计方式，如原理图、硬件描述语言等，并以硬件描述语言的方式支持 VHDL 和 Verilog。

软件开发使用 Nios Ⅱ SDK shell 或 Nios Ⅱ IDE。IDE 采用图形化的开发环境，使用起来方便直观，而 SDK shell 采用命令窗口的方式进行程序的调试。

ModelSim 是 HDL 编译仿真软件，用于对设计的硬件系统进行 RTL 级的仿真。

DSP Builder 是 Altera 公司推出的数字信号处理开发软件，用来实现算法和硬件实现的无缝过渡。用户可以在 MATLAB 的 Simulink 中完成算法模型的仿真、验证，然后通过 SignalCompiler 将模型文件转换成硬件描述语言的文件。

1.4　支持 Nios Ⅱ CPU 的 FPGA 型号

并不是 Altera 公司所有的 FPGA 都支持 Nios Ⅱ 软核处理器，目前有 Stratix、Stratix Ⅱ、Stratix Ⅲ、Stratix GX，以及 Cyclone、Cyclone Ⅱ、Cyclone Ⅲ 系列的芯片支持 Nios Ⅱ CPU。Nios Ⅱ 相比 Nios 占用更少的逻辑单元（LE），但性能提高了 4 倍。Nios Ⅱ 的内核有 3 种：① 经济型内核，占用 600～700 个 LE；② 标准型内核，占用 1 200～1 400 个 LE；③ 快速型内核，占用 1 400～1 800 个 LE。在 Nios Ⅱ 的这 3 种类型的内核中，内核占据资源越多，其功能就越强。一个典型的 Nios 系统大约占用 3 000 个 LE，而典型的 Nios CPU 则占用 1 879 个 LE。用户应该根据需求分析来选择相应的内核，然后根据系统的规模来选择相应的器件。

下面介绍 Cyclone、Cyclone Ⅱ 系列和 Stratix、Stratix Ⅱ 系列的 FPGA 器件。

1.4.1　Cyclone 和 Cyclone Ⅱ 系列

1. Cyclone 系列器件

Cyclone 是 Altera 公司的第一代现场可编程门阵列系列器件，于 2002 年 12 月份推出。Cyclone 系列器件基于 1.5 V、0.13 μm 及全铜 SRAM 工艺。Cyclone 系列 FPGA 容量为

2 910～20 060 个 LE，拥有 288Kb 的 RAM。Cyclone 系列 FPGA 的最大特点是低成本，所以 Cyclone 系列 FPGA 是成本敏感型大批量应用的最佳方案。如果需要进一步进行系统集成，可以考虑密度更高的 Cyclone Ⅱ FPGA 和 Cyclone Ⅲ FPGA。这些 Cyclone 系列巩固了 Altera 公司在大批量、低成本应用方案中的领先优势。表 1-3 给出了 Cyclone 系列片内资源的详细信息。

表 1-3　Cyclone 系列片内资源

单位：个

特　　　性	EP1C3	EP1C4	EP1C6	EP1C12	EP1C20
逻辑单元	2 910	4 000	5 980	12 060	20 060
M4K RAM 块（128×36 b）	13	17	20	52	64
RAM 总量/b	59 940	78 336	92 160	239 616	294 912
锁相环	1	2	2	2	2
最大可用管脚数	104	301	185	249	301

Cyclone 系列 FPGA 是目前 ASIC 应用的低成本替代方案。利用其系统级集成功能，Cyclone 系列FPGA 避免了 ASIC 昂贵的 NRE 负担，降低了订购量和产品推迟带来的风险。采用 Cyclone 系列 FPGA 的可编程解决方案，在用户大批量应用的情况下，价格与 ASIC 相当。

Cyclone 系列 FPGA 的价格和功能满足了市场对创新的需求。通信、计算机外设、工业和汽车等低成本、大批量的应用市场都可以使用 Cyclone 系列的 FPGA。

2. Cyclone 器件的性能特性

Cyclone 器件的性能足以和业界最快的 FPGA 竞争。Cyclone 系列 FPGA 综合考虑了逻辑、存储器、锁相环（PLL）和高级 I/O 接口，是价格敏感型应用的最佳选择。Cyclone 系列 FPGA 具有以下特点。

◇ 新的可编程体系结构，可实现低成本设计。

◇ 嵌入式存储器资源支持多种存储器应用和数字信号处理（DSP）实现。

◇ 专用外部存储器接口电路，支持与 DDR FCRAM 和 SDRAM 器件，以及 SDR SDRAM 存储器的连接。

◇ 支持串行总线和网络接口，以及多种通信协议。

◇ 片内和片外系统时序管理使用嵌入式 PLL。

◇ 支持单端 I/O 标准和差分 I/O 技术，LVDS 信号数据速率高达 640 Mbps。

◇ 处理功耗支持 Nios Ⅱ 系列嵌入式处理器。

◇ 采用新的串行配置器件的低成本配置方案。

◇ Quartus Ⅱ 软件 OpenCore 评估特性支持免费的 IP 功能评估。

◇ Quartus Ⅱ 网络版软件的免费支持。

3. Cyclone Ⅱ 系列器件

Cyclone Ⅱ 是 Altera 公司在第一代 Cyclone 系列的基础上开发的第二代 FPGA 系列器件，采用了全铜、90 nm、低 k 绝缘、1.2 V SRAM 工艺设计。Cyclone Ⅱ 具有很高的性能和极低的功耗，而价格和 ASIC 相当。它的应用领域和 Cyclone 系列相似，是针对成本敏感型大批量应用的解决方案，是通信、计算机外设、工业、汽车和视频处理等最终市场解决方案的理想选择。

Cyclone Ⅱ 为在 FPGA 上实现低成本的 DSP 系统提供了一个理想的平台，用户可以单独使用 Cyclone Ⅱ 或者将其作为 DSP 协处理器使用。Cyclone Ⅱ 器件具有经过优化的多种 DSP 特性，由 Altera 全面的 DSP 流程提供支持。Cyclone Ⅱ DSP 支持包括：

◇ 多达 150 个的 18×18 b 嵌入式乘法器；

◇ 1 125 Kb 的片内嵌入式存储器；

◇ 外部存储器高速接口；

◇ DSP IP 内核。

Cyclone Ⅱ 器件的容量为 4 608～68 416 个 LE，提供了 18×18 b 的嵌入式乘法器、专用外部存储器接口电路（最高速率可达 668Mbps）、128×36 b 的嵌入式存储器块、最多为 4 个的增强型锁相环等。Cyclone Ⅱ 系列片内资源见表 1-4。

表 1-4 Cyclone Ⅱ 系列片内资源　　　　　单位：个

特　性	EP2C5	EP2C8	EP2C20	EP2C35	EP2C50	EP2C70
逻辑单元	4 608	8 256	18 752	33 216	50 528	68 416
M4K RAM 块（128×36 b）	26	36	52	105	129	250
RAM 总量/b	119 808	165 888	239 616	483 840	594 432	1 152 000
嵌入式乘法器（18×18 b）	13	18	26	35	86	150
锁相环	2	2	4	4	4	4
最大可用管脚数	158	182	315	475	450	622

1.4.2　Stratix 和 Stratix Ⅱ 系列

1. Stratix 系列器件

Stratix FPGA 是 Altera 公司的第一代 Stratix 系列器件。Stratix 系列器件是 Altera 公司的大规模高端 FPGA，于 2002 年推出，采用 0.13 μm 的工艺，1.5 V 内核供电，容量为 10 570～79 040 个 LE，具有高达 7Mb 的 RAM。Stratix 系列器件具有多达 22 个 DSP 块和 176 个 9×9 b

嵌入式乘法器,同时器件还具有多种高性能的 I/O 接口、层次时钟结构和多达 12 个锁相环。第一代 Stratix FPGA 是军用和航空航天领域所选用的 FPGA,在这些应用中需要较宽的工作温度范围。表 1-5 给出了 Stratix 系列器件的片内资源的详细信息。

表 1-5　Stratix 系列片内资源　　　　　　　　　单位:个

特　　性	EP1S40	EP1S60	EP1S80
逻辑单元	41 250	57 120	79 040
M512 RAM 块（32×36 b）	384	574	767
M4K RAM 块（128×36 b）	183	292	364
M-RAM 块（4×144 b）	4	6	9
RAM 总量/b	3 423 744	5 215 104	7 427 520
DSP 块	14	18	22
嵌入式乘法器（9×9 b）	112	144	176
锁相环	12	12	12
最大可用管脚数	822	1 022	1 238

Stratix Ⅱ 和 Stratix Ⅲ 系列器件由于采用了创新性的逻辑结构,不但具有前代 Stratix 器件的所有特性,而且功耗更低、性能更好。Stratix Ⅱ 与 Stratix 相比,运行速度提高了 50%,逻辑容量提高了一倍,但成本却更低。Stratix Ⅲ 是功耗最低、性能最好的 FPGA。这里主要介绍 Stratix 和 Stratix Ⅱ 系列器件。

2. Stratix Ⅱ 系列器件

Stratix Ⅱ 器件于 2005 年推出,在 Stratix 架构的基础上,做了一些适合于 90 nm 工艺的改进。它采用 1.2 V 内核供电,9 层金属走线,90 nm、全铜 SRAM 工艺制造。在 Stratix 基础上 Stratix Ⅱ 增加了一些新的特性:采用了全新的逻辑结构——自适应逻辑模块（ALM）;增加了源同步通道的动态相位校准（PDA）电路和对新的外设存储器接口的支持;采用了128b AES 密钥对配置文件进行加密。

Stratix Ⅱ FPGA 采用的等效逻辑单元高达 179 400 个,嵌入式存储器总量达到 9Mb,最大可用管脚数达到 1 173 个,在高度优化的数字信号处理模块中 18×18 b 嵌入式乘法器数量达到 384 个。表 1-6 给出了 Stratix Ⅱ 系列片内资源的详细信息。

表 1-6　Stratix Ⅱ 系列片内资源　　　　　　　　　单位:个

特　　性	EP2S15	EP2S30	EP2S60	EP2S90	EP2S130	EP2S180
自适应逻辑模块	6 240	13 552	24 176	36 384	53 016	71 760
自适应查找表（ALUT）	12 480	27 104	48 352	72 768	106 032	143 520

续表

特　　性	EP2S15	EP2S30	EP2S60	EP2S90	EP2S130	EP2S180
等效逻辑单元	15 600	33 880	60 440	90 960	132 540	179 400
M512RAM 块（32×36 b）	104	202	329	488	699	930
M4K RAM 块（128×36 b）	78	144	255	408	609	768
M-RAM 块（4×144 b）	0	1	2	4	6	9
RAM 总量/b	419 328	1 369 728	2 544 192	4 520 488	6 747 840	9 383 040
DSP 块	12	16	36	48	63	96
嵌入式乘法器（18×18 b）	48	64	144	192	252	384
增强锁相环（enhanced PLL）	2	2	4	4	4	4
快速锁相环（fast PLL）	4	4	8	8	8	8
最大可用管脚数	365	499	717	901	1 109	1 173

1.5　最新的 FPGA 系列器件

1）Stratix 10 系列 FPGA

14 nm 工艺的 FPGA，其在 FPGA 和 SOC 系统集成上的突破包括：

◇ 异构 3D 系统级封装集成；

◇ 最高存储器带宽，具有 HBM2 DRAM 集成的封装；

◇ 双模式收发器，具有 56 Gbps 的 PAM-4 和 30 Gbps 的 NRZ；

◇ 密度最高的单片 FPGA 架构，有 550 万个逻辑单元；

◇ IEEE 754 兼容单精度浮点数字信号处理，吞吐量高达 10 TFLOPS；

◇ 安全器件管理器（SDM），具有最全面的安全功能；

◇ 集成四核 64 位 ARM®Cortex®-A53 硬核处理器系统；

◇ 互补并经过验证的优化 Intel Enpirion®电源解决方案。

这些前所未有的功能使得 Stratix 10 器件在解决几乎所有最终市场下一代高性能系统设计难题方面独一无二，这些市场包括固网、无线通信、计算、存储、军事、广播、医疗、测试和测量等。

2）Arria 10 系列 FPGA

20 nm 工艺、性能卓越的 FPGA 和 SOC，借助 OpenCore 设计，Arria 10 设备相比同类设备可提供高出一个速度等级的内核性能，以及高达 20% 的最高频率优势。Arria 10 FPGA 和 SOC 功耗比前一代 FPGA 和 SOC 低 40%，具有业界唯一的硬核浮点数字信号处理模块，其速率高达 1.5 TFLOPS。Arria 10 FPGA 主要优势如下：

◇ 比同类其他中端 FPGA 和 SOC 快出一个速率等级；

◇ IEEE 754 兼容硬核浮点，DSP 性能达到 1 500 GFLOPS；

◇ 1.5 GHz 双核 ARM 型 CPU——业界仅有的 20 nm SOC；

◇ 性能卓越的 2 400 Mbps 的 DDR4 SDRAM 存储器接口；

◇ 业界唯一支持 25.78 Gbps 传输速率的中端 FPGA；

◇ 96 个收发器通路，串行带宽达到 3.3 Tbps；

◇ 100 多万个逻辑单元，密度比前一代中端器件高出 2 倍；

◇ 硬核知识产权内核，DDR4 存储器控制器和 PCI Express® 3.0 规范；

◇ Intel Enpirion® PowerSOC 为客户提供了最小封装，提高了性能，降低了系统功耗，提高了可靠性和效率。

Arria 10 FPGA 和 SOC 已经成为多种应用市场的理想选择，如通信、军事、广播、汽车和其他最终市场。

3）Cyclone 10 系列 FPGA

与前几代 Cyclone 系列 FPGA 相比，Intel Cyclone® 10 系列可节省更多的成本和功耗。基于 10.3 G 的收发器，1.4 Gbps 的 LVDS，以及最高 72 位宽、1 866 Mbps 的 DDR3 SDRAM 接口，Cyclone 10 GX FPGA 可为用户提供高带宽。Cyclone 10 LP FPGA 可提供低静态功耗和成本优化的功能。

◇ Cyclone 10 GX FPGA 针对工业视觉、机器人和车载娱乐多媒体系统等高带宽、高性能应用进行了优化。

◇ Cyclone 10 LP FPGA 针对 I/O 扩展、传感器融合、电机/运动控制、芯片到芯片桥接，以及控制等低静态功耗、低成本应用进行了优化。

Cyclone 10 GX FPGA 和 Cyclone 10 LP FPGA 都支持垂直迁移，用户可以先在一个器件上开始设计，然后在完成设计后再将其迁移至相邻的器件。

4）MAX 10 系列 FPGA

MAX 10 系列 FPGA 在低成本、单芯片、小外形封装的可编程逻辑器件中实现了先进的处理功能，是革命性的非易失集成器件。它继承了前一代 MAX 系列器件的单芯片特性，使用单核或者双核电压供电，其密度范围介于 2K 至 50K 逻辑单元之间。MAX 10 系列 FPGA 提供了先进的小圆晶片级封装（3 mm×3 mm），以及大量 I/O 引脚封装的产品。

MAX 10 系列 FPGA 采用 TSMC 的 55 nm 嵌入式 NOR 闪存技术制造，支持瞬时接通功能。它的集成功能包括模数转换器（ADC）和双配置闪存，支持用户在一个芯片上存储两个镜像，并且可在镜像间实现动态切换。

MAX 10 系列 FPGA 提高了系统组件功能的集成度，从而降低了系统级成本。

◇ 模拟模块——集成模拟模块、ADC 和温度传感器，非常灵活的采样排序功能，缩短了延时，减小了电路板面积。

◇ 瞬时接通——MAX 10 FPGA 是系统电路板上第一个开始工作的器件，可控制高密度 FPGA、ASIC、ASSP 和处理器等其他组件的启动。

◇ Nios® II 软核嵌入式处理器——MAX 10 FPGA 支持 Altera 软核 Nios II 嵌入式处理器的集成，为嵌入式开发人员提供了单芯片和完全可配置的瞬时接通处理器子系统。

◇ DSP 模块——作为第一款非易失且具有 DSP 的 FPGA，MAX 10 FPGA 非常适合使用集成 18×18b 乘法器的高性能、高精度应用。

◇ DDR3 外部存储器接口——MAX 10 FPGA 通过软核知识产权存储控制器支持 DDR3 SDRAM 和 LPDDR2 接口，适合视频、数据通路和嵌入式应用。

◇ 用户闪存——具有 736 KB 管芯用户闪存代码存储功能，MAX 10 FPGA 支持先进的单芯片 Nios II 嵌入式应用。用户闪存容量取决于配置选择。

第2章 SOPC 的硬件开发环境及硬件开发流程

SOPC 的设计分成硬件和软件两部分，分别有不同的开发环境。本书以电子钟设计的实例来讲解 SOPC 的开发环境及流程。本章讲解 SOPC 的硬件开发环境及开发流程，后面的章节讲解软件的开发环境及开发流程。

SOPC 设计流程的第一步是要进行需求分析，这里给出一个电子钟的设计要求，可根据这个要求来建立硬件系统。

电子钟的设计要求如下。

◇ 在液晶屏上显示日期、时间。

◇ 可以设置日期、时间。

根据系统要求实现的功能，电子钟的设计要用到的外围器件如下。

◇ LCD——电子钟显示屏幕。

◇ 按键——电子钟设置功能键。

◇ Flash 存储器——存储软件程序和硬件配置文件。

◇ SRAM 存储器——程序运行时将其导入 SRAM。

根据所要用到的外设、要实现的功能，以及开发板的配置，在 SOPC Builder 中建立系统要添加的模块，包括：Nios Ⅱ CPU、定时器、按键 PIO、LCD 控制器、AVALON 三态桥、外部 RAM 接口、外部 Flash 接口。

本书使用的开发环境如下。

◇ Windows 7 操作系统。

◇ Nios Ⅱ 8.0 嵌入式处理器。

◇ Quartus Ⅱ 8.0。

◇ 基于 Cyclone Ⅱ 的 SOPC 开发板。

2.1 创建 Quartus Ⅱ 工程

需求分析完成之后，将进行硬件系统的创建。首先必须建立一个 Quartus Ⅱ 的工程，由用户为工程指定工作目录、工程名称、顶层设计实体名称、目标器件系列、EDA 工具设置等。步骤如下。

（1）选择"开始"→"所有程序"→"Altera"→"Quartus Ⅱ 8.0"→"Quartus Ⅱ 8.0（32-Bit）"选项，启动 Quartus Ⅱ 软件。

（2）选择"File"→"New Project Wizard"，弹出如图 2-1 所示页面，该页面介绍所要完成的具体任务。

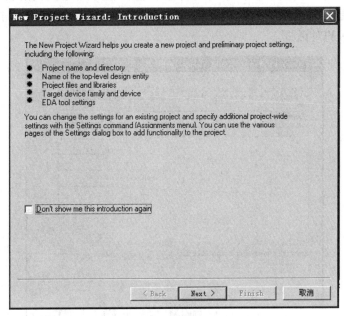

图 2-1　新建工程向导简介

（3）单击"Next"按钮，打开如图 2-2 所示对话框。

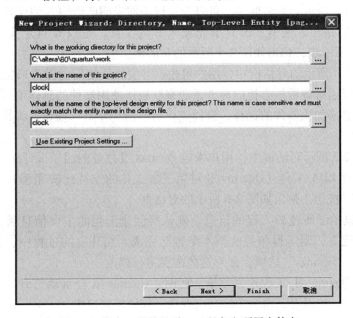

图 2-2　指定工程的目录、工程名和顶层实体名

　　（4）在如图 2-2 所示的对话框中，指定工程存放的目录、工程名和顶层实体名。工程名和顶层实体名要求相同，工程目录可以随意设置，但必须是英文的目录，工程名和顶层实体名也要求是英文名字，这里的工程名和顶层实体名为 clock，单击"Next"按钮，弹出如图 2-3 所示的对话框。

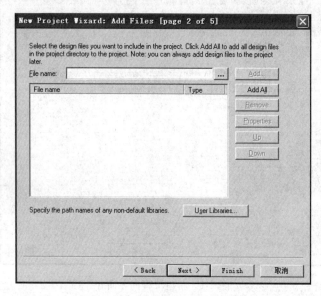

图 2-3　新建工程文件添加对话框

　　（5）在如图 2-3 所示的对话框中，可以为工程添加先期已经输入的设计文件，指定用户自定义的元件库的路径。这里，没有事先输入好的文件，也没有自定义的元件库，单击"Next"按钮进入下一步，弹出如图 2-4 所示的对话框。

　　（6）在如图 2-4 所示的对话框中，用户可根据开发板所使用的器件来指定目标器件。在实际开发中，可以通过查看核心板的参考手册来获取所使用器件的具体型号，还可以使用对话框右边的过滤器来加快器件的选择，选择完毕后单击"Next"按钮，弹出如图 2-5 所示的对话框。

　　（7）在如图 2-5 所示对话框中，用户指定 Quartus Ⅱ 之外的用于设计输入、综合、仿真、时序分析的第三方 EDA 工具（Quartus Ⅱ 对第三方工具的支持比较完善）。这里不做选择，直接单击"Next"按钮，弹出如图 2-6 所示的对话框。

　　（8）图 2-6 显示了所建新工程的信息。确认所创建工程的主要信息后，单击"Finish"按钮完成工程的建立，则工程相关的基本配置已完成。在开发的过程中，还可以通过选择"Assignment"→"Settings"选项，来对这些配置进行修改。

　　至此，一个 Quartus Ⅱ 工程建立完毕。此时，Quartus Ⅱ 会自动打开这个工程，弹出如图 2-7 所示的窗口，可以看到顶层实体名出现在工程导航窗口中。

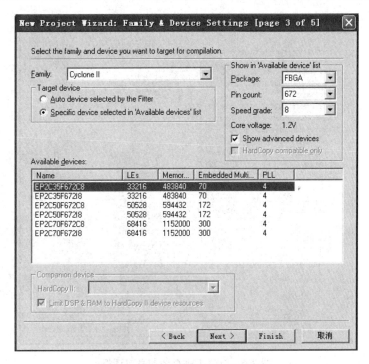

图 2-4　新建工程器件选择对话框

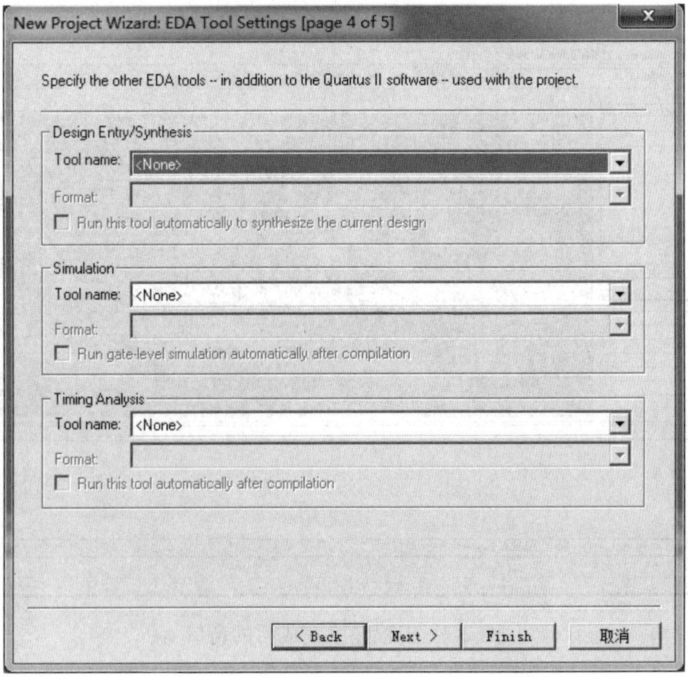

图 2-5　新建工程 EDA 工具选择对话框

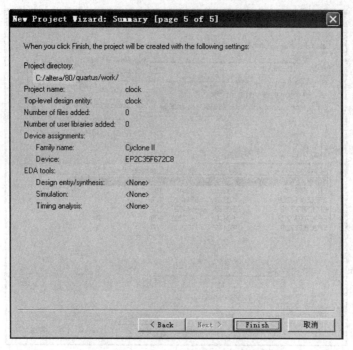

图 2-6 新建工程总体信息对话框

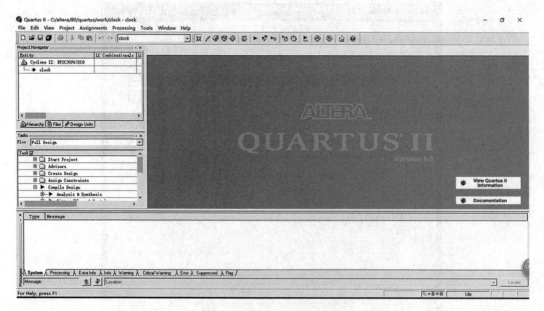

图 2-7 工程建立完成后的窗口

2.2　创建 Nios Ⅱ 系统模块

工程创建完成之后，需要创建顶层实体。创建完顶层设计文件之后，使用 SOPC Builder 创建 Nios Ⅱ 嵌入式处理器，添加、配置系统的外设 IP，组成 Nios Ⅱ 系统模块。Nios Ⅱ 系统模块设计完成之后要加入到该顶层实体中，然后进行其他片上逻辑的开发。

2.2.1　创建顶层实体

（1）在如图 2-7 所示的窗口中，选择"File"→"New"选项，弹出"New"对话框。

（2）选择"Design Files"→"Block Diagram/Schematic File"选项，即原理图文件，也可以选择硬件描述语言的文件形式，单击"OK"按钮。

（3）弹出一个原理图文件编辑窗口，如图 2-8 所示。

（4）选择"File"→"Save As"选项，弹出"另存为"对话框，如图 2-9 所示，显示的目录为之前设置的工程目录，文件名为之前设置的顶层实体名（由于这是工程的第一个文件，所以系统默认文件名为顶层实体名）。勾选"Add file to current project"复选项，单击"保存"按钮，文件被保存并被加入到工程中。

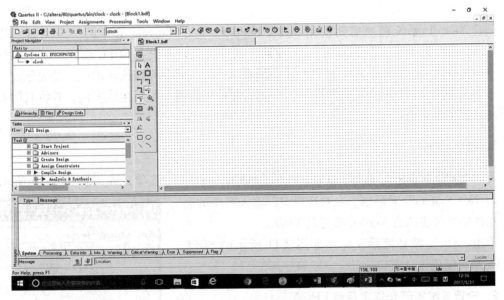

图 2-8　原理图文件编辑窗口

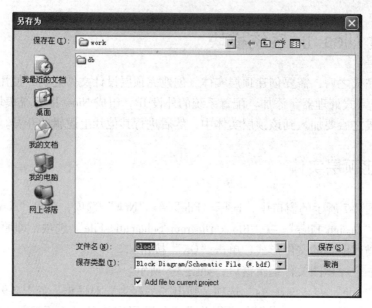

图 2-9 "另存为"对话框

2.2.2 创建 Nios Ⅱ 系统模块

创建 Nios Ⅱ 系统模块需要使用 SOPC Builder，它是 Quartus Ⅱ 中的一个工具。使用 SOPC Builder 可以创建一个 Nios Ⅱ 系统模块，或者创建多主设备 SOPC 模块。一个完整的 Nios Ⅱ 系统模块包括 Nios Ⅱ 处理器和相关的系统外设。创建系统模块的流程是先创建一个系统，然后添加 Nios Ⅱ CPU 和外设 IP，再进行相应的设置，最后生成实例，并将其加入到工程的顶层实体中去。

1. 创建系统

启动 SOPC Builder，选择"Tools"→"SOPC Builder"选项，弹出如图 2-10 所示的 "Create New System"对话框。在对话框中，输入系统的名字，选择硬件描述语言 Verilog 或者是 VHDL。

单击"OK"按钮之后，弹出如图 2-11 所示的 SOPC Builder 系统模块设计窗口。

2. 设置系统主频和指定目标 FPGA

在图 2-11 窗口的右上方，用户需要设置系统的时钟频率，该频率用于计算硬件和软件开发中的定时，这里设成

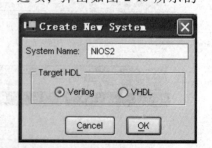

图 2-10 创建新系统对话框

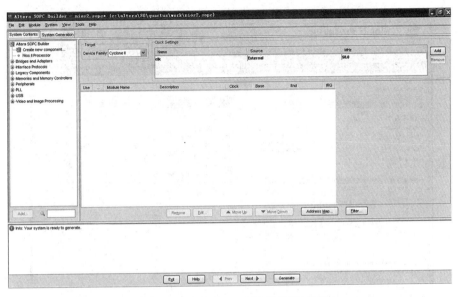

图 2-11　SOPC Builder 系统模块设计窗口

85 MHz，还可以选择是否选用流水线。因为设计涉及使用 IDE 的 Flash 编程工具对 Flash 器件的编程，必须指定一个目标板，所以，要在"Target"栏的"Device Family"下拉列表框中选择本书中使用的核心开发板——Cyclone Ⅱ。

3. 加入 Nios Ⅱ CPU 模块

Nios Ⅱ 是软核 CPU，共有三种类型的 CPU 可供选择：Nios Ⅱ /e（经济型）、Nios Ⅱ /s（标准型）和 Nios Ⅱ /f（快速型）。用户可以根据实际的情况进行选择。Nios Ⅱ 是一个可以自行进行定制的 CPU，用户可以增加新的外设、新的指令等。

添加 Nios Ⅱ CPU 的步骤如下。

（1）在图 2-11 窗口中选择"Altera SOPC Builder"→"Nios Ⅱ Processor"选项。

（2）单击"Add"按钮，出现 Altera Nios Ⅱ CPU 的设置向导，如图 2-12 所示，共有三种类型的 CPU 可供选择。

（3）根据需要选择相应的一种 Nios Ⅱ 核，这里选择标准型的 Nios Ⅱ 核，"Hardware Multiply"选择"none"，不勾选"Hardware Divide"复选项，单击"Next"按钮，弹出如图 2-13 所示的"Caches and Memory Interfaces"设置页面。

（4）设置 Nios Ⅱ 的 Cache 和与 CPU 直接相连的存储器端口（不通过 Avalon 总线），如图 2-13 所示，"Instruction Cache"选择"4 Kbytes"，不勾选"Include tightly coupled instruction master port(s)"复选项，单击"Next"按钮进入"Advanced Features"设置页面。

（5）如图 2-14 所示是"Advanced Features"的设置页面，这里不勾选"Include cpu＿rese-

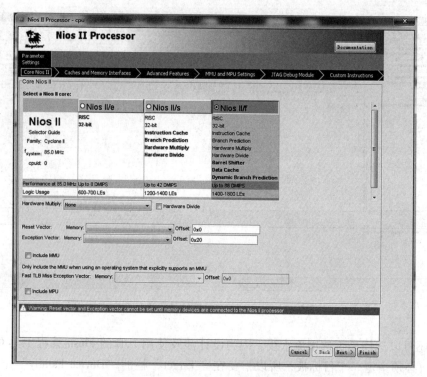

图 2-12　Altera Nios Ⅱ 核设置页面

trequest and cpu _ resettaken signals"复选项，单击"Next"按钮进入"JTAG Debug Module"
设置页面。

（6）如图 2-15 所示，共有 4 个调试级别可供选择，这里选择 Level 1 即可，该级别支持
软件的断点调试。JTAG 调试模块要占用较多的逻辑资源，在整个系统调试完毕后可以选中
"No Debugger"单选项，以减少系统占用资源。单击"Next"按钮，即进入自定义指令的
设置。

（7）因为本例不会用到任何的自定义指令，这里不作任何的设置，单击"Finish"按钮
完成 CPU 模块的添加。

添加完成之后，如图 2-16 所示，在元件窗口下将出现一个带有 JTAG 调试接口的 Nios
Ⅱ CPU 内核。Module Name 为 Nios Ⅱ CPU 的名字——cpu（默认的），可以选中它，右击，
在弹出的快捷菜单中选择"Rename"选项进行重命名。通过右击，在弹出的快捷菜单中选
择"Edit"选项或双击该模块，会弹出如图 2-12 所示的页面，用户可以对添加的 Nios Ⅱ
CPU 的设置进行修改。稍后添加的系统外设，都和Nios Ⅱ核一样，可以重命名和重新设置
属性。

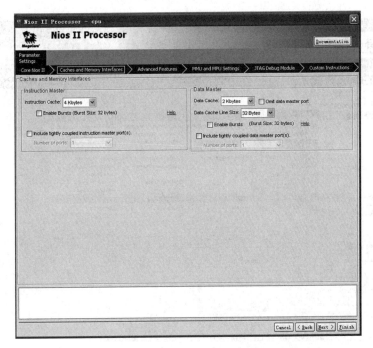

图 2-13　"Caches and Memory Interfaces"设置页面

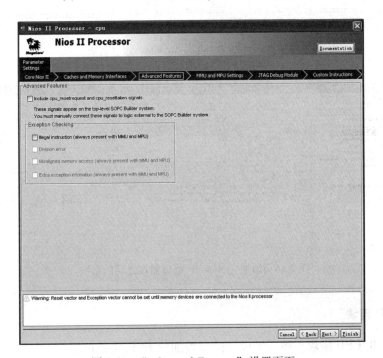

图 2-14　"Advanced Features"设置页面

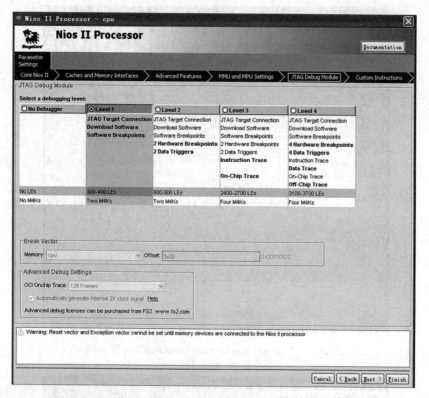

图 2-15   "JTAG Debug Module" 设置页面

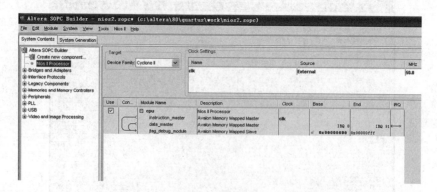

图 2-16   添加完 Nios Ⅱ 处理器核之后的系统

4. 加入 IP 模块

除了 Nios Ⅱ CPU 模块，电子钟设计需要添加的 IP 模块还包括：

◇ Timer；

◇ Button PIO；

◇ LCD 控制器；

◇ 外部 RAM 总线；

◇ 外部 Flash 总线；

◇ 外部 RAM 接口；

◇ 外部 Flash 接口；

◇ JTAG UART 接口。

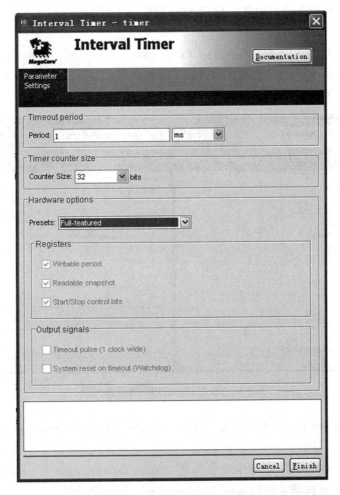

图 2-17　定时器设置页面

　　Nios Ⅱ CPU 通过这些外设可与 FPGA 器件的内部逻辑或开发板上的外部硬件进行连接和通信，即有些 IP 可用于驱动开发板上的外设。Nios Ⅱ CPU 和这些系统外设构成了一个较完整的系统模块。

1）添加定时器

和 Nios Ⅱ CPU 一样，用户可以对定时器进行定制。添加定时器的步骤如下。

（1）在如图 2-11 所示的窗口左侧的"Peripherals"库的"Microcontroller Peripherals"库中选择"Interval Timer"，单击"Add"按钮，弹出"Interval Timer-timer"向导窗口，如图 2-17 所示。

（2）参照图 2-17 来配置定时器。

（3）单击"Finish"按钮，完成定时器的添加。

（4）可以对 Timer 进行重命名，我们这里取默认的名字。

2）添加 Button PIO

（1）在如图 2-11 所示的窗口左侧的"Peripherals"库的"Microcontroller Peripherals"库中选择"PIO（Parallel I/O）"，单击"Add"按钮，弹出"PIO（Parallel I/O）-pio"向导窗口，如图 2-18 所示。

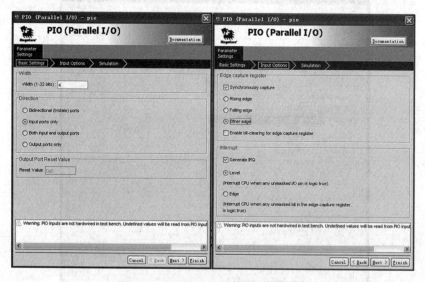

图 2-18 添加 Button PIO 的设置页面

（2）在"Basic Settings"选项卡中，设置"Width"为"4"bits，"Direction"为"Input ports only"。

（3）在"Input Options"选项卡中，勾选"Edge capture register"选项区域中的"Synchronously capture"复选项，然后选中"Either edge"单选项。

（4）勾选"Interrupt"选项区域中的"Generate IRQ"复选项，然后选中"Edge"单选项。

（5）单击"Finish"按钮，返回到图 2-11 所示的窗口。

（6）右击"Module Name"下的"pio"，在弹出的快捷菜单中选择"Rename"选项，将其重命名为"button_pio"。

3) 添加 LCD 控制器

(1) 在如图 2-11 所示的窗口左侧的"Peripherals"库中的"Display"库中选择"Character LCD",单击"Add"按钮,弹出"Character LCD-lcd"向导窗口。

(2) 单击"Finish"按钮,返回到图 2-11 所示的窗口。

(3) 右击"Module Name"下的"lcd",在弹出的快捷菜单中选择"Rename"选项,将其重命名为"lcd_display"。

4) 添加外部 RAM 接口

(1) 在如图 2-11 所示的窗口左侧的"Memories and Memory Controllers"库的"SRAM"库选择"Cypress CY7C1380C SSRAM",单击"Add"按钮,弹出"Cypress CY7C1380C SSRAM-ssram"向导窗口,如图 2-19 所示。

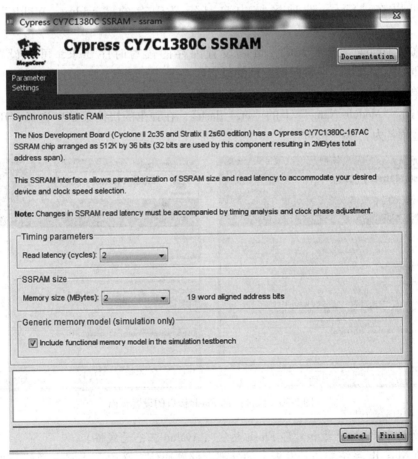

图 2-19　添加外部 RAM 接口的设置窗口

（2）单击 "Timing parameters" 选项区域中的下三角按钮，在弹出的下拉列表中选择 "2"，再单击 "SSRAM size" 选项区域中的下三角按钮，在弹出的下拉列表中选择 "2"。

（3）单击 "Finish" 按钮，返回到图 2-11 所示的窗口。

（4）右击 "Module Name" 下的 "ssram"，在弹出的快捷菜单中选择 "Rename" 选项，将其重命名为 "ext_ssram"。

5）添加外部 Flash 接口

（1）在如图 2-11 所示的窗口左侧的 "Memories and Memory Controllers" 库的 "Flash" 库中选择 "Flash Memory（CFI）"，单击 "Add" 按钮，弹出 "Flash Memory（CFI）-cfi_flash_1" 向导窗口，如图 2-20 所示。

（2）在 "Attributes" 选项卡中，单击 "Presets" 下三角按钮，在弹出的列表中选择相应的闪存的接口，这些闪存的接口都是经过测试的。如应用的闪存接口不在列表中，用户可以在 "Size" 选项区域中自己定义闪存的 "Address Width" 和 "Data Width"。

（3）在 "Timing" 选项卡中，可以设置闪存的读写时序要求，可以设置 "Setup" "Wait" "Hold" 等参数，通常保留默认的设置。

（4）单击 "Finish" 按钮，返回到图 2-11 所示的窗口。

（5）右击 "Module Name" 下的 "cfi_flash"，在弹出的快捷菜单中选择 "Rename" 选项，将其重命名为 "ext_flash"。

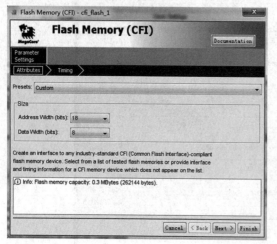 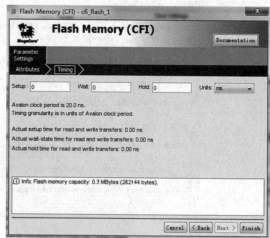

图 2-20　添加外部 Flash 接口的设置页面

6）添加外部 RAM 总线和外部 Flash 总线（Avalon 三态总线桥）

为了使 Nios Ⅱ 系统能与开发板上的外部存储器通信，必须在 Avalon 总线和外部存储器之间加入 Avalon 三态总线桥。这部分内容在后面的章节会有更深入的阐述。

（1）在如图 2-11 所示的窗口左侧的"Bridges and Adapters"库的"Memory Mapped"库中选择"Avalon-MM Tristate Bridge"，单击"Add"按钮，弹出"Avalon-MM Tristate Bridge"向导窗口，如图 2-21 所示。

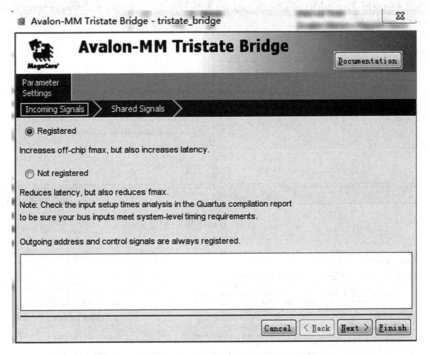

图 2-21　添加 Avalon 三态总线桥的设置页面

（2）"Registered"单选项默认为选中。

（3）单击"Finish"按钮，返回到图 2-11 所示的窗口。

（4）右击"Module Name"下的"tristate _ bridge"，在弹出的快捷菜单中选择"Rename"选项，将其重命名为"ext _ ssram _ bus"。

（5）重复前三个步骤，再添加一个 Avalon 三态总线桥，并将其重命名为"ext _ flash _ enet _ bus"。

7）添加 JTAG UART 接口

（1）在如图 2-11 所示的窗口左侧的"Interface Protocols"库的"Serial"库中选择"JTAG UART"，单击"Add"按钮，弹出"JTAG UART-jtag_uart"向导窗口，如图 2-22 所示。

（2）保留默认的设置，单击"Finish"按钮。

（3）右击"Module Name"下的"jtag _ uart"，在弹出的快捷菜单中选择"Rename"选项，将其重命名为"JTAG _ UART"。

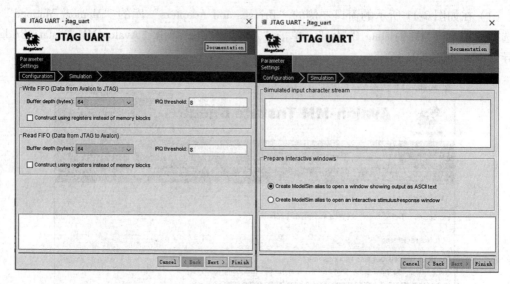

图 2-22   JTAG UART 接口配置向导

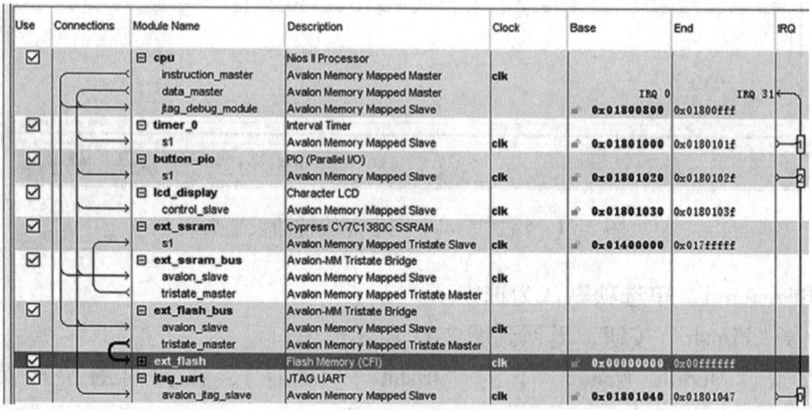

图 2-23   完成系统 IP 添加和连接的窗口

　　这样就完成了本设计所需要的系统的外设添加工作了，下面把它们按照图 2-23 进行连接：主要是外部 RAM 接口和 RAM 的三态桥连接，外部的 Flash 接口和 Flash 的三态桥连接。所有添加的 IP 连接都是系统自动完成的，除了三态桥和外部存储器的接口的连接之外，其他的连接用户不用修改，但对于三态桥和外部存储器接口的连接，系统的自动连接可能和用户的开发板不匹配，因此用户需要进行手动更改。图 2-23 的连接是针对本书所用的开发板的情况进行的设置，因为本书用到的开发板外部的 SRAM 和外部的 Flash 没有使用共用的数据线和地址线，所以必须为它们分别添加一个三态桥。Altera 公司提供了丰富的外设 IP 可供用户加入到设计当中，如片内 ROM，communication UART、LED PIO、Seven Segment PIO、外部 DDR SDRAM 的接口等。本设计没有用到上述的外设 IP，所以不做讲述，读者可以通过 Quartus Ⅱ 的帮助文件，或者通过 Altera 公司的技术资料来获得相应的信息。

2.2.3　分配 IP 模块的地址和中断号

在以上添加 IP 的过程中，SOPC Builder 为各个 IP 模块分配了一个默认的基地址，用户可以改变这些默认的分配。如果用户自己分配的地址出现冲突，SOPC Builder 会给出警告，用户可以按照下面的步骤来进行地址分配和解决地址冲突问题。

下面给出一个自定义的地址分配实例，在这里将闪存的基地址设定为 0x00000000，步骤如下。

（1）在如图 2-23 所示的窗口中，单击 Flash 外设的 "Base" 栏，将地址改为 "0x0"，然后按 Enter 键，这时 SOPC Builder 将弹出错误的提示信息，这是因为闪存的地址和其他的外设地址发生了冲突。

（2）选择 "Module" 菜单中的 "Lock Base Address" 选项，一个挂锁的图标将出现在闪存基地址的旁边，如图 2-24 所示。

图 2-24　自动分配地址和中断优先级

（3）选择 "System" 菜单中的 "Auto-Assign Base Address" 选项，可解决外设的地址分配冲突问题；SOPC Builder 可通过调整其他外设的地址来避开与闪存地址的冲突，这样错误提示消息就会消失了。

（4）在如图 2-24 所示的窗口中，用户可以手动修改各个外设的中断号。中断号越低，中断优先级越高。用户也可以采用自动分配中断号的方式，选择 "System" 菜单中的 "Auto-Assign IRQs"，但 SOPC Builder 不处理软件操作。采用自动分配中断号的策略不一定是最优的，用户最好是根据自己的应用来确定外设的中断优先级，采用手动分配方法。

2.2.4　配置 Nios Ⅱ 系统

系统的 IP 模块添加完成之后，还需要对 CPU 进行配置。在 SOPC Builder 系统设计窗口中，双击图 2-24 中的 CPU 模块，弹出如图 2-25 所示的窗口。在图 2-25 所示的窗口中可进行复位向量和异常向量的设置。

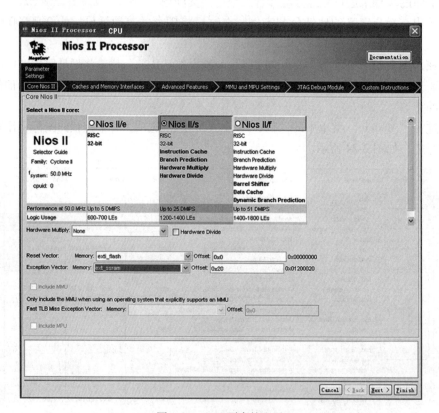

图 2-25　CPU 更多的配置

Reset Vector：可以选择存放 Boot Loader 的存储器和设置 Boot Loader 在存储器中的偏移；我们这里选择 "exti _ flash"，偏移选择默认。

Exception Vector：可以选择存放异常向量表的存储器和设置异常向量表在存储器中的偏移；我们这里选择 "ext _ ssram"，偏移选择默认。

设置完成之后，单击 "Finish" 按钮，返回 SOPC Builder 系统设计窗口。

2.2.5　生成 Nios Ⅱ 并加入到工程中

Nios Ⅱ 系统是工程的一部分，首先是生成它，然后将其加入到工程中去，最后将整个工程下载到 FPGA 芯片中去。在如图 2-26 所示窗口中单击"System Generation"标签，在"Options"下进行如下的设置。

◇ 勾选"Simulation. Create project simulator files"复选项，如果安装了 ModelSim 软件，会生成用于仿真的相应的文件。

◇ 单击"Generate"按钮，SOPC Builder 会提示生成系统的进程，系统生成完成后会提示"SUCCESS：SYSTEM GENERATION COMPLETED"。单击"Exit"按钮，退出 SOPC Builder。

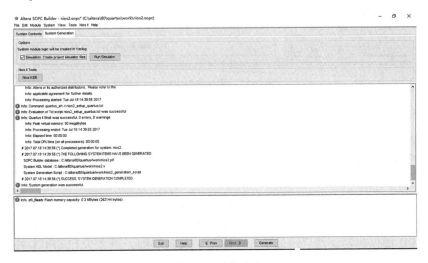

图 2-26　系统生成

系统生成完成之后，SOPC Builder 为这个定制的 Nios Ⅱ 系统模块创建了一个符号。要把 Nios Ⅱ 系统加入到工程中去，须遵循如下的步骤。

（1）在 Quartus Ⅱ 软件中，打开顶层实体（BDF 格式），在 BDF 窗口中任意处双击，弹出"Symbol"对话框，如图 2-27 所示。

（2）在"Symbol"对话框中单击"Project"展开按钮，展开工程目录，其下将会出现"nios2"（本例采用的系统名），选中它，右侧出现了系统的符号表示。

（3）单击"OK"按钮，"Symbol"对话框关闭，此时 Nios Ⅱ 的符号轮廓被附着在鼠标的指针上。

（4）在 BDF 窗口中的任意空白处单击，Nios Ⅱ 的符号将出现在 BDF 窗口中，这时创建的系统已经被加入到工程中了。

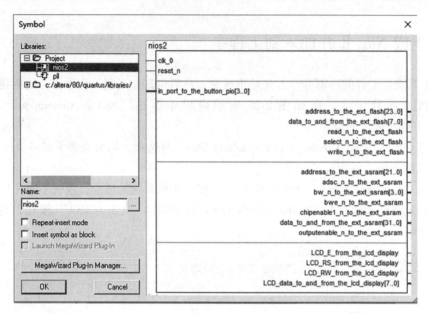

图 2-27　添加系统模块

如果用户的顶层实体是 HDL 格式，那么采用 HDL 语言也可进行 Nios Ⅱ 系统模块的添加。

2.2.6　加入引脚和嵌入式锁相环

工程除了 Nios Ⅱ 系统之外，可能还要有其他的硬件逻辑单元，这里加入一个嵌入式锁相环。嵌入式锁相环有两个时钟输出，一个时钟输出为 SSRAM 提供时钟，另一个时钟输出为 Nios Ⅱ CPU 提供时钟，然后添加输入、输出、双向引脚，以实现和 FPGA 外部的外设进行通信。

1）加入嵌入式锁相环的步骤

（1）启动 Quartus Ⅱ软件，选择 "Tools" → "MegaWizard Plug-In Manager" 选项，弹出 "MegaWizard Plug-In Manager［page 1］" 对话框，如图 2-28 所示，单击 "Next" 按钮。

（2）在如图 2-29 所示的 "MegaWizard Plug-In Manager［page 2a］" 对话框中的 "I/O" 下面选择 "ALTPLL"，器件选择 "Cyclone Ⅱ"，输出文件类型选择 "VHDL"，文件名为 "ssram_pll"，勾选 "Return to this page for another create operation" 复选项，然后单击 "Next" 按钮，弹出 "MegaWizard Plug-In Manager［page 3 of 10］" 对话框。

（3）在图 2-30 所示的 "MegaWizard Plug-In Manager［page 3 of 10］" 对话框中做如图的配置，单击 "Next" 按钮。

（4）在图 2-31 所示的 "MegaWizard Plug-In Manager［page 4 of 10］" 对话框中，不做任何选择，单击 "Next" 按钮。

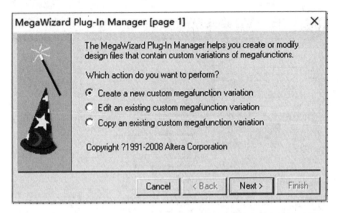

图 2-28　"MegaWizard Plug-In Manager ［page 1］" 对话框

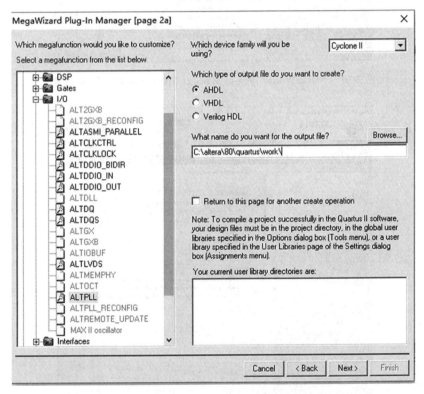

图 2-29　"MegaWizard Plug-In Manager ［page 2a］" 对话框

图 2-30 "MegaWizard Plug-In Manager［page 3 of 10］" 对话框

图 2-31 "MegaWizard Plug-In Manager［page 4 of 10］" 对话框

（5）在图 2-32 所示的"MegaWizard Plug-In Manager［page 5 of 10］"对话框中，不做任何选择，单击"Next"按钮。

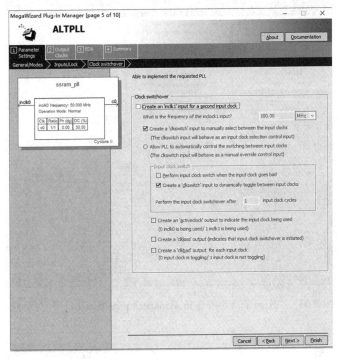

图 2-32　"MegaWizard Plug-In Manager［page 5 of 10］"对话框

（6）在图 2-33 所示的"MegaWizard Plug-In Manager［page 6 of 10］"对话框中，设置 c0 输出时钟，勾选"Use this clock"复选项，设置时钟频率为"85 MHz"，占空比为"50%"；单击"Next"按钮会进入 c1 输出时钟的设置界面。

（7）嵌入式 PLL 可提供 3 个输出时钟，使用其中的两个，在图 2-34 所示的"MegaWizard Plug-In Manager［page 7 of 10］"对话框中，在 c1 时钟的设置页面上，勾选"Use this clock"复选项，设置时钟频率为"85 MHz"，单击"Next"按钮。

（8）在"MegaWizard Plug-In Manager［page 8 of 10］"对话框中，不勾选"Use this clock"复选项，即不使用 c2 时钟，单击"Next"按钮。

（9）在图 2-35 所示的"MegaWizard Plug-In Manager［page 9 of 10］--EDA"对话框中，给出了仿真必须要产生的文件，单击"Next"按钮。

（10）在图 2-36 所示的"MegaWizard Plug-In Manager［page 10 of 10］--Summary"对话框中，给出了用户选择要产生的文件，不做任何改变，采用默认配置，单击"Finish"按钮，完成 PLL 的生成。

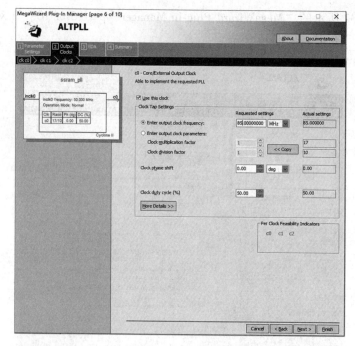

图 2-33   "MegaWizard Plug-In Manager［page 6 of 10］"对话框

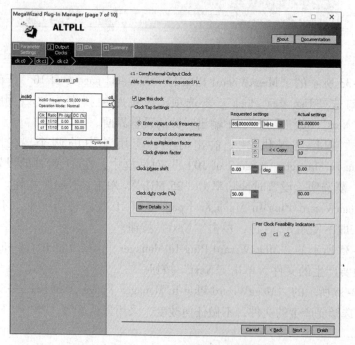

图 2-34   "MegaWizard Plug-In Manager［page 7 of 10］"对话框

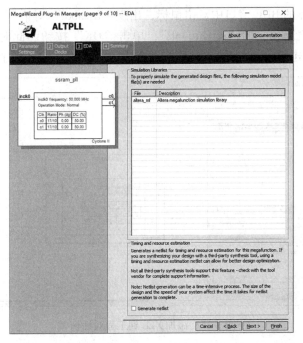

图 2-35　"MegaWizard Plug-In Manager［page 9 of 10］--EDA" 对话框

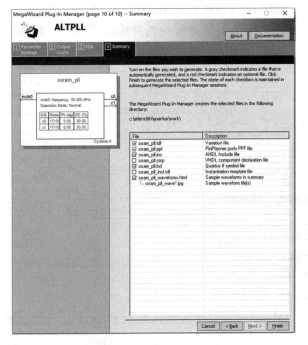

图 2-36　"MegaWizard Plug-In Manager［page 10 of 10］--Summary" 对话框

（11）在顶层实体的 BDF 窗口中双击鼠标，出现"Symbol"对话框，如图 2-37 所示，在"Project"下面选择之前建立的"ssram_pll"，单击"OK"按钮。此时，ssram_pll 的轮廓会附着在鼠标上，单击 BDF 窗口的空白处，即将嵌入式锁相环加入到了工程中。

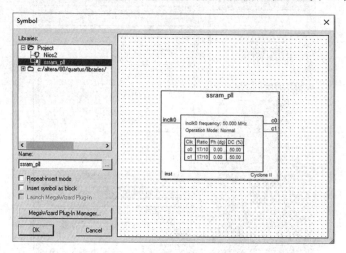

图 2-37　添加 PLL 到工程对话框

2）添加引脚的步骤

（1）在顶层实体的 BDF 窗口的空白处双击鼠标，弹出"Symbol"对话框，选择"Libraries"中的"primitives"，再单击其展开按钮并选择"pin"，在其中有三种类型的引脚，即 bidir，input，output，分别为双向、输入和输出引脚，选择相应类型的引脚，单击"OK"按钮，如图 2-38 所示。

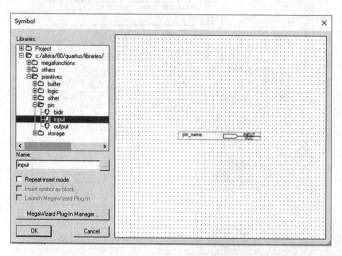

图 2-38　添加引脚对话框

（2）单击 BDF 窗口的空白处，即将引脚加入到了工程中。

（3）重复上面的步骤为各个端口添加相应类型的引脚。

3）连接引脚和命名引脚

第一个加入的引脚的名称默认为 pin_name，之后加入的引脚名称依次为 pin_name1，pin_name2，依次类推。为了便于理解和记忆，需要对引脚重新命名，使其和其传输的信号联系起来。

命名引脚的方法如下。

（1）双击引脚的 pin_name 部分，使 pin_name 的文字变成高亮，这时便可以对其进行编辑。

（2）对其他的引脚重复以上的操作，修改名称。

（3）对于总线型的引脚，引脚名称之后要标示出总线的位数，如 ddr_a [12..0]，在引脚名称之后加上方括号，然后写上最高位和最低位，中间用".."隔开。

如图 2-39 所示，将嵌入式锁相环和系统模块等连接起来，并将引脚连接到相应的端口上。

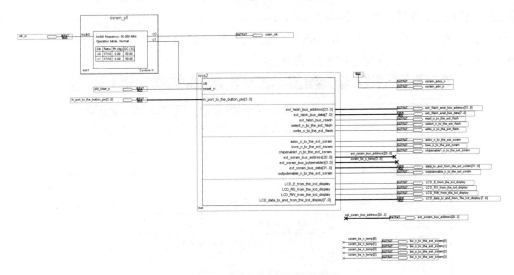

图 2-39　连接好的顶层模块图

2.3　设计优化

在基于 FPGA 的 SOPC 设计中，设计优化是一个很重要的课题。设计优化主要包括节省占用 FPGA 的面积和提高设计系统运行速度两个方面。这里的"面积"是指一个设计所消耗的 FPGA 的逻辑资源的数量，一般以设计占用的等价逻辑门数来衡量；"速度"是指设计的系统在目标芯片上稳定运行时能够达到的最高频率，它与设计的时钟周期、时钟建立时间、时钟保持时间、时钟到输出端口的延迟时间等诸多因素有关。

2.3.1　面积与速度的优化

在 Quartus Ⅱ 软件中，对设计优化设置了预设值，默认设置中，软件综合考虑了面积和速度两方面的优化。一般情况下，不需要设置就可以对设计电路进行编译。如果设计对面积或速度方面有特别的要求，就需要在对设计进行编译之前进行预先的设置。

打开工程——clock，然后选择"Assignment"菜单下的"Settings"命令，弹出如图 2-40 所示的对话框。在对话框左边的"Category"框中，列出了很多可设置的项目，包括"EDA Tools Settings""Compilation Process Settings""Analysis & Synthesis Settings""Fitter Settings""Timing Analysis Settings""Simulator Settings"等，选中要设置的项目，窗口的右边将显示供设置的选项和参数。

图 2-40 显示的是"Analysis & Synthesis Settings"页面，用于对设计在分析与综合时的优化进行设置。在该页面的"Optimization Technique"栏中，提供了"Speed""Balanced""Area"三种优化选择，其中"Balanced"是软件默认的优化选择。如果对"Speed"或"Area"有特殊的要求，则须选中相应的单选项。

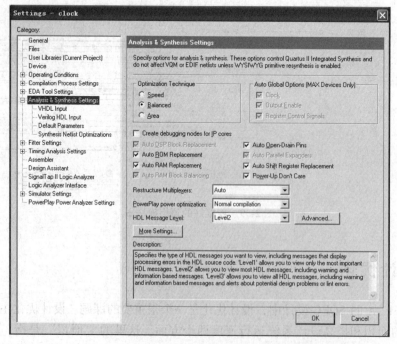

图 2-40　Analysis & Synthesis Settings 页面

"Analysis & Synthesis Settings" 下，还包括对 VHDL 和 Verilog HDL 语言的设置项目，单击 "Analysis & Synthesis Settings" 前的展开按钮，展开 "Analysis & Synthesis Settings" 项，选择 "VHDL Input"，如图 2-41 所示，即可在右侧的设置界面进行相应的设置。在 "VHDL Input" 的设置中，用户可以选择 VHDL 的不同版本，对 Verilog HDL 语言的设置也类似。

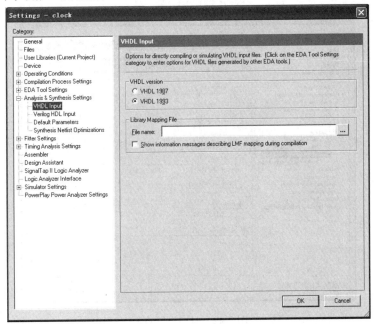

图 2-41　 "Analysis & Synthesis Settings" 中 "VHDL Input" 的设置页面

2.3.2　时序约束与设置

按照图 2-42 选择 "Timing Analysis Settings" 下面的 "Classic Timing Analyzer Settings"。此时，在右侧打开的页面中，可以对设计的延迟约束、时钟频率等进行设置。延迟约束（Delay requirements）设置包括 tsu（建立时间）、tco（时钟到输出的延迟）、tpd（传输延迟）和 th（保持时间）的设置。一般来说，用户要根据目标芯片的特性及 PCB 板走线的实际情况，给出设计需要满足的时钟频率、建立时间、保持时间和传输延迟时间等参数。对于一些简单的应用，如果对时序要求不严格，可以不做设置。

2.3.3　Fitter 设置

在 "Settings-clock" 对话框中，单击 "Category" 框中的 "Fitter Settings" 项，将打开如图 2-43 所示的 Fitter Settings 设置页面。此页面用于布局布线器的设置。

在这里需要设置的主要是"Fitter effort"（布局布线的策略），有三种模式可供选择："Standard Fit"（标准模式）、"Fast Fit"（快速模式）和"Auto Fit"（自动模式）。标准模式需要的时间比较长，但可以实现最高频率（fmax）；快速模式可以节省50%的编译时间，但会使最高频率有所降低；自动模式在达到设计要求的条件下，可自动平衡最高频率和编译时间。

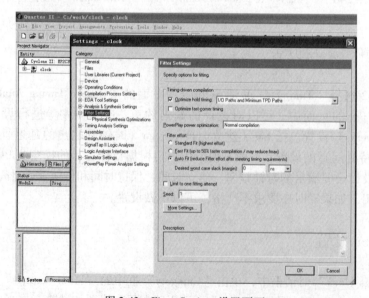

图 2-42　时序设置页面

图 2-43　Fitter Settings 设置页面

有关优化设计的详细设置可以参考 Altera 公司的使用手册。

2.4　编译

Quartus Ⅱ编译器由一系列处理模块组成，包括分析与综合、适配、汇编和时序分析等环节。通过 Quartus Ⅱ编译器，可以检查设计错误，综合逻辑，把设计配置到 FPGA 中去，并且为模拟、时序分析及器件配置生成输出文件。

下面是按照各个环节执行的顺序进行的具体介绍。

1. 分析与综合

在编译过程中，首先对设计文件进行分析和检查，如检查原理图的信号线有无漏接、信号有无双重来源、硬件描述语言文件中有无语法错误等。如果设计文件存在错误，编译器会给出出错信息并标出出错位置，供设计者修改；如果不存在错误，则开始进行综合。综合要完成的是设计逻辑到器件资源的映射。

2. 适配

适配要完成的是设计逻辑在器件中的布局和布线、适当的内部互联路径选择、引脚分配、逻辑元件分配等操作。可以通过设置适配的多个选项，来采取不同的优化策略。

3. 汇编

适配完成后，便进入汇编环节。在汇编过程中，将生成器件的编程映像文件。映像文件可以通过电缆下载到目标芯片中。

4. 时序分析

在适配完成之后，设计逻辑在器件中的布局和布线、内部互联路径已经确定；在时序分析中，会计算该设计在器件中的延时，并完成时序分析和逻辑的性能分析。用户可以预先设置时序要求，可以针对整个的工程、特定的设计实体、节点和引脚指定所需的速度性能。编译过程中会针对设置进行适配。

2.4.1　编译设置

在编译前，用户可以设置编译器，可以实现对编译过程控制的目的。编译器可根据相应的设置进行编译。合理的设置可以提高工程编译的速度，优化器件的资源利用等。

选择“Assignments”菜单中的“Settings”命令，弹出如图 2-44 所示的设置对话框。

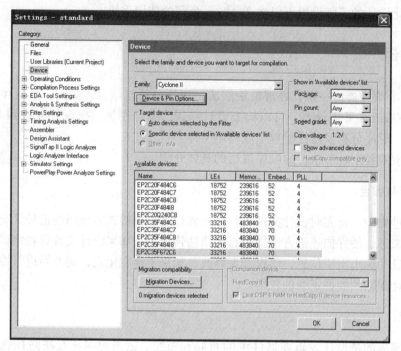

图 2-44　设置对话框

在"Device"中，用户可以设置和器件有关的选项。FPGA 的芯片通常在建立工程的时候就已经选择好了，所以通常不做修改。注意，在编译之前必须要对未使用的引脚进行设置，将未使用的引脚设置成"As input tri-stated"。如果不做此项设置，设计可能无法在开发板上运行。

按照下面的步骤设置未使用的引脚。

（1）在如图 2-44 所示对话框中，单击"Device & Pin Options"按钮，弹出"Device & Pin Options"对话框，默认打开的是"General"选项卡。

（2）单击"Unused Pins"标签，在"Reserve all unused pins"下拉列表中选择"As input tri-stated"命令，如图 2-45 所示。

（3）在"Device & pin options"对话框中，其他的设置可以选用默认的设置，不做修改，单击"确定"按钮。

其实，2.3 节讨论的设计优化也是编译设置的一部分，但是为了强调设计优化的重要性，便又把它们单独提出来介绍了。除了这些设置之外，还有下面的一些设置与编译的过程有关。

◇ 如图 2-44 所示，在"EDA Tool Settings"中，用户可以指定在编译过程中用到的其他第三方的工具软件，通常不用设定。

◇ 在"Compilation Process Settings"中，用户可以设置编译过程的一些选项，如是否使

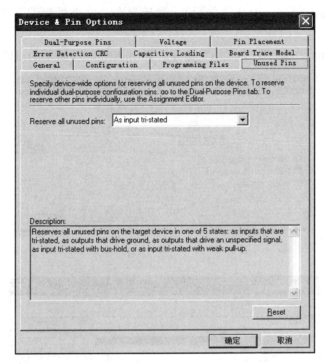

图 2-45　未使用引脚的处理

用增量编译等。

◇ 在"Timing Analysis Settings"中，用户可以设置时序分析报告中显示的内容。

◇ 在"Assembler"中，用户可以指定汇编的选项。

2.4.2　引脚分配

用户需要进行引脚分配，以使编译器能把用户设计中的信号分配到目标器件上的特定引脚上。Quartus Ⅱ提供了两种引脚分配方法：一种是使用 Assignments Editor 来分配，方法为选择"Assignments"菜单中的"Pins"或者"Assignments Editor"命令；另一种是使用 Tcl 脚本文件一次性分配所有的引脚。

用 Tcl 脚本文件分配引脚的步骤如下。

（1）在 Quartus Ⅱ软件中选择"Project"→"Generate Tcl File for Project"命令，弹出如图 2-46 所示的对话框，将文件取名为"pin. tcl"，单击"OK"按钮，会打开该文件。

（2）打开 c:/altera/80/nios2eds/examples/vhdl/niosII ＿ cycloneII ＿ 2c35/standard 下的 Standard 工程，按照步骤 1 产生 Tcl 文件，把文件中带有"set＿location＿assignment"指令且"-to"后面的参数与现有工程中使用的管脚名相关的语句复制到"pin. tcl"文件的下面位置

（最后一条 set ＿ global ＿ assignment 语句后），然后保存。这个过程需要万分的小心和仔细，请大家注意。

（3）选择"Tools"→"Tcl Scripts"命令，弹出如图 2-47 所示的对话框。

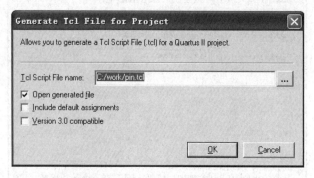

图 2-46　产生引脚分配的 Tcl 文件

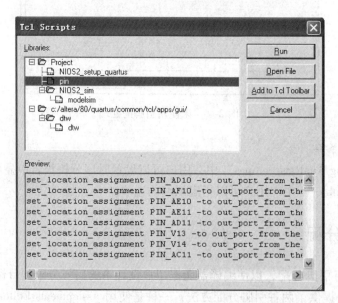

图 2-47　Tcl Scripts 工具

（4）在图 2-47 所示对话框中选择所建立的引脚分配文件，本例中为 pin. tcl，单击"Run"按钮即可完成引脚分配。

也可采取下面的步骤，通过执行 Tcl 脚本文件进行引脚分配。

（1）选择"View"→"Utility windows"→"Tcl Console"命令，弹出 Quartus Ⅱ Tcl Console 的命令行窗口。

（2）在命令行窗口中，输入如下格式的命令：

source 脚本分配文件名 . tcl，如 source cyclone ＿ pin ＿ assign. tcl

（3）按 Enter 键，运行 Tcl 脚本，分配所有所需的脚本，当分配完成后，"assignment made" 提示消息将出现在 Tcl Console 的命令行窗口中。

在使用 Tcl 脚本文件进行引脚分配时，切记用户命名的引脚名称应该与 standard 脚本文件中的引脚名称相同。用户可以查看引脚分配的结果，在 Quartus Ⅱ 软件中选择 "Assignments" 菜单中的 "Pins" 或 "Assignment Editor"，会出现如图 2-48 所示的窗口。

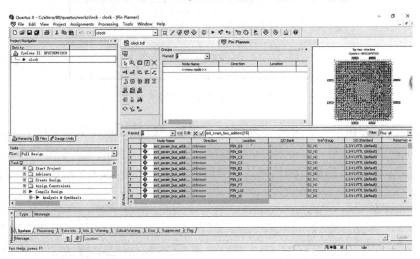

图 2-48　通过 Assignment Editor 查看引脚分配结果

利用 Assignment Editor 分配引脚的步骤如下。

（1）在 Quartus Ⅱ 软件中选择 "Assignments" 菜单中的 "Pins" 或者 "Assignment Editor"，会出现如图 2-48 所示的窗口。

（2）在 "Node Name" 下输入引脚名称，在 "Location" 下选择相应的引脚。

（3）选择 "File" → "Save" 命令，保存分配。

这种分配方法效率较低，且容易出错。推荐使用 Tcl 脚本文件的方法来进行引脚分配。

2.4.3　编译用户设计

在 Quartus Ⅱ 软件中可以通过选择 "Processing" → "Start Compilation" 命令，或者单击工具栏中的 "Start Compilation" 按钮进行全程编译，也可以通过 "Processing" 菜单的 "Start" 子菜单中的命令完成分步编译操作。

编译的时候，Quartus Ⅱ 会给出编译进度，"Compilation Report" 窗口中会给出编译结果，编译结果会随着编译进度随时更新。"Message" 窗口会给出编译过程的具体情况，包括 infomation，warning，error 等。information 多是完成的一些编译的进展的描述；可能会出现很多 warning 但并不影响编译的进行；如果出现 error，那么设计是不能成功编译的，用户需要改正这些错误，然后重新编译。可以对错误（error）进行定位：选中错误信息，右击，在弹出的快捷菜单中选择"Locate"命令即可。

编译成功之后，会弹出如图 2-49 所示的提示对话框。

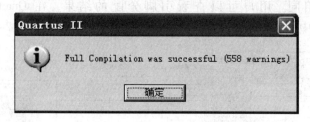

图 2-49　编译结果提示对话框

单击【确定】按钮后，会出现如图 2-50 所示的"Compilation Report-Flow Summary"窗口。"Flow Summary"只是"Compilation Report"中的一项，用户可以单击"Compilation Report"下的其他内容来查看相应的编译信息和结果，如"Analysis & Synthesis""Fitter"等。

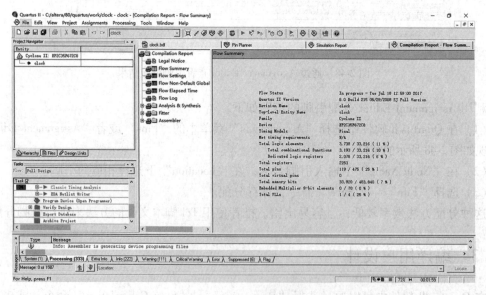

图 2-50　"Compilation Report-Flow Summary"窗口

2.5　编程下载

编译成功之后，Quartus Ⅱ 编译器会生成配置文件，有 SRAM 目标文件（.sof）和编程目标文件（.pof）。SRAM 目标文件一般在调试时会下载到 FPGA 的 SRAM 中，而编程目标文件是用于 EPCS 的编程文件。编程下载是指编程器将这些文件下载到可编程逻辑器件中去，用它们对器件进行编程和配置。用户要进行编程下载必须将开发设计所用的计算机与开发板连接起来，可以使用 ByteBlaster 电缆通过并行口或者使用 USB Blaster 电缆通过 USB 接口连接。本书采用的下载线为 USB Blaster。

2.5.1　下载

这里将生成的 SRAM 目标文件下载到 FPGA 中去，有关更详细的内容后面的章节会加以介绍。

下载的步骤如下。

（1）通过 USB Blaster 电缆将目标板和计算机相连，接通目标板的电源。

（2）在 Quartus Ⅱ软件中选择“Tools”→“Programmer”命令，打开编程器窗口，可以看到配置文件 clock. sof，如图 2-51 所示。

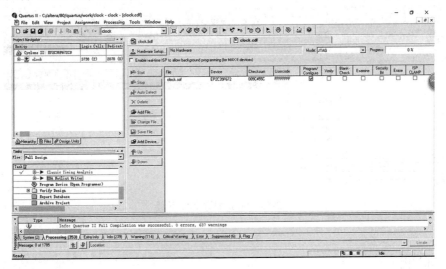

图 2-51　编程器窗口

（3）单击编程器窗口中的“Hardware Setup”按钮，弹出硬件设置对话框，如图 2-52 所示，在“Currently selected hardware”下拉列表中选择“Nios Ⅱ Evaluation Board［USB-0］”，然后单击“Close”按钮，返回编程器窗口。

（4）勾选“Program/Configure”复选项，然后单击“Start”按钮，开始下载，可以从“Progress”栏看到下载进度，如图 2-53 所示。

本节只讲述了将 SRAM 目标文件下载到 FPGA 的过程，掉电后 FPGA 的配置数据就会丢失。后面的章节会讲述如何下载编程目标文件到掉电保持的 EPCS 器件的方法。

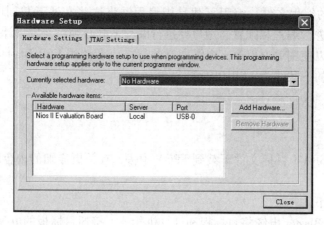

图 2-52　硬件设置对话框

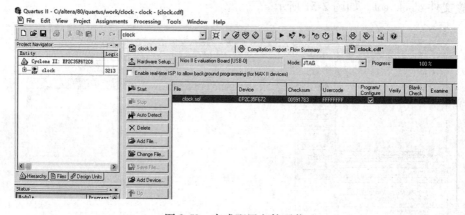

图 2-53　完成配置文件下载

2.5.2　验证

在硬件下载到开发板的 FPGA 芯片上之后，用户可以编写一些简单的小程序来测试系统的功能。如要测试液晶显示的功能，可以编写如下的一个简短的小程序。

```
# include "stdio. h"
int main( )
{
printf("hello world")
return 0;
}
```

　　在编译这个程序之前，需要对这个软件工程的属性做一些设置，将工程的具有系统库属性的 stdout 和 stderr 设置成 LCD，即 LCD 被设置成为一个标准输出设备，支持 printf 函数。当程序通过编译执行后，字符"hello world"如果出现在液晶显示器上，说明系统液晶显示的功能正常。软件的开发环境和流程会在后面的章节介绍。

第 3 章 Nios Ⅱ 体系结构

Nios Ⅱ 处理器是一种采用流水线技术、单指令流的 32 位通用 RISC 处理器核，其大部分指令都可以在一个时钟周期内完成，提供的资源如下。

◇ 全 32 位的指令集、数据总线和地址总线。

◇ 32 个通用寄存器。

◇ 32 个外部中断源。

◇ 结果为 32 位的单指令 32×32 乘除法。

◇ 提供专用的指令用于计算结果为 64 位和 128 位的乘法。

◇ 可以定制单精度浮点计算指令。

◇ 单指令桶形移位器。

◇ 对各种片内外设的访问，以及与片外外设和存储器的接口。

◇ 硬件辅助的调试模块，在集成开发环境 IDE 的控制下，处理器可以完成开始、停止、断点、单步执行和指令跟踪等基本调试和高级调试功能。

◇ 基于 GNU C/C++工具集和 Eclipse IDE 的软件开发环境。

◇ Altera 公司的 SignalTap® Ⅱ逻辑分析仪，可以对指令、数据和 FPGA 设计中的其他信号进行实时分析。

◇ 所有 Nios Ⅱ 处理器都兼容的指令系统。

◇ 高达 250 DMIPS 的性能。

本章先介绍 Nios Ⅱ 处理器结构，然后介绍 Nios Ⅱ 的寄存器文件，接着介绍 Nios Ⅱ 的存储器组织，最后介绍寻址方式。通过本章的学习，可以了解 Nios Ⅱ 处理器的工作原理，还可以掌握更多底层的技术，这可使用户在进行硬件开发的时候，对 Nios Ⅱ 软核处理器及外设的配置更加得心应手。在进行软件开发的时候，在某些情况下，使用汇编语言可以有更高的效率和更大的自由度。

3.1 Nios Ⅱ 处理器结构

Nios Ⅱ 是一种软核处理器。软核，是指未被固化到硅片上，使用时需借助 EDA 软件对其进行配置并下载到可编程芯片中的 IP 核。软核的最大特点是可以由用户根据需要进行配置。

Nios Ⅱ 处理器有 3 种类型：Nios Ⅱ /e（经济型）、Nios Ⅱ /s（标准型）和 Nios Ⅱ /f（快速型）。Nios Ⅱ /e 所占的资源最少，性能也最低；Nios Ⅱ /f 所占的资源最多，性能最高；Nios Ⅱ /s 在两方面都介于两者之间。用户可以根据应用需要来选择不同的类型。针对每一种类型，用户还可以进行进一步的配置。

Nios Ⅱ 处理器的体系结构如图 3-1 所示。

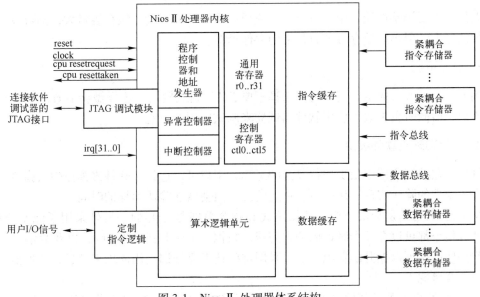

图 3-1　Nios Ⅱ 处理器体系结构

从图 3-1 中可以看到，Nios Ⅱ 处理器体系结构定义了以下的功能模块：寄存器文件（register file）、算术逻辑单元（arithmetic logic unit）、用户指令逻辑接口（interface to custom instruction logic）、异常控制器（exception controller）、中断控制器（interrupt controller）、数据总线（data bus）、指令总线（instruction bus）、指令和数据缓存（instruction and data cache memories）、紧耦合的数据和指令存储器接口（tightly coupled memory interfaces for instructions and data）、JTAG 调试模块（JTAG debug module）。

Nios Ⅱ 处理器体系结构描述了一个指令集体系，然后根据指令集体系来确定必要的功能单元来实现这些指令。Nios Ⅱ 处理器核（processor core）是用硬件实现的，被用来实现 Nios Ⅱ 指令集并且支持功能模块的工作。处理器核不包含外设和与外界的连接逻辑，它只包含实现 Nios Ⅱ 体系所必需的电路。

Nios Ⅱ 处理器体系的功能模块构成了 Nios Ⅱ 指令集的基础，但这并不意味着所有的模块都是由硬件实现的。Nios Ⅱ 处理器体系结构定义了指令集，但并不是由特定的硬件实现的。一个功能模块可以是由硬件实现的，也可以用软件来模拟，或者就干脆省去了。

一个 Nios Ⅱ 的实现是根据一组设计要求得到的一个特定的 Nios Ⅱ 的处理器核。所有的实现都支持 Nios Ⅱ 处理器的指令集。不同实现可能有不同的考虑，比如最小的核尺寸或更高的性能。这就要求 Nios Ⅱ 的体系能够适应不同的目标应用。

实现方案通常符合下面三种模式：或多或少；要或不要；硬件实现或软件模拟。下面分别举例来说明。

1. 或多或少

例如，想要调整性能，用户可以增大或减小指令缓存容量。缓存容量大，则可以加快程序执行的速度，但小的缓存可节省片上的存储资源。

2. 要或不要

例如，为了节省成本，用户可以选择不要 JTAG 调试模块，这样做会节省片上的逻辑和存储资源，但同时也失去了使用软件调试器来调试应用的可能。

3. 硬件实现或软件模拟

例如，在控制应用中很少进行复杂的运算，用户可以选择用软件来模拟除法指令，这样可以省去硬件的除法实现，从而节省片上资源，但会增加除法运算的时间。

Nios Ⅱ 采用的是哈佛结构，数据总线和指令总线是分开的，另外采用了流水线技术，其大部分指令都可以在一个时钟周期内完成。数据 Cache 和指令 Cache，以及紧耦合存储器接口都是使性能可以提升的资源，是否采用这些技术要根据应用需求来分析，从性能、成本等方面综合考虑。

Nios Ⅱ 的算术逻辑部件（ALU）是对通用寄存器中的数据进行操作的。ALU 从寄存器中取出一个或两个操作数，并将运算结果放回到寄存器中。ALU 支持表 3-1 所示的运算。

表 3-1   Nios Ⅱ ALU 支持的运算

种　　类	详　细　描　述
算术运算	支持有符号和无符号操作数的加、减、乘和除运算
关系运算	支持有符号和无符号操作数的等于、不等于、大于等于和小于的关系运算
逻辑运算	支持与、或、或非和异或的逻辑运算
移位操作	支持移位和循环移位运算，每条指令可以移位 0～31 位，支持算术左/右移位和逻辑左/右移位，并且支持循环左/右移位

一些 Nios Ⅱ 处理器核没有提供乘除法运算硬件的实现，则这类 Nios Ⅱ 处理器核中也没有下面的指令的实现：mul，muli，mulxss，mulxsu，mulxuu，div，divu。在处理器核中这些指令被认为是未实现的，其他的指令都是实现了的。当处理器遇到了一个未实现的指令时，处理器会产生一个异常，异常管理器会调用相应的程序用软件来模拟该指令的操作。所以处理器对未实现的指令的处理对程序员来说是透明的，程序员不用做额外的工作。

Nios Ⅱ 支持用户定制指令。Nios Ⅱ ALU 直接和定制指令逻辑相连，这使得用户定制的硬件实现的指令像 Nios Ⅱ 指令集中的指令一样可以被访问和使用。

Nios Ⅱ 支持符合 IEEE Std 754-1985 规范的单精度的浮点指令，这些浮点指令以定制指令的方式实现。目前 Nios Ⅱ 所支持的浮点指令和实现方法，请参考 Altera 公司相应的技术文档。

　　下面主要介绍 Nios Ⅱ 寄存器文件、存储器和 IO 组织、寻址方式，异常的处理将在软件开发部分讲解。

3.2　Nios Ⅱ 寄存器文件

　　Nios Ⅱ 的寄存器文件包括 32 个 32 位的通用寄存器和 6 个 32 位的控制寄存器，支持超级用户和用户模式，允许系统代码保护控制寄存器免受非法的访问。Nios Ⅱ 考虑了未来浮点型寄存器的增加。

3.2.1　通用寄存器

　　Nios Ⅱ 处理器具有 32 个 32 位的通用寄存器，从 r0～r31，一些寄存器还具有可被汇编器认识的名字。zero 寄存器总是存放 0 值，对它写是无效的。Nios Ⅱ 没有专门的清零指令，所以常用 zero 来对寄存器清零。ra（r31）寄存器存放函数调用的返回地址，该寄存器由 call 和 ret 指令所使用。C/C++遵循通常的程序调用规则，为寄存器 r1～r23 及寄存器 r26～r28 分配了特定的含义。Nios Ⅱ 的通用寄存器简介详见表 3-2。

表 3-2　Nios Ⅱ 的通用寄存器

寄 存 器	名 字	功 　能	寄 存 器	名 字	功 　能
r0	zero	清零	r16		子程序使用的寄存器
r1	at	汇编程序中的临时寄存器	r17		
r2		函数返回值（低 32 位）	r18		
r3		函数返回值（高 32 位）	r19		
r4		参数寄存器（第一个 32 位）	r20		
r5		参数寄存器（第二个 32 位）	r21		
r6		参数寄存器（第三个 32 位）	r22		
r7		参数寄存器（第四个 32 位）	r23		
r8		调用程序使用的寄存器	r24	et	异常临时寄存器
r9			r25	bt	断点临时寄存器[①]
r10			r26	gp	全局指针
r11			r27	ap	堆栈指针
r12			r28	fp	帧指针
r13			r29	ea	异常返回地址
r14			r30	ba	断点返回地址
r15			r31	ra	程序调用返回地址[②]

　　注：①②bt 和 ra 为 JTAG 调试模块专用的寄存器。

3.2.2 控制寄存器

Nios Ⅱ 处理器具有 6 个 32 位的控制寄存器，ctl0～ctl5，所有的控制寄存器都有汇编器可以识别的名字。对控制寄存器的访问和对通用寄存器的访问是不同的，对控制寄存器的访问只能通过使用 rdctl 和 wrctl（读和写控制寄存器）的指令来实现。Nios Ⅱ 的控制寄存器简介见表 3-3。

表 3-3   Nios Ⅱ 的控制寄存器

寄 存 器	名 字	位 意 义	
		31..1	0
ctl0	status	保留	PIE
ctl1	estatus	保留	EPIE
ctl2	bstatus	保留	
ctl3	ienable	中断允许位	
ctl4	ipending	中断发生标志位	
ctl5	cpuid	处理器唯一的标识号	

status 寄存器控制着整个处理器的状态，它的 PIE 位是处理器的中断使能位。PIE 位为 0 时，处理器忽略所有的外部中断；PIE 位为 1 时，允许外部中断。但中断是否被处理，还要看 ienable 寄存器的值。

estatus 和 bstatus 寄存器都是 status 寄存器的影子寄存器，estatus 寄存器在发生异常时将保存 status 寄存器的内容，异常处理完毕后，再根据 estatus 寄存器的内容，将 status 寄存器恢复成异常发生之前的值。bstatus 寄存器在发生断点调试时会复制 status 寄存器的值，并在断点调试之后，将 status 寄存器恢复成发生断点调试之前的值。

ienable 寄存器控制外部硬件中断的处理。ienable 寄存器的每一位对应着从 irq0 到 irq31 的一个中断输入，如第 0 位对应着第 0 号中断。若某位的值为 1，则相应的中断被使能；若该位的值为 0，则相应的中断被禁止。

ipending 寄存器的值表示的是那个被使能的中断输入得到了确认，正在被处理器处理。cpuid 寄存器保存一个静态值来在多处理器的系统中唯一地表征该处理器。cpuid 的值在系统生成时产生，对 cpuid 寄存器写操作没有任何意义。

3.3 存储器和 I/O 组织

Nios Ⅱ 的存储器和 I/O 组织的灵活特性是 Nios Ⅱ 系统和传统的微控制器之间最显著的区别。由于 Nios Ⅱ 系统是可配置的，所以每个系统的存储器和外设都可能不同，Nios Ⅱ 核通过下面的一种或多种方式来访问存储器和 I/O 组织。

◇ 指令主端口——通过 Avalon 交换架构连接到指令存储器的 Avalon 主端口。

◇ 指令高速缓存——Nios Ⅱ 核内部的高速指令缓存。

◇ 数据主端口——通过 Avalon 交换架构连接到数据存储器的主端口。

◇ 数据高速缓存——Nios Ⅱ 核内部的高速数据缓存。

◇ 紧耦合指令存储器和数据存储器的端口——Nios Ⅱ 核外部的高速存储器接口。

图 3-2 给出了一个 Nios Ⅱ 核的存储器和 I/O 组织的框图。Nios Ⅱ 的体系结构对程序员隐藏了硬件的细节，程序员可以在不了解其硬件实现的情况下进行开发应用。

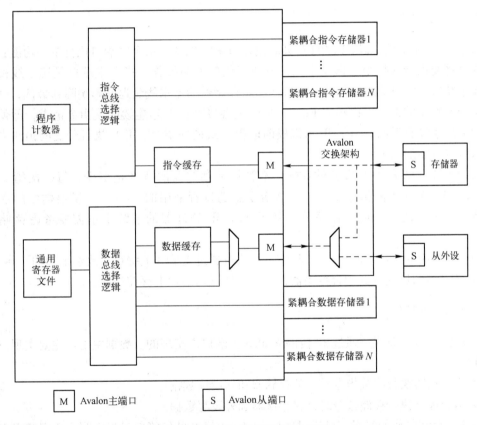

图 3-2　Nios Ⅱ 存储器和 I/O 组织

3.3.1　指令和数据总线

Nios Ⅱ 体系结构属于哈佛结构，数据总线和指令总线是分开的。指令总线和数据总线都是遵循 Avalon 主端口接口规范的主端口。数据主端口连接存储器和外设，而指令主端口只连接存储器。

1. 存储器与外设的访问

Nios Ⅱ 体系结构提供的映射为存储器的 I/O 访问。数据存储器和外设都映射到数据主端口的地址空间。Nios Ⅱ 采用小端的方式，字和半字在存储的时候都是最高字节（most significant byte，MSB），将其放在高端的地址上，而将最低字节（least significant byte，LSB）放在低端的地址上，即当逻辑上的最小单位大于物理存储上的最小单位时，先存储逻辑单元的那部分。

2. 指令主端口

Nios Ⅱ 指令总线是以 32 位的 Avalon 主端口来实现的。指令主端口执行单一功能：为处理器取得将要执行的指令。指令主端口不执行任何的写操作。指令主端口是流水线模式的 Avalon 主端口。它对流水线传输的支持使同步存储器的流水线延迟的影响降到最低，并且提高了系统的整体的最高工作频率 F_{MAX}。指令主端口可以发起连续的读指令请求，即使之前请求的数据还没有返回。Nios Ⅱ 可以提前取得一系列的指令，并且执行分支的预测来使指令流水线尽可能的高效。

指令主端口总是接收 32 位的数据，不管目标存储器的宽度是多少，每一次指令主端口都要取回一个完整的指令字。这全靠指令主端口所采用的 Avalon 交换架构中的动态总线对齐逻辑来实现。因此，程序员在基于 Nios Ⅱ 处理器的系统中不需要考虑存储器的宽度。

当访问低速的存储器时，Nios Ⅱ 体系结构可通过支持片上缓存来改善平均的取指速度。Nios Ⅱ 体系结构还支持紧耦合存储器，来实现低延迟的片上存储访问。

3. 数据主端口

Nios Ⅱ 的数据总线是通过 32 位的 Avalon 主端口来实现的。数据主端口主要实现以下两项功能。

◇ 当处理器执行装载指令时，从存储器和外设读数据。

◇ 当处理器执行存储指令时，对存储器和外设写数据。

在执行存储操作的时候，可通过数据主端口上字节的使能信号指定写入 4 字节组中的哪个字节。当 Nios Ⅱ 核配置的数据缓存线（data cache line）尺寸大于 4 个字节时，数据主端口支持流水线模式；当数据缓存线尺寸小于 4 个字节时，任何的存储器流水线延迟都被数据主端口视为等待状态。如果数据主端口连接到了零等待状态（zero-wait-state）存储器，装载和存储操作都可以在一个时钟周期内完成。

Nios Ⅱ 体系结构通过支持片上高速缓存来改善访问低速存储器时的平均数据传输速度。Nios Ⅱ 体系结构也通过支持紧耦合存储器来实现低延迟的片上存储访问。

4. 指令和数据共享的存储器

通常，指令和数据主端口共享一个存有指令和数据的存储器。这时，整个 Nios Ⅱ 系统对外提供单一的、共享的指令/数据总线，而 Nios Ⅱ 处理器核有独立的指令和数据总线。Nios Ⅱ 系统的外观取决于系统的存储器、外设和系统的交换架构。

数据和指令主端口绝不会出现僵滞的状态，即一个端口独占的状态。为了获得最高的性能，会指定数据主端口拥有更高的仲裁权。

3.3.2　高速缓存

Nios Ⅱ 体系结构支持高速的指令缓存和数据缓存。高速缓存由片内存储单元构成，是 Nios Ⅱ 核的一部分。缓存能够缩短使用片外低速存储器的 Nios Ⅱ 系统对存储器的平均访问时间。

指令和数据高速缓存在运行时是一直使能的，但是可以使用软件旁路数据高速缓存，这样可以保证对外设访问的数据来自外设而不是缓存。缓存的管理和一致性由软件来维护，Nios Ⅱ 指令集提供了缓存管理的指令。

1. 缓存配置选项

缓存是可选的，对存储的高性能要求（相应地需要缓存）是和应用相关的。许多应用需要尽可能小的 Nios Ⅱ 核，甚至为了减小其尺寸而牺牲了性能。一个 Nios Ⅱ 核可能包含指令或数据缓存，也可能两者都有或两者都没有。而且，指令和数据缓存的大小也是可以由用户来配置的。缓存的有无不会影响程序的功能，但是会影响处理器取指令和读/写数据的速度。

2. 缓存的有效使用

缓存改善系统性能的作用基于以下的前提。

◇ 常规存储位于片外，并且访问时间要比片内存储器长。

◇ 最大的、对性能起关键作用的循环指令的长度小于指令缓存的大小。

◇ 最大的、对性能起关键作用的数据块的尺寸小于数据缓存的大小。

虽然缓存的配置可能针对一定范围内的应用都是有效的，但是最优的缓存配置是和特定的应用相关的。如果应用需要一些数据和部分代码常驻缓存，那么采用紧耦合存储器可能是一个更好的方案。

3. 缓存旁路方法

Nios Ⅱ 体系结构提供了装载和存储 I/O 的指令 ldio 和 stio，这两个指令旁路了数据缓存，并强制 Avalon 数据传输到一个指定的地址。取决于处理器核的实现，有一些其他的方法可以用于旁路缓存。一些 Nios Ⅱ 核支持一种称作 31 位旁路缓存的机制，在这种机制下，是否旁路缓存取决于地址的最高有效位。

缓存虽然改善了系统的整体性能，但是它使程序的执行时间变得不可预测。对于实时系统来说，代码执行要具有确定性——装载、存储指令和数据的时间必须是可预测的。

3.3.3　紧耦合存储器

对性能要求苛刻的应用，紧耦合存储器可以提供有保证的低延迟存储器访问。相比较于缓存，紧耦合存储器有以下的优点。

◇ 性能类似于高速缓存。

◇ 软件可以保证对性能要求苛刻的代码和数据驻留在紧耦合存储器内。

◇ 没有实时缓存的开销，如装载、失效或清空等操作，代码的确定性得到了保证。

物理上，紧耦合存储器是 Nios Ⅱ 核上的一个独立的主端口，类似于指令和数据主端口。Nios Ⅱ 核可以没有、有一个或多个紧耦合存储器。Nios Ⅱ 体系结构支持指令和数据紧耦合存储器访问。每一个紧耦合存储器端口，只和一个具有固定低延迟的存储器直接相连。存储器在 Nios Ⅱ 核外部，但是在 FPGA 片上，由 FPGA 片内的 RAM 来实现。

1. 访问紧耦合存储器

同其他通过 Avalon 交换机构连接到系统的存储设备一样，紧耦合存储器占用标准的地址空间。紧耦合存储器的地址是在系统生成时确定的。

软件访问紧耦合存储器时使用常规的装载和存储指令。从软件的角度来看，访问紧耦合存储器和其他的存储器没有什么不同。

2. 紧耦合存储器的有效使用

系统使用紧耦合存储器来达到对一段特定的代码和数据最高性能的访问。例如，中断频繁的应用可以将异常处理代码放在紧耦合存储器中以降低中断延迟。类似地，对计算密集的数字信号处理的应用可以将数据缓存到紧耦合存储器中以达到尽可能快的数据访问。

如果应用需要的存储器很小，能够在片内完全实现，就不用其他的存储器了，将代码和数据全放在紧耦合存储器中存储即可。大的应用必须考虑将什么放在紧耦合存储器里，以达到最大的性价比。

3.3.4　地址映射

在 Nios Ⅱ 系统中存储器和外设的地址映射是和应用相关的，用户可以在系统生成的时候指定。

　　下面的三个地址需要特别的注意：复位地址、异常地址和断点处理程序地址。复位地址和异常地址在系统生成时已经提到过。后面的章节在用到这些地址的时候还会有更加深入地讲解。

　　由于程序员使用宏和驱动程序来访问存储器和外设，所以 Nios Ⅱ 系统的灵活的地址映射不会对应用开发人员造成负面的影响。

3.4　寻址方式

　　Nios Ⅱ 支持以下的寻址方式。

　　◇ 寄存器寻址，所有的操作数都是寄存器，结果也保存在寄存器中。

　　◇ 移位寻址，将寄存器和带符号的 16 位立即数相加的结果作为地址。

　　◇ 立即数寻址，指令中有一个固定的立即数，这个常数通常用来给寄存器赋值。

　　◇ 寄存器间接寻址，按照放在辅助寄存器中的地址来访问存储器。

　　◇ 绝对寻址，指令中有一个固定的地址，指令按照此地址进行数据寻址。

第4章 Avalon 总线规范

Avalon 总线规范是 Altera 公司开发的用于连接处理器与片内/外外设的总线技术。通过 Avalon 总线的连接，处理器与片内/外外设构成了片上可编程系统。Avalon 总线规范描述了主从端口的信号的连接关系、传输模式，以及通信的时序关系。在第 2 章的内容中已经看到，Avalon 总线在 SOPC Builder 中添加外设之后会自动生成，并且会随着外设的添加和删减而自动调整，最终的 Avalon 总线结构是针对外设配置而生成的一个最佳结构。所以对于用户来说，如果只是使用已经定制好的符合 Avalon 总线规范的外设来构建系统，不需要了解 Avalon 总线规范的细节，但是对于要自己设计外设的用户来说，开发的外设必须要符合相应的 Avalon 总线的规范，否则设计的外设将无法集成到系统中去。

4.1 Avalon 总线简介

Avalon 总线是用于处理器与片内/外外设互连的技术，这就决定了 Avalon 总线具有以下特点。

◇ 简单性。易于理解、使用。

◇ 占用资源少。减少了对 FPGA 片内资源的占用。

◇ 高性能。Avalon 总线可以在每一个总线时间周期完成一次数据传输。

◇ 专用的地址总线、数据总线和控制总线。这样 Avalon 总线模块和片上逻辑之间的接口便得以简化，Avalon 外设不需要识别数据周期和地址周期。

◇ 支持高达 1 024 位的数据宽度。Avalon 接口支持不是 2 的偶数幂的任意的数据宽度。

◇ 支持同步操作。所有 Avalon 外设的接口与 Avalon 交换架构的时钟同步，不需要复杂的握手/应答机制。这简化了 Avalon 接口的时序行为，而且便于集成高速外设。

◇ 支持动态地址对齐，可以处理具有不同数据宽度的外设间的数据传输。Avalon 总线的自动地址对齐功能将自动解决数据宽度不匹配的问题，不需要设计者的干预。

◇ Avalon 总线规范是一个开放的标准。用户可以在未经授权的情况下使用 Avalon 总线接口来自定义外设。

Avalon 总线结构采用交换式的总线结构，相比于传统的总线结构有着显著的优点。图 4-1 给出了 Avalon 交换式总线结构的原理。采用 Avalon 交换架构，每个总线主机均有自己的专用互连，总线主机只需抢占共享从机，而非总线本身。每当系统加入模块或者外设接入优先权发生改变时，SOPC Builder 就会利用最少的 FPGA 资源，产生新的最佳的 Avalon 交换架构。Avalon 交换架构支持多种系统体系结构，如单主机/多主机系统，可实现数据在外设与性能最佳数据通道之间的无缝传输。Avalon 交换架构同样支持用户所设计的片外处理器和外设。Avalon 交换式总线结构支持数据总线的复用、等待周期的产生、外设的地址对齐，以及高级的交换式总线传输。

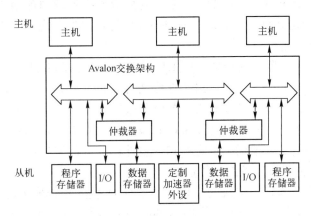

图 4-1　Avalon 交换式总线结构

在图 4-2 所示的传统总线结构中，单个总线仲裁控制总线主机和总线从机之间的通信。每个总线主机发总线控制请求，由总线仲裁器对某个主机授权占用总线。如果多个主机试图同时使用总线，总线仲裁器会根据一套仲裁规则分配总线资源给某个主机。由于每次只有一个主机能够使用总线，因此会导致带宽瓶颈。

Altera 提供了 Avalon 的接口规范，供设计者开发自己的外设和更好地使用外设。该规范向读者描述了诸如微处理器、存储器、UART

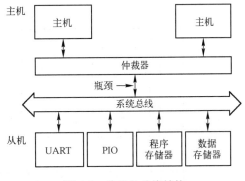

图 4-2　传统的总线结构

等主、从外设的基于地址的读/写接口的基本知识。Avalon 接口规范给出了主、从外设间的端口连接关系，通信的时序关系，支持多种传输方式。设计者可以不去了解 Avalon 交换式结构的实现细节，只需掌握其同外设相连接的接口。

4.2　Avalon 总线基本概念

由于 Avalon 总线具有很多不同于传统总线的特点，所以，为了更好地理解 Avalon 总线的规范，先介绍相关的术语和概念。

4. 2. 1　Avalon 外设和交换架构

　　一个基于 Avalon 接口的系统会包含很多功能模块，这些功能模块就是 Avalon 存储器映射外设，通常简称 Avalon 外设。所谓存储器映射外设是指外设和存储器使用相同的总线来寻址，并且 CPU 使用访问存储器的指令来访问 I/O 设备。为了能够使用 I/O 设备，CPU 的地址空间必须为 I/O 设备保留地址。

　　Avalon 外设包括存储器、处理器、UART、PIO、定时器和总线桥等，还可以有用户自定义的 Avalon 外设。用户自定义的外设要能称之为 Avalon 外设，必须要有连接到 Avalon 交换架构的 Avalon 信号。Avalon 外设分为主外设和从外设。能够在 Avalon 总线上发起总线传输的外设是主外设。从外设只能响应 Avalon 总线传输，而不能发起总线传输。主外设至少拥有一个连接在 Avalon 交换架构上的主端口。主外设也可以拥有从端口，使得该外设也可以响应总线上其他主外设发起的总线传输。

　　将 Avalon 外设连接起来，构成的一个大的系统的片上互连逻辑就是 Avalon 交换架构。图 4-3 给出了一个通过 Avalon 交换架构将 Avalon 外设连接起来的系统实例。

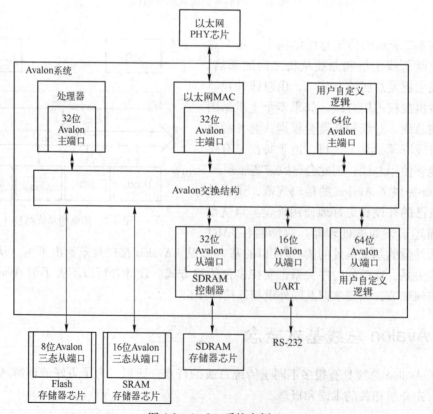

图 4-3　Avalon 系统实例

Avalon 交换架构是一种可自动调整的结构，可随着设计者的不同设计而做出最优的调整。可以看到外设和存储器可以拥有不同的数据宽度，并且这些外设可以工作在不同的时钟频率下。Avalon 交换架构支持多个主外设，允许多个主外设同时与不同的从外设进行通信，增加了系统的带宽。这些功能的实现都是靠 Avalon 交换架构中的地址译码、信号复用、仲裁、地址对齐等逻辑实现的，这些都是自动生成的，本书就不介绍其内部的实现了。

本章重点讨论 Avalon 外设和 Avalon 交换架构之间的互连，主要研究接口级的行为，不关注其内部实现。

4.2.2 Avalon 信号

Avalon 接口定义了一组信号类型（片选、读使能、写使能、地址、数据等），用于描述主/从外设上基于地址的读写接口。Avalon 外设只使用和其内核逻辑进行接口的必需的信号，而忽略其他会增加不必要的开销的信号。

Avalon 信号的可配置特性是 Avalon 接口与传统总线接口的主要区别之一。Avalon 外设可以使用一小组信号来实现简单的数据传输，或者使用更多的信号来实现复杂的数据传输。例如，ROM 接口只需要地址、数据和片选信号就可以了，而高速的存储控制器可能需要更多的信号来支持流水线的突发传输。

Avalon 的信号类型为其他的总线接口提供了一个超集。例如，大多数分离的 SRAM、ROM 和 Flash 芯片上的引脚都能映射成 Avalon 信号类型，这样就能使 Avalon 系统直接与这些芯片相连接。类似地，大多数 Wishbone 的接口信号也可以映射为 Avalon 信号类型，这使得在 Avalon 系统中集成 Wishbone 的内核非常简单。

4.2.3 主端口和从端口

Avalon 端口就是完成通信传输的接口所包含的一组 Avalon 信号。Avalon 端口分为主端口和从端口，主端口可以在 Avalon 总线上发起数据传输，而从端口在 Avalon 总线上响应主端口发起的数据传输。一个 Avalon 外设可能有一个或多个主端口，一个或多个从端口，也可能既有多个主端口，又有多个从端口。

Avalon 的主端口和从端口之间没有直接的连接。主、从端口都连接到 Avalon 交换架构上，由交换架构来完成信号的传递，如图 4-3 所示。在传输过程中，主端口和交换架构之间传递的信号与交换架构和从端口之间传递的信号可能有很大的不同。所以，在讨论 Avalon 传输的时候，必须区分主、从端口。

4.2.4　传输

传输是指在 Avalon 端口和 Avalon 交换架构之间的数据单元的读/写操作。Avalon 传输一次，可以传输高达 1 024 位的数据，需要一个或多个时钟周期来完成。在一次传输完成之后，Avalon 端口在下一个时钟周期可以进行下一次的传输。

Avalon 的传输包括两个基本的类别：主传输和从传输。Avalon 主端口发起对交换架构的主传输。Avalon 从端口响应来自交换架构的传输请求。传输是和端口相关的：主端口只能执行主传输，从端口只能执行从传输。

4.2.5　主从端口对

主从端口对是指在数据传输过程中，通过 Avalon 交换架构相互连接起来的主端口和从端口。在传输过程中，主端口的控制和数据信号通过 Avalon 交换架构和从端口进行交互。

4.2.6　周期

周期是时钟的基本单位，定义为特定端口的时钟信号的一个上升沿到下一个上升沿之间的时间。完成一次传输最少需要一个时钟周期。

4.3　Avalon 信号

Avalon 接口规范定义了 Avalon 外设使用的信号类型，如地址信号、数据信号、片选信号等。根据外设逻辑接口的需求，Avalon 外设可以使用任何类型的 Avalon 信号。

Avalon 接口规范还定义了每种信号类型的行为。Avalon 端口上的信号和信号类型是一一对应的，Avalon 主/从端口的每一个信号必定属于某类的 Avalon 信号类型。一个 Avalon 端口的每一种信号类型只能有一个信号实例。

根据端口的属性，可以将 Avalon 信号类型分为主信号和从信号。有些信号在主端口和从端口的接口上都存在，但是信号的行为是不相同的。

图 4-4 给出了一个 16 位的通用 I/O 输出外设。这个简单的 Avalon 外设只需响应接收数据的传输请求，因此该外设只有写传输的信号，而没有读传输的信号。

Avalon 外设可以包括与 Avalon 接口无关的用户自定义的、面向特定应用的信号。如图 4-4所示，pio_out 信号与 Avalon 系统外的逻辑相连，与 Avalon 交换架构没有直接的连接。

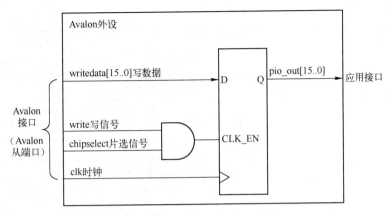

图 4-4　16 位通用 I/O 输出外设

4.3.1　信号类型的完整列表

前面已经提到，信号类型可以分为主端口和从端口两类。现在分别对构成主端口和从端口的接口的信号类型做介绍。每一类型的信号的说明包括：

◇ 信号类型；
◇ 信号可能的宽度；
◇ 信号的方向（从外设的角度看）；
◇ 该信号在端口上是否必不可少（必需性）；
◇ 各种类型的信号的功能和特殊的使用要求的简单描述。

表 4-1 是 Avalon 从端口的信号类型的完整列表，表 4-2 是 Avalon 主端口的信号类型的完整列表。

表 4-1　Avalon 从端口信号类型

	信号类型	信号宽度	方向	必需	功能及使用描述
基本信号类型	clk	1	In	No	Avalon 从端口的同步时钟。所有的信号必须与 clk 同步，异步外设可以忽略 clk 信号
	chipselect	1	In	No	Avalon 从端口的片选信号。在 chipselect 信号无效的情况下，Avalon 从端口忽略所有其他的信号
	address	1~32	In	No	连接 Avalon 交换架构和从端口的地址线，指定了从外设地址空间的一个字的地址偏移
	read	1	In	No	读从端口的请求信号。当从端口不输出数据时不需要使用该信号，如果使用了该信号，则 readdata 或 data 信号也必须使用

续表

	信号类型	信号宽度	方向	必需	功能及使用描述
基本信号类型	readdata	1~1 024[①②]	Out	No	读传输时，输出到 Avalon 交换架构的数据线。当从端口不输出数据时，不需要该信号。如果使用了该信号，则 data 信号不能使用
	write	1	In	No	写从端口的请求信号。当从端口不从主端口接收数据时，不需要该信号。如果使用了该信号，writedata 或 data 信号必须使用，writebyteenable 信号不能使用
	writedata	1~1 024[①②]	In	No	写传输时，来自 Avalon 交换架构的数据线。当从端口不接收数据时，不需要该信号。如果使用了该信号，write 或 writebyteenable 信号必须使用，data 信号不能使用
	byteenable	2, 4, 6, 8, 16, 32, 64, 128	In	No	字节使能信号。在对宽度大于 8 位的存储器进行写传输时，该信号用于选择特定的字节段。如果使用了该信号，writedata 信号也必须使用，writebyteenable 信号不能使用
	writebyteenable	2, 4, 6, 8, 16, 32, 64, 128	In	No	相当于 byteenable 信号和 write 信号的逻辑与操作。如果使用了该信号，writedata 信号必须使用，write 信号和 byteenable 信号不能使用
	begintransfer	1	In	No	在每次传输的第一个周期内有效。使用方法取决于具体的外设
等待周期信号	waitrequest	1	Out	No	如果从端口不能立即响应 Avalon 交换架构，用该信号来暂停 Avalon 交换架构
流水线信号	readdatavalid	1	Out	No	用于具有可变延迟的流水线读传输。该信号用于标记从端口发出有效 readdata 信号时的时钟上升沿
突发信号	burstcount	2~32	In	No	用于突发传输。用来指示每一次突发传输中数据传输的次数。当使用 burstcount 信号时，waitrequest 信号必须一并使用
	beginbursttransfer	1	In	No	在突发数据传输的第一个时钟周期内有效，标志突发数据传输开始。其用法取决于外设
流控制信号	readyfordata	1	Out	No	用于具有流控制的传输。表示外设准备好一次写传输
	dataavailable	1	Out	No	用于具有流控制的传输。表示外设准备好一次读传输
	endofpacket	1	Out	No	用于具有流控制的传输。向 Avalon 交换架构指示包结束的状态。实现取决于外设
三态信号	data	1~1 024[①]	Bi-directional	No	三态从端口的双向数据读/写。如果使用了该信号，readdata 和 writedata 信号不能使用
	outputenable	1	In	No	data 信号的输出使能信号。如果该信号无效，三态从端口不能驱动自身的 data 信号。如果使用了该信号，data 信号必须使用

续表

信号类型		信号宽度	方向	必需	功能及使用描述
其他信号	irq	1	Out	No	中断请求信号。当从端口需要主端口服务时，它将发出 irq 信号
	reset	1	In	No	外设复位信号。该信号有效时，从外设必须进入确定的复位状态
	resetrequest	1	Out	No	允许外设将整个 Avalon 系统复位。复位操作立即执行

注：① 如果从端口使用动态地址对齐，信号宽度必须是 2 的幂。
② 如果从端口同时使用 readdata 和 writedata 信号，则这两个信号的宽度必须相等。

表 4-2　Avalon 主端口信号类型

信号类型		信号宽度	方向	必需	功能及使用描述
基本信号类型	clk	1	In	Yes	Avalon 主端口的同步时钟，所有的信号必须与 clk 同步
	waitrequest	1	In	Yes	迫使主端口等待，直到 Avalon 交换架构准备好处理传输
	address	1～32	Out	Yes	从 Avalon 主端口到 Avalon 交换架构的地址线。该信号表示的是一个字节的地址，但主端口只发出字边界的地址
	read	1	Out	No	主端口的读请求信号。主端口不执行读传输时不需要该信号。如果使用了该信号，readdata 或 data 信号也必须使用
	readdata	8,16,32,64,128, 256,512,1 024①	Out	No	读传输时，来自 Avalon 交换架构的数据线。当主端口不执行读传输时，不需要该信号。如果使用了该信号，则 read 信号必须使用，data 信号不能使用
	write	1	Out	No	主端口的写请求信号。不执行写传输时不需要该信号。如果使用该信号，则 writedata 或 data 信号也必须使用
	writedata	8,16,32,64,128, 256,512,1 024①	Out	No	写传输时，输出到 Avalon 交换架构的数据线。当主端口不执行写传输时，不需要该信号。如果使用了该信号，则 write 信号必须使用，data 信号不能使用
	byteenable	2,4,6,8,16,32, 64,128	Out	No	字节使能信号。在对宽度大于 8 位的存储器进行写传输时，该信号用于选择特定的字节段。读传输时，主端口必须置所有的 byteenable 信号线有效
流水线信号	readdatavalid	1	In	No	用于具有延迟的流水线读传输。该信号表示来自 Avalon 交换架构的有效数据出现在 readdata 数据线上。如果主端口采用流水线传输，就要求使用该信号
	flush	1	Out	No	用于流水线读传输。主端口置 flush 信号有效，以清除所有挂起的传输操作
突发信号	burstcount	2～32	Out	No	用于突发传输。用来指示每一次突发传输中数据传输的次数
流控制信号	endofpacket	1	Out	No	用于控制流模式的数据传输。标志一个数据包的结束状态
三态信号	data	8,16,32,64,128, 256,512,1 024	Bi-directional	No	三态主端口的双向数据读/写信号。如果使用了该信号，则 readdata 和 writedata 信号不能使用

信号类型	信号宽度	方向	必需	功能及使用描述
	irq	1,32	In	No	中断请求信号。如果 irq 信号是一个 32 位的矢量信号，那么它的每一位直接对应一个从端口上的中断信号，它与中断优先级没有任何的联系；如果 irq 信号是一个单比特信号，那么它是所有从外设的 irq 信号的逻辑或，中断优先级由 irqnumber 信号确定
其他信号	irqnumber	6	In	No	只有在 irq 信号为单比特信号时，才使用 irqnumber 信号来确定外设的中断优先级。irqnumber 的值越小，其所代表的中断优先级越高
	reset	1	In	No	全局复位信号，其实现跟外设相关
	resetrequest	1	Out	No	允许外设将整个 Avalon 系统复位。复位操作立即执行

注：① 如果主端口同时使用 readdata 和 writedata 信号，则这两个信号的宽度必须相等。

在 Avalon 接口规范中，Avalon 从端口没有任何信号是必须要有的，而 Avalon 主端口上必须要有三个信号：clk，address 和 waitrequest。

4.3.2　信号极性

表 4-1 和表 4-2 中的信号类型都是高电平有效。Avalon 接口也提供了每个信号类型的低电平有效版本，用在信号类型名后添加 _n 来表示，如 irq _ n、read _ n 等。这在和那些低电平有效的片外逻辑相接口时非常有用。

4.3.3　信号命名规则

Avalon 接口规范没有对 Avalon 外设上的信号指定命名的规则。Avalon 外设上的信号的名字可以与信号类型名相同，也可以遵循系统级的命名规则。例如，一个 Avalon 外设具有一个 Avalon 从端口，该端口有一个输入信号，类型为 clk，其名称为 clock _ 100mhz。本章在讨论 Avalon 传输的时候，信号名和信号类型名是相同的。

4.3.4　Avalon 信号时序说明

Avalon 接口是一个同步的协议。每个 Avalon 端口都与 Avalon 交换架构提供的时钟同步。所有的传输都与 Avalon 交换架构的时钟同步发生，并在时钟上升沿启动。

一个同步的接口并不意味着所有的信号都是时序信号。Avalon 的信号可以是基于同步于系统交换架构时钟的寄存器的输出的组合逻辑。所以除了 clk 信号之外，Avalon 外设对其他的 Avalon 信号边沿不敏感。对任何的同步设计来说，Avalon 外设必须只响应在时钟上升沿达到稳定状态的信号，并且在时钟上升沿产生稳定的输出。

片外的异步外设（如片外存储设备）也能够同系统交换架构相接口，但需要一些设计上的考虑。Avalon 交换架构的同步操作使得 Avalon 信号只在 Avalon 接口时钟的时间间隔内发生翻转。而且，如果异步的信号直接同 Avalon 交换架构的输入相连，设计者要确保信号在时钟的上升沿是稳定的。

Avalon 接口没有固定的或者最高的性能。Avalon 接口是同步的，并且可以被交换架构提供的任意频率的时钟驱动。Avalon 接口最高性能取决于外设的设计和系统的实现。不同于传统的共享总线实现的规范，Avalon 接口没有指定任何的物理和电气特性。

4.3.5　传输属性

不是所有的 Avalon 主/从端口都使用相同的信号类型，因此不同的 Avalon 端口具有不同的传输能力。Avalon 接口规范定义了一套传输属性。一个特定的 Avalon 主/从端口可以支持一个或多个传输属性，这取决于外设的设计。外设支持的传输属性在设计时被确定，在传输过程中不会发生改变。

Avalon 接口规范定义了 Avalon 端口支持的如下的传输属性。

◇ 等待周期：固定或可变（只对从端口）。

◇ 流水线：固定或可变的延迟。

◇ 建立和保持时间（只对从端口）。

◇ 突发。

◇ 三态。

以上的属性将在主端口和从端口传输的部分详细介绍。Avalon 传输的基础是基本读传输或基本写传输。基本传输不具有上述的传输属性。基本传输提供了一个参照点，来描述每一个属性对端口和信号行为的影响。使用一个特定的端口属性会产生下面的影响。

◇ 改变特定信号的行为。

◇ 需要一个或多个信号类型来实现该属性。

Avalon 端口可以同时支持多个属性。例如，一个 Avalon 从端口可能支持具有可变等待周期的流水线传输。一些属性不能和其他属性共同使用，这些限制在传输属性的讨论中会加以说明。

一个主从端口对中的主端口和从端口可以有不同的传输属性。Avalon 交换架构同主/从端口通信时，会使用该端口指定的属性，并且必要时要进行从主端口到从端口的属性转换。这样，Avalon 外设可以独立于系统中其他的外设属性进行设计。

4.4　从端口传输

本节介绍 Avalon 从端口和 Avalon 交换架构之间的数据传输。Avalon 交换架构和从端口之间的接口是数据传输的关键所在。

4.4.1 从端口信号详述

这部分首先介绍了对所有从端口传输都很重要的信号行为，然后强调了在设计达到特定外设的设计要求时设计者在选择信号方面所拥有的灵活性。

当一个传输没发生时，Avalon 交换架构会忽略所有从端口的和传输相关的输出信号。

1. address 信号

Avalon 从端口的 address 信号是按字寻址的，它指定了从端口地址空间的字地址的偏移量。每个从端口地址值根据从端口的 readdata 和/或 writedata 信号的宽度访问一个完整的数据单元。

2. readdata 和 writedata 信号

readdata 和 writedata 信号是携带数据传输的数据的从端口信号。从端口信号可以同时使用这两个信号，或者其中之一，或者这两个信号都不使用。信号的宽度范围为 1～1 024 位。使用动态地址对齐的从端口，其数据宽度必须是 8,16,32,64,128,256,512 或 1 024 位。如果从端口同时使用 readdata 和 writedata 信号，则这两个信号的宽度必须相等。

3. chipselect、read 和 write 信号

chipselect、read 和 write 信号是从端口的 1 位输入信号，用来指示一个新的读/写传输何时开始。从端口使用这些信号时可以有不同的组合，组合不同这些信号所表现的行为也不同。

1）使用 chipselect 信号的从端口

如果从端口使用了 chipselect 信号，则只要 Avalon 交换架构发出 chipselect 信号，从端口就会接受读/写传输操作，并且在没有 chipselect 信号时，不进行任何操作。Avalon 交换架构总是将 chipselect 同 read 或 write 信号结合起来使用。对于具有 chipselect 信号的从端口，又分成两种情况。

（1）如果从端口使用 read 或 write 信号两者之一，那么信号就有了附加的意义，read 也意味着 write _ n（不写），write 也意味着 read _ n（不读）。

（2）如果从端口同时使用 chipselect、read 和 write 信号，那么 chipselect 信号只是用作 read 和 write 信号的限定符。当 Avalon 交换架构没发出 chipselect 信号时，从端口在任意时钟周期都不执行任何操作，不论是读还是写状态。

2）不使用 chipselect 信号的从端口

如果从端口不使用 chipselect 信号，则它只使用 read 和/或 write 信号来确定何时开始新的传输。Avalon 交换架构通过发出 read 或 write 信号来发起一次传输。Avalon 交换架构在没

有发出这两个信号时，表示一个空闲周期。Avalon 交换架构不会同时发出这两个信号。

本章下面给出的时序图显示的都是单个独立的传输事件。在现实情况中，传输可以是连续发生的。例如，在一次读传输完成后，chipselect 和 read 信号可以继续保持有效，下一个传输可以在下一个周期接着开始。

4. byteenable 和 writebyteenable 信号

byteenable 信号是一个矢量信号，它的每条信号线都对应 writedata 的一个字节段。在向宽度大于 8 位的从端口写传输时，Avalon 交换架构通过发出 byteenable 信号来指定写哪个字节段。在进行读传输时，Avalon 交换架构发出的 byteenable 信号用来指定主端口需要的字节段。从端口可以返回主端口请求的字节段，也可以返回全部的字节段（整个的数据宽度）。当从端口返回多于一个的字节段时，所有的字节段应该保证是相邻的，并且字节段的数目是 2 的幂。指定的字节段应该对齐在地址的数据字边界上。表 4-3 给出了写传输时 byteenable 信号的可能情况。

表 4-3　32 位的从端口使能信号

byteenable［3..0］	写　操　作
1111	全 32 位写操作
0011	2 个低字节的写操作
1100	2 个高字节的写操作
0001	字节 0 的写操作
0010	字节 1 的写操作
0100	字节 2 的写操作
1000	字节 3 的写操作

例如，32 位的端口，有效的 byteenable 组合是 0001，0010，0100，1000，0011，1100，1111。下面的组合是无效的：0000，0101，0110，0111，1001，1010，1011，1101，1110。

writebyteenable 信号是 write 信号和 byteenable 信号的逻辑与。从端口可以使用 writebyteenable 信号，而不使用 write 和 byteenable 信号来决定何时进行写操作和对哪一个字节进行写操作。

5. begintransfer 信号

所有的从端口都可以使用 begintransfer 信号来提供一个从端口传输已经启动了的易于理解的指示。Avalon 交换架构在每一个从端口传输的第一个时钟周期内发出 begintransfer 信号。begintransfer 信号的使用是和外设相关的。例如，因为在每一次数据传输开始时，address、read、write 和 chipselect 信号不一定改变，所以外设的内核逻辑使用 begintransfer 信号来确定 Avalon 外设传输开始的确切时间。

4.4.2 从端口读传输

这部分详细说明和示范了各种 Avalon 从端口的读传输。先从从端口的基本读传输开始，从端口的基本读传输是其他的读传输的基础。

1. 从端口基本读传输

基本的读传输是其他的 Avalon 读传输的参考。基本的读传输没有传输规范中的任何传输属性。从端口基本读传输由 Avalon 交换架构发起，从 Avalon 从端口传输一个数据单元（外设的数据端口全宽度）到 Avalon 交换架构。传输在一个时钟周期内完成。

图 4-5 是基本读传输的一个例子。传输在时钟上升沿开始，在下一个时钟的上升沿结束。在第一个时钟上升沿，Avalon 交换架构传送 address、byteenable 和 read 信号给从端口。Avalon 交换架构在其内部完成地址的译码，并驱动从端口的 chipselect 信号。一旦 chipselect 信号有效，从端口立即驱动 readdata 信号。Avalon 交换架构在下一个时钟上升沿捕获 readdata 信号。因为传输在一个时钟周期内完成，从端口必须在下一个时钟上升沿之前输出被寻址的数据。

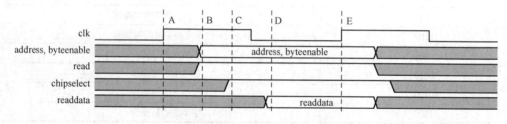

图 4-5 从端口基本读传输时序图

A—第一个时钟周期在 clk 的上升沿开始；

B—由 Avalon 交换架构到从端口的 address、byteenable 和 read 信号有效；

C—Avalon 交换架构对 address 信号译码，并发出 chipselect 信号；

D—从端口在第一个周期内返回有效的数据；

E—Avalon 交换架构在下一个时钟上升沿捕获数据，读传输完成，下一个时钟周期开始，下一个传输可以在此开始

从端口基本读传输只适用于异步从外设，如异步存储器。只要外设被选中和/或地址发生了变化，外设就必须立刻返回数据。readdata 信号线必须在下一个时钟上升沿之前保持稳定。同步外设要锁存它们的输入和输出信号，必须要用到等待周期和/或流水线属性。片上的 Avalon 外设通常使用同步的、锁存的接口，该接口至少需要一个周期来捕获地址。

2. 等待周期

等待周期会延长读传输的时间，允许从端口使用一个或多个时钟周期来捕获地址和/或

返回有效的 readdata 信号，但是等待周期会影响从端口的吞吐量。例如，一个持续的序列采用零等待周期传输，可以达到最大的吞吐量——一个周期一次传输；如果采用具有一个等待周期的传输，最大的吞吐量为每两个周期一次传输。从端口读传输有两种类型的等待周期：固定的和可变的。

1）具有固定等待周期的从端口读传输

具有固定等待周期的从端口读传输使用的信号集与基本读传输的信号集相同，不同之处在于，前者由 Avalon 交换架构发出 chipselect 信号到从端口，并提供有效的 readdata 之间的时钟周期数。例如，一个从端口被指定具有一个等待周期，Avalon 交换架构提供了有效的 address 和 chipselect 信号之后，需要等待一个时钟周期才能获得 readdata 信号。Avalon 交换架构在传输的持续时间里一直发出地址和控制信号（chipselect、byteenable、read 等信号）。

图 4-6 为一个具有一个等待周期的从端口读传输的时序图。Avalon 交换架构在第一个时钟周期内发出 address、byteenable、read 和 chipselect 信号。因为有一个等待周期，外设不用在第一个周期内提供数据。第一个周期是第一个（也是唯一的一个）等待周期。在第二个周期内，从端口提供 readdata 信号给 Avalon 交换架构。在第三个周期和最后的时钟上升沿，Avalon 交换架构从从端口捕获 readdata 信号，完成读传输。

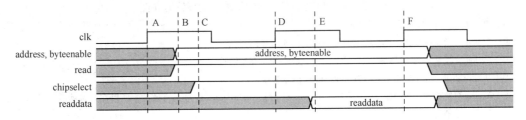

图 4-6　具有一个等待周期的从端口读传输时序图

A—第一个周期从 clk 的上升沿开始；

B—由 Avalon 交换架构到从端口的 address、byteenable 和 read 信号有效；

C—Avalon 交换架构对 address 信号译码，并发出 chipselect 信号；

D—clk 的上升沿标记第一个也是唯一的一个等待周期结束，从端口在这个上升沿捕获 address、byteenable、read 和 chipselect 信号；

E—从端口在第二个周期提供有效的 readdata 信号；

F—Avalon 交换架构在时钟的上升沿捕获 readdata 信号，传输结束，下一次传输可以从此开始

具有一个等待周期的读传输通常用于片内的同步外设。外设能在 clk 上升沿捕获地址和控制信号，然后有一个完整的周期用来返回数据给 Avalon 交换架构。具有多个等待周期的从端口读传输的时序同具有一个等待周期的情况基本相同，只是 Avalon 交换架构需要等待多于一个的周期才能捕获 readdata 信号。相应的时序图请参考 Avalon 接口规范。

2）具有可变等待周期的从端口读传输

可变的等待周期允许从端口在提供数据前，根据需要将 Avalon 交换架构暂停任意多个

周期。有该传输属性的从端口向 Avalon 交换架构提供数据所需的时间是不固定的。使用可变的等待周期时，要求从端口必须包含有输出信号 waitrequest。

图 4-7 是具有可变等待周期的从端口读传输时序图。Avalon 交换架构在第一个周期内发出 address、byteenable、read 和 chipselect 信号，这与基本读传输的开始一样。从端口必须在第一个周期内发出 waitrequest 信号来延长读传输的时间。当 waitrequest 信号有效时，Avalon 交换架构被暂停，Avalon 交换架构将保持地址和控制信号不变，并且不去捕获 readdata 信号。Avalon 交换架构在 waitrequest 信号失效之后的下一个 clk 上升沿捕获 readdata 信号，传输结束。

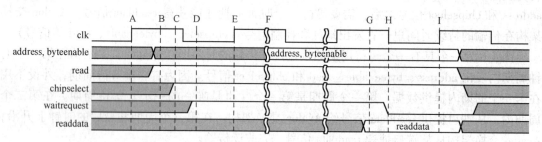

图 4-7　具有可变等待周期的从端口读传输时序图

A—第一个周期从 clk 的上升沿开始；

B—Avalon 交换架构发出 address、byteenable 和 read 信号；

C—Avalon 交换架构对 address 信号译码，然后驱动 chipselect 信号；

D—从端口在下一个 clk 的上升沿置 waitrequest 信号有效；

E—Avalon 交换架构在 clk 的上升沿采样 waitrequest 信号，waitrequest 信号是有效的，所以在此时钟沿 readdata 信号没被捕获；

F—waitrequest 信号可能会持续一个不确定数目的周期；

G—从端口提供有效的 readdata 信号；

H—从端口置 waitrequest 信号无效；

I—Avalon 交换架构在下一个 clk 的上升沿捕获 readdata 信号，读传输就此结束，下一个周期在此开始，另一次传输也可由此开始

Avalon 交换架构没有限制从端口暂停时间的超时特性。当 Avalon 结构被暂停后，相应地有一个主端口也被暂停。因此外设设计者必须确保从端口不会无限期地置 waitrequest 信号有效，否则，便会将主外设永久地暂停。

使用具有等待周期的从端口面临下面的限制。

◇ 如果从端口能够同时支持可变等待周期的读传输和写传输，则这个端口必须使用可变的等待周期来处理读传输和写传输。

◇ 如果指定使用可变等待周期的属性，端口就不能使用建立和保持属性。在大多数情况下，都是片内的同步外设使用 waitrequest 信号，这种情况下没有必要考虑建立时间和保持时间。

3. 建立时间

一些外设，如大多数常用的片外异步外设，在发出 read 信号之前，需要 address 和 chipselect 信号先稳定一段时间。具有建立时间的 Avalon 传输可以满足上述的建立时间的要求。具有建立时间的读传输所使用的信号和基本读传输使用的信号相同，不同的只是信号的时序。

有非零的建立时间意味着，在发出 address 和 chipselect 信号给从端口之后，Avalon 交换架构在 N 个时钟周期的延迟之后才发出 read 信号。完成传输所需的周期数取决于建立时间和等待周期。例如，一个从端口具有 2 个时钟周期的建立时间和 3 个等待周期，将要花费 6 个周期来完成传输：2 个时钟周期的建立时间，3 个等待周期，加上 1 个周期来捕获数据。

图 4-8 为具有 1 个周期建立时间和 1 个固定等待周期的从端口读传输的时序图。

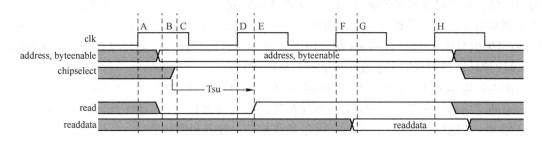

图 4-8　具有 1 个周期建立时间和 1 个固定等待周期的从端口读传输时序图

A—传输从 clk 的上升沿开始，第一个（也是唯一的一个）建立时间的周期在此开始；

B—Avalon 交换架构发出有效的 address 和 byteenable 信号，但保持 read 信号无效；

C—Avalon 交换架构对 address 信号译码，并发出 chipselect 信号；

D—建立时间的周期在 clk 的上升沿结束，等待周期开始；

E—Avalon 交换架构置 read 信号有效；

F—clk 的上升沿标志等待周期的结束；

G—从端口提供有效的 readdata 信号；

H—Avalon 交换架构在 clk 的上升沿捕获 readdata 信号，传输就此结束，下一个周期开始，另一次传输也可以开始

使用具有建立时间的从端口面临下面的限制。

◇ 如果一个从端口支持读传输和写传输，并且制定了建立时间，那么读传输和写传输要使用相同的建立时间。

◇ 如果从端口使用了可变的等待周期，那么建立时间属性不能使用。

4. 保持时间

根据 Avalon 接口规范，Avalon 从端口读传输不使用保持时间属性。

5. 流水线、三态和突发属性

Avalon 从端口的流水线、三态和突发属性在 4.6、4.8 和 4.9 节介绍。

4.4.3 从端口写传输

这部分详细说明和示范了各种 Avalon 从端口的写传输，先从从端口的基本写传输开始。从端口的基本写传输是其他的写传输的基础。

1. 从端口基本写传输

从端口基本写传输是从端口其他写传输的基础，它不包含 Avalon 接口规范允许的任何传输属性。从端口基本写传输由 Avalon 交换架构发起，并由 Avalon 交换架构传输一个数据单元到从端口，传输需要一个时钟周期。如果 writedata 信号的宽度大于一个字节，则使用 byteenable 信号来实现对 writedata 信号内的特定字节进行写操作。如果从端口没有使用 byteenable 信号，则所有的字节段在传输期间都是使能的。

图 4-9 是从端口基本写传输的时序图。Avalon 交换架构发出 address、writedata、byteenable 和 write 信号。Avalon 交换架构在其内部完成地址译码，然后驱动 chipselect 信号给从端口。从端口在下一个时钟的上升沿捕获地址、数据和控制信号，写传输立即结束。

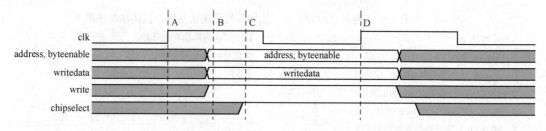

图 4-9　从端口基本写传输时序图

A—第一个周期在 clk 的上升沿开始；

B—Avalon 交换架构发出有效的 address、byteenable、writedata 和 write 信号；

C—Avalon 交换架构对 address 信号译码，并且发送 chipselect 信号给从端口；

D—从端口在 clk 的上升沿捕获 address、byteenable、writedata、write 和 chipselect 信号，写传输结束，下一个
　　周期开始，另一次传输也可以开始

当 chipselect 信号无效时，从端口忽略所有其他的输入信号，Avalon 交换架构忽略来自从端口的任何输出信号。chipselect 信号的由低到高的上升沿不能用作开始写传输的触发，因为，该上升沿不能保证一定会出现。

基本的写传输通常适用于同步的片内外设，这些外设能够在一个周期内捕获数据。不能在一个周期内捕获数据的外设必须使用等待周期。

2. 等待周期

从端口使用等待周期来延长传输，使用一个或多个时钟周期来捕获 address 和 writedata 信号。从端口写传输使用等待周期会影响从端口写传输的吞吐量。例如，零等待周期的连续的序列写传输，吞吐量最大，一个周期完成一次传输；具有一个等待周期的写传输最大的吞吐量是每两个周期完成一次传输。

从端口写传输有两种类型的等待周期：固定的和可变的。

1）具有固定等待周期的从端口写传输

具有固定等待周期的从端口写传输使用的信号和从端口基本写传输使用的信号相同。不同点在于，二者 Avalon 交换架构模块保持地址、数据和控制信号有效的时间不一样长。例如，指定一个等待周期，Avalon 交换架构相对于基本写传输会多等待一个周期，然后才会使地址、数据和控制信号失效。Avalon 交换架构在传输的持续时间内将保持地址、数据和控制信号（chipselect、byteenable、write 等信号）有效。

具有等待周期的写传输通常用于那些不能在一个时钟周期内捕获来自 Avalon 交换架构的数据的外设。在这种传输模式下，Avalon 交换架构在第一个时钟周期提供 address、writedata、byteenable、write 和 chipselect 信号，与基本写传输的开始完全相同。在等待周期内，这些信号保持不变。从端口在固定的等待周期内捕获来自 Avalon 交换架构的数据，写传输结束，同时 Avalon 交换架构使上述所有的信号失效。图 4-10 是一个具有一个等待周期的从端口写传输的时序图。

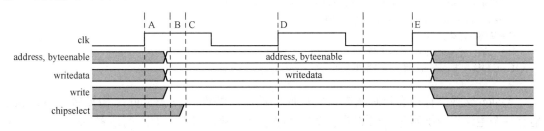

图 4-10　具有一个等待周期的从端口写传输时序图

A—第一个周期在 clk 的上升沿开始；

B—来自 Avalon 交换架构的 address、byteenable、writedata 和 write 信号有效；

C—Avalon 交换架构对 address 信号译码，发出 chipselect 信号；

D—第一个等待周期在 clk 的上升沿结束，所有来自 Avalon 交换架构的信号保持不变；

E—从端口在 clk 的上升沿或上升沿之前捕获 address、byteenable、write、writedata 和 chipselect 信号，写传输结束，下一个周期开始，另一次传输也可开始

2）具有可变等待周期的从端口写传输

变化的等待周期允许目标外设在捕获数据前根据需要将 Avalon 交换架构暂停任意多个等待周期。该特性对于捕获数据需要可变的周期的外设非常有用。使用可变的等待周期，从

端口必须包含 waitrequest 输出信号。

图 4-11 为具有可变等待周期的从端口写传输时序图。Avalon 交换架构在第一个周期内发出 address、byteenable、writedata、write 和 chipselect 信号，这同基本写传输开始完全一样。如果从端口需要额外的时间来捕获数据，从端口必须在下一个时钟上升沿之前发出 waitrequest 信号。当 waitrequest 信号有效时，waitrequest 信号将使 Avalon 交换架构暂停，并迫使它保持 address、byteenable、writedata、write 和 chipselect 信号不变。在从端口使 waitrequest 信号无效后，传输在下一个时钟上升沿结束。

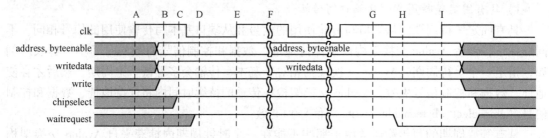

图 4-11　具有可变等待周期的从端口写传输时序图

A—第一个周期在 clk 的上升沿开始；

B—来自 Avalon 交换架构的 address、byteenable、writedata 和 write 信号有效；

C—Avalon 交换架构对 address 信号译码，然后发出 chipselect 信号；

D—外设在下一个 clk 的上升沿之前置 waitrequest 信号有效；

E—Avalon 交换架构在 clk 的上升沿采样 waitrequest 信号，如果 waitrequest 信号有效，则周期将成为等待周期，
　address、byteenable、writedata、write 和 chipselect 信号保持不变；

F—waitrequest 信号可能保持任意多个周期有效；

G—从端口捕获数据；

H—从端口置 waitrequest 信号无效；

I—写传输在下一个 clk 的上升沿结束，下一个周期可进行另一次传输

Avalon 交换架构没有限制从端口暂停时间的超时特性。当 Avalon 结构被暂停后，相应地有一个主端口也被暂停。因此外设设计者必须确保从端口不会无限期地置 waitrequest 信号有效，否则，便会将主外设永久地暂停。

使用具有等待周期的从端口面临下面的限制。

◇ 如果一个端口支持可变的等待周期读传输和写传输，该端口必须使用可变的等待周期进行读传输和写传输。

◇ 如果指定使用可变等待周期，从端口不能再使用建立时间和保持时间属性。在大多数情况下，使用 waitrequest 信号的外设都是片内的同步外设，没必要考虑建立时间和保持时间属性。

3. 具有建立时间和保持时间的写传输

建立时间和保持时间用于需要 address、byteenable、writedata 和 chipselect 信号在 write 信

号脉冲之前和/或之后保持几个周期稳定的片外外设。具有建立时间和保持时间的写传输所使用的信号与基本写传输的信号相同，但二者的信号时序不同。

非零的建立时间 M 意味着，在 Avalon 交换架构发出 byteenable、writedata 和 chipselect 信号给从端口之后，延迟 M 个周期再发出 write 信号。同样地，非零的保持时间 N 意味着，在 write 信号失效之后，address、byteenable、writedata 和 chipselect 信号保持 N 个周期不变。要完成写传输所需要的周期总数取决于建立时间、等待周期和保持时间。例如，从端口具有 2 个周期的建立时间、3 个等待周期和 2 个周期的保持时间，将需要 8 个周期来完成传输：2 个周期建立时间、3 个等待周期、2 个周期保持时间，再加上 1 个周期用来捕获数据。

从端口不必同时使用建立时间和保持时间。Avalon 接口支持只具有建立时间、只具有保持时间或者两者都有的写传输。图 4-12 为具有一个周期的建立时间和保持时间的从端口写传输时序图。

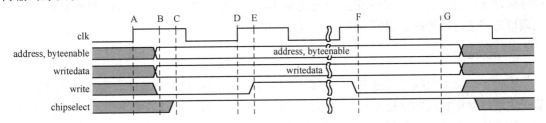

图 4-12　具有一个周期的建立时间和保持时间的从端口写传输时序图

A—第一个周期从 clk 的上升沿开始；

B—Avalon 交换架构发出 address、byteenable 和 writedata 信号，但保持 write 信号无效；

C—Avalon 交换架构对 address 信号译码，然后发出 chipselect 信号；

D—clk 的上升沿标志建立时间的周期结束；

E—Avalon 交换架构置 write 信号有效；

F—Avalon 交换架构在下一个 clk 的上升沿之后置 write 信号无效，address、byteenable、writedata 和 chipselect 信号保持不变；

G—Avalon 交换架构在下一个 clk 的上升沿置 address、byteenable、writedata 和 chipselect 信号无效，写传输结束

使用建立时间和/或保持时间的端口面临如下的限制。

◇ 如果从端口可以支持读传输和写传输，则其在读传输和写传输时使用相同的建立时间。

◇ 使用了建立时间和保持时间属性，从端口就不能使用可变的等待周期。

4. 流水线、三态和突发属性

从端口的流水线、三态和突发属性在 4.6、4.8 和 4.9 节论述。

4.5　主端口传输

这部分详细说明了主端口在与 Avalon 交换架构之间通信时 Avalon 主端口的传输行为。

Avalon 交换架构和主端口之间的接口是本部分的重点。

4.5.1　主端口信号

这部分首先介绍了对所有主端口传输都很重要的信号。当传输没有发生时，Avalon 交换架构将忽略所有和传输相关的主端口的输出信号，主端口也忽略所有和传输相关的来自 Avalon 交换架构的信号。

1. waitrequest 信号

waitrequest 信号为主端口输入信号，表示 Avalon 交换架构还没有准备好处理传输。所有主端口都遵循这样一条黄金准则：服从 waitrequest 信号。在传输开始时，主端口发送相应的信号来发起传输，直到 Avalon 交换架构使 waitrequest 信号失效。当 Avalon 交换架构不再和主端口之间进行传输时，要使 waitrequest 信号失效。

2. address 信号

不管主端口的数据宽度是多少，主端口的地址给出的都是字节地址。主端口只能提供与基于主端口数据宽度的字边界对齐的地址。例如，32 位的主端口只能提供与 4 个字节边界对齐的地址，如 0x00，0x04，0x08，0x0C 等。在这种情况下，Avalon 交换架构将忽略地址的低两位。要对一个字中的特定字节操作，主端口必须使用 byteenable 信号。

3. readdata 和 writedata 信号

readdata 和 writedata 信号携带传输的数据。主端口可以使用两者或其中之一，或者两者都不使用。readdata 和 writedata 信号宽度必须是 8、16、32、64、128、256、512 或 1 024 位。如果主端口同时使用 readdata 和 writedata 信号，则这两个信号的宽度必须相等。

4. read 和 write 信号

read 和 write 信号都是 1 位的主端口输出信号，用来指示主端口何时开始一个新的读或写传输。同从端口情况一样，本章给出的时序图显示的都是单个独立的传输事件。在现实情况中，传输可以是连续发生的。例如，一次读传输完成后，read 信号可以继续保持有效，以在下一个周期发起另一个读传输。

5. byteenable 信号

byteenable 信号是矢量信号，每一条信号线对应 writedata 信号的一个字节段。在写传输时，大于 8 位宽度的主端口能够通过设置 byteenable 信号来指定写入哪个字节段。在读传输的过程中，主端口能够通过设置 byteenable 信号，来指定读取哪个字节。只有 readdata 或 data 信号被指定的字节段才有效。当多于一个字节段被指定时，所有被指定的字节段必须是相邻的，且相邻的字节段的数目必须是 2 的幂，指定的字节段的地址必须和数据的字边界对齐。表 4-4 显示了 32 位主端口写传输时不同 byteenable 取值所对应的操作。

表 4-4　32 位主端口 byteenable 信号实例

byteenable [3..0]	写操作
1111	写全部的 32 位
0011	写低位的 2 个字节
1100	写高位的 2 个字节
0001	只写字节 0
0100	只写字节 2

4.5.2　主端口基本读传输

主端口基本读传输是所有带传输属性 Avalon 主端口读传输的参考。基本读传输不具有 Avalon 接口规范允许的任何传输属性。

基本读传输由主外设发起，再从 Avalon 交换架构传输一个单位的数据到主端口。在最快的情况下，基本读传输可以在一个周期内完成。如果 readdata 信号没准备好，Avalon 交换架构将发送 waitrequest 信号，暂停主端口，直到它可以发送数据。当 Avalon 交换架构使 waitrequest 信号无效时，主端口捕获数据之后，传输结束。

如果 Avalon 交换架构发出 waitrequest 信号有 N 个周期，则传输总共需要 $N+1$ 个周期才能完成。Avalon 交换架构不对主端口提供超时特性，只要 waitrequest 信号有效，主端口就暂停，如图 4-13 所示。

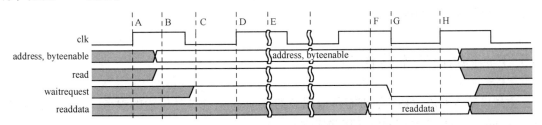

图 4-13　具有等待周期的主端口读传输时序图

A—第一个周期从 clk 的上升沿开始；

B—主端口发出有效的 address、byteenable 和 read 信号；

C—Avalon 交换架构在下一个 clk 的上升沿置 waitrequest 信号有效；

D—主端口在 clk 的上升沿接受 waitrequest 信号，这个周期称为等待周期；

E—只要 waitrequest 信号有效，主端口将保持其所有输出不变；

F—Avalon 交换架构返回有效的 readdata 信号；

G—Avalon 交换架构置 waitrequest 信号无效；

H—主端口在下一个 clk 的上升沿捕获 readdata 信号，并且置其所有的输出无效，读传输结束，另一次传输可以在下一个周期开始如果主端口的数据宽度大于一个字节，那么主端口可以使用 byteenable 信号来指示所需要的特定的字节段。如果主端口没使用 byteenable 信号，那么就当所有的字节段都是需要的来处理。

主端口读传输从 clk 的上升沿开始。在第一个周期内，主端口发出 address、byteenable、和 read 信号。如果 Avalon 交换架构不能在第一个周期内提供 readdata 信号，则 Avalon 交换架构将在下一个 clk 的上升沿之前发出 waitrequest 信号。当在 clk 上升沿的 waitrequest 信号有效时，主端口必须在下一个周期内保持所有的输出不变。当 waitrequest 信号失效之后，主端口将在下一个 clk 的上升沿捕获 readdata 信号，并且使 address 信号和 read 信号失效。主端口可以在下一个周期发起另一次传输。图 4-14 为主端口基本读传输的时序图。在图 4-14 中，waitrequest 信号始终是无效的，传输在一个周期内完成。

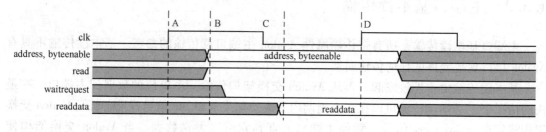

图 4-14   主端口基本读传输时序图

A—第一个周期从 clk 的上升沿开始；

B—主端口发出有效的 address、byteenable 和 read 信号；

C—在第一个周期内从 Avalon 交换架构返回有效的 readdata 信号；

D—主端口在下一个 clk 的上升沿捕获 readdata 信号，并且置它的所有输出无效，主端口的读传输结束，另一次传输可在下一个周期开始

4.5.3   主端口基本写传输

主端口基本写传输是其他带有传输属性的 Avalon 主端口写传输的参考。基本写传输不具有 Avalon 接口规范允许的任何传输属性。

主端口基本写传输由主外设发起，再由主端口传输一个单位的数据给 Avalon 交换架构。如果 Avalon 交换架构不能马上捕获数据，就发送 waitrequest 信号，将主端口暂停。最好的情况是，Avalon 交换架构不发送 waitrequest 信号，传输可以在一个周期内完成。

如果 Avalon 交换架构置 waitrequest 信号 N 个周期有效，则传输总共需要 $N+1$ 个周期才能完成。Avalon 交换架构对主端口不支持超时特性。只要 waitrequest 信号有效，主端口就会被暂停。

如果 writedata 大于一个字节，则主端口可以使用 byteenable 信号来指示写入哪个字节；如果主端口没使用 byteenable 信号，则 Avalon 交换架构就使能这个主端口的所有的字节段。

主端口写传输在 clk 的上升沿开始，紧接着主端口发送 address、byteenable、writedata 和 write 信号。如果 Avalon 交换架构不能在第一个周期内捕获 writedata 信号，它就在下一个上升沿之前发出 waitrequest 信号。当 waitrequest 信号在 clk 的上升沿有效时，主端口将在下一个周期内保持所有的生成信号有效。在 waitrequest 信号无效之后，主端口将在下一个 clk 的上升沿置 address、byteenable、writedata 和 write 信号无效。主端口可以在下一个周期发起另一次传输。图 4-15 显示了基本写传输的例子。在这个例子中，Avalon 交换架构没发出 waitrequest 信号，传输在一个周期内完成。

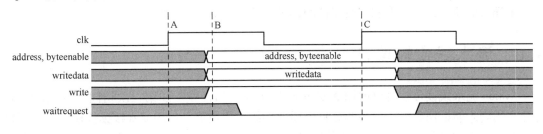

图 4-15　主端口基本写传输时序图

A—写传输从 clk 的上升沿开始；
B—主端口发出有效的 address、byteenable、writedata 和 write 信号；
C—在 clk 的上升沿 waitrequest 信号是无效的，所以写传输结束，另一次传输可以在下一个周期接着开始

图 4-16 为 Avalon 交换架构置 waitrequest 信号有效两个周期的例子。整个写传输需要 3 个周期。

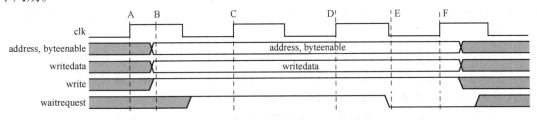

图 4-16　具有等待周期的主端口写传输时序图

A—第一个周期从 clk 的上升沿开始；
B—主端口发出有效的 address、byteenable、writedata 和 write 信号；
C—waitrequest 信号在 clk 的上升沿被置为有效，所以该周期变成第一个等待周期，主端口保持所有的输出不变；
D—waitrequest 信号在 clk 的上升沿再次被置为有效，所以该周期成为第二个等待周期，主端口保持所有的输出不变；
E—Avalon 交换架构置 waitrequest 信号无效；
F—在 clk 的上升沿 waitrequest 信号是无效的，所以主端口置所有的输出无效，写传输结束，另一个读或写传输可以在下一个周期开始

4.5.4　等待周期、建立时间和保持时间属性

根据规范，所有的 Avalon 主传输使用 waitrequest 信号接收来自 Avalon 交换架构的不确

定的等待周期。在这种情况下，实际上所有的 Avalon 主端口都被动地支持可变的等待周期，即主端口不支持固定的等待周期。

根据规范，Avalon 主传输不使用建立时间或保持时间属性。如果一个目标从外设有建立时间和/或保持时间属性，则由 Avalon 交换架构管理该主从端口对信号时序的转换。

4.5.5　流水线、三态和突发属性

主端口的流水线、三态和突发属性的详细介绍见 4.6、4.8 和 4.9 节。

4.6　流水线传输属性

Avalon 流水线读传输可以增加 Avalon 同步从外设的带宽。在第一次访问从外设时需要好几个周期才能返回数据，但是此后每个周期都能返回数据。使用流水线读传输，一个端口可以在上一次传输的 readdata 信号返回之前，开始新的传输。只有流水线的读传输，而因为 Avalon 写传输不需要由从端口返回确认信号，所以没有流水线的写传输。Avalon 写传输不会受益于流水线。

流水线读传输的持续时间可以分成两个不同的阶段：地址阶段和数据阶段。主端口通过在地址阶段提供地址（填充流水线）来发起一次传输；从端口通过在数据阶段发送数据来完成传输。一次新传输（或多次传输）的地址阶段可以在前一次的数据阶段结束之前开始。这个延迟导致了流水线延迟，即从地址阶段的结束到数据阶段的结束，换句话说，就是数据阶段的持续时间。

地址阶段的持续时间（捕获地址所需要的时钟周期数）决定了端口的吞吐量，长的地址阶段会减少吞吐量。数据阶段的持续时间，只反映了第一个数据单元需要多长时间才能返回。这是等待周期和流水线延迟影响时序的关键区别。

◇ 等待周期——等待周期决定了地址阶段的长短，并且限制了端口的最大吞吐量。例如，如果一个从端口需要一个等待周期来响应传输请求，则端口每一次传输至少需要两个周期。没有等待周期的 Avalon 从外设每个时钟周期都可接受一次新传输。

◇ 流水线延迟——流水线延迟决定了数据阶段的长短，但和地址阶段无关。例如，具有流水线传输属性的从端口（没有等待周期）可以支持一个周期一次传输，尽管可能需要几个周期的延迟才能返回第一个数据单元。流水线延迟可以是固定的或可变的，下面将针对这一问题进行论述。

4.6.1　具有固定延迟的从端口流水线读传输

Avalon 流水线从端口从 Avalon 交换架构捕获地址和控制信号之后，需要一个或多个周

期来产生数据。在从端口捕获了地址之后，即使前一次传输还没有返回有效的 readdata 信号，Avalon 交换架构也可以立即发起新的传输。因此，流水线从端口在任何时刻都可能有多个挂起的传输。具有固定延迟的从端口流水线读传输使用的信号与从端口基本读传输使用的信号相同，但二者的地址阶段和数据阶段的信号时序不同。

除了 readdata 信号，地址阶段的信号的时序和顺序同基本读传输相同。在地址阶段，从端口可以使用等待周期。地址阶段在等待周期（如果有）结束后的下一个 clk 上升沿结束。从端口必须在地址阶段的最后一个 clk 上升沿之前捕获地址。从端口在地址阶段不发出这次传输的 readdata 信号。在地址阶段结束后，Avalon 交换架构可以发起一次新的传输。

在数据阶段，外设花费多个时钟周期来处理地址，然后经过一个固定的延迟后产生 readdata 信号。如果外设具有 N 个周期的读延迟，从端口必须在地址阶段结束后的第 N 个 clk 上升沿提供有效的 readdata 信号。数据阶段及整个传输在地址阶段结束后的 N 个周期的 clk 上升沿结束。例如，如果从端口有 1 个周期的读延迟，则它会在捕获地址之后的下一个 clk 上升沿提供有效的 readdata 信号。

图 4-17 为 Avalon 交换架构和流水线从端口之间的多个数据传输时序图，从端口使用可变的等待周期并且有固定的 2 个周期的读延迟。

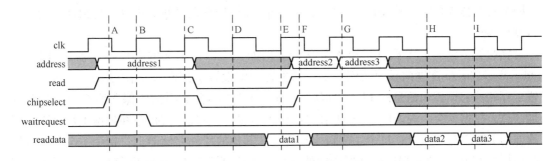

图 4-17　具有固定延迟的从端口流水线读传输时序图

A—Avalon 交换架构通过提供新传输的地址阶段的 address、read 和 chipselect 信号，发起一次读传输；

B—从端口已经置 waitrequest 信号有效，所以前一个周期称为等待周期，Avalon 交换架构保持 address、read 和 chipselect 信号不变；

C—从端口在 clk 的上升沿置 waitrequest 信号无效，并且捕获 address 信号，地址阶段结束，数据阶段开始；

D—第一个延迟周期在 clk 的上升沿结束；

E—第二个延迟周期在 clk 的上升沿结束，从端口提供有效的 readdata 信号，传输结束，这个 clk 的上升沿也标志着新的读传输的开始；

F—Avalon 交换架构发出新传输的 address、read 和 chipselect 信号；

G—Avalon 交换架构在下一个周期内，在前一次传输的数据返回之前发起另一次读传输；

H—Avalon 交换架构在两个延迟周期之后捕获 readdata 信号；

I—Avalon 交换架构在两个延迟周期之后捕获 readdata 信号

4.6.2 具有可变延迟的从端口流水线读传输

具有可变延迟的流水线读传输允许从端口经过一个可变的数个周期延迟之后返回有效的 readdata 信号。具有可变延迟的从端口使用额外的信号 readdatavalid 来表示从端口何时向 Avalon 交换架构提供有效的数据。使用了一位的输出信号 readdatavalid 即意味着该端口为具有可变延迟的流水线从端口。

具有可变延迟的从端口流水线读传输的信号时序在地址阶段同具有固定延迟的从端口流水线读传输是一样的。在地址阶段之后，具有可变延迟的流水线从端口需要任意的周期数来返回有效的 readdata 信号。当外设准备好返回数据时，它就同时发送 readdata 和 readdatavalid 信号并且保持信号不变直到下一个 clk 的上升沿。Avalon 交换架构在这个 clk 的上升沿捕获 readdata 和 readdatavalid 信号，数据阶段和整个传输结束。

从端口必须按照它接收地址的相同顺序返回 readdata 信号。具有可变延迟的流水线从端口必须在地址阶段结束至少一个周期以后才能返回 readdata 信号。

具有可变延迟的从端口流水线通常使用可变的等待周期。实际上，流水线从端口只能处理有限数目的挂起传输。从端口可以发送 waitrequest 信号来暂停新的传输，直到挂起的传输数目减少为止。

可挂起的传输的最大数目是可参数化的。例如，一个自定义的存储控制器通过 SOPC Builder MegaWizard 配置向导而实例化了，其配置中就设置了挂起读操作的数目。这个参数设置了存储挂起读传输信息的 FIFO 的容量。如果 FIFO 的容量不足以保存所有挂起传输的全部信息，数据就会丢失。图 4-18 显示的基于 Nios Ⅱ 的系统，其指令和数据主端口连接到了片外的 DDR2 存储器上；每个主端口也连接到了其他的片外存储器上；指令主端口和数据主端口授权 FIFO 存储从端口仲裁器所做的授权；主端口接收的 readdata 信号是 readdatavalid 信号和授权信号的与。

图 4-19 显示了 Avalon 交换架构和具有可变延迟流水线的从端口之间的几个读传输的时序图。在本例中，从端口最多只能接受 2 个挂起的传输。从端口使用可变的等待周期来防止超过允许的最大挂起传输的数目。

即使从外设正在处理一个或多个挂起的读传输，Avalon 交换架构也可以发起从端口的写传输。如果从外设正在处理挂起的读传输而不能处理写传输，则从端口必须发出 waitrequest 信号，将写操作暂停，直到挂起的读传输完成。

在 Avalon 从端口接受了对当前挂起的读传输的相同地址进行写传输的操作的情况下，Avalon 接口规范没有对 readdata 的值做出规定。挂起的传输返回的数据取决于外设。外设设计者必须指定在此情况下的逻辑行为，或明确说明该行为未定义。

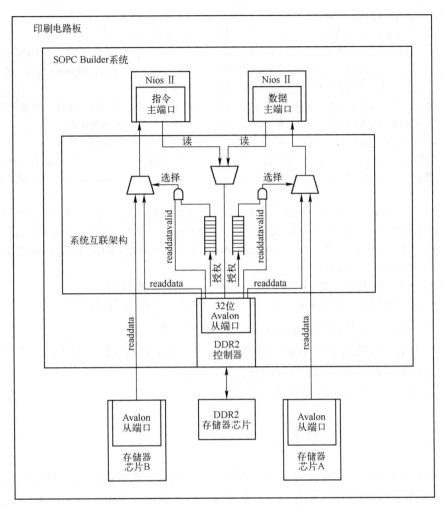

图 4-18　具有可变延迟流水线读传输的片上系统

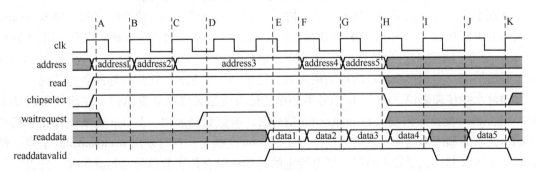

图 4-19　具有可变延迟的从端口流水线读传输时序图

A—Avalon 交换架构发出 address、read 和 chipselect 信号，发起一个读传输，假设这时没有挂起的传输；

B—从端口未置 waitrequest 信号有效，所以在此 clk 的上升沿捕获 address1 信号；

C—从外设未发出 waitrequest 信号，所以在此 clk 的上升沿捕获 address2 信号；

D—从端口已达到允许挂起的传输数的最大值，并且没有有效的数据可供返回，从外设在下一个 clk 的上升沿之前置 waitrequest 信号有效，从而使 Avalon 交换架构能继续发出 address、read 和 chipselect 信号，从外设置 waitrequest 信号两个周期有效，直到它能返回第一个挂起的传输数据；

E—外设驱动有效的 readdata 信号（data1 信号）并置 readdatavalid 信号有效，完成第一个挂起的传输数据阶段，从外设置 waitrequest 信号无效，因为它能在下一个 clk 的上升沿接受另一次挂起的传输；

F—Avalon 交换架构在 clk 的上升沿捕获 data1 信号，从外设在 clk 的上升沿捕获 address3 信号；

G—从端口置 readdatavalid 信号有效，Avalon 交换架构在 clk 的上升沿捕获 data2 信号（注意 data1 信号和 data2 信号都需要 4 个延迟周期才能返回），Avalon 交换架构发出 address、read 和 chipselect 信号，外设捕获 address4 信号；

H—从端口置 readdatavalid 信号有效，Avalon 交换架构在 clk 的上升沿捕获 data3 信号（注意 data3 信号需要 2 个延迟周期才能返回），Avalon 交换架构发出 address、read 和 chipselect 信号，外设捕获 address5 信号；

I—因为从端口置 readdatavalid 信号有效，Avalon 交换架构在 clk 的上升沿捕获 data4 信号，Avalon 交换架构置 chipselect 信号无效，结束传输的队列；

J—从端口置 readdatavalid 信号无效，Avalon 交换架构在此 clk 的上升沿不捕获数据；

K—Avalon 交换架构在 clk 的上升沿捕获 data5 信号，完成最后挂起的读传输的数据阶段

具有可变延迟的流水线传输属性的从端口面临如下的限制。

◇ 具有可变延迟的流水线从端口不能使用固定等待周期的属性，只支持可变等待周期。

◇ 流水线从端口不能使用建立时间和保持时间的属性。

◇ 具有可变延迟的流水线从端口不能使用三态属性。

4.6.3　主端口流水线传输

流水线主外设可以在它接收到前一次传输的有效数据之前发起一次新的读传输。可用 1 位的输入信号 readdatavalid 来定义一个流水线主端口。Avalon 交换架构通过发出 readdatavalid 信号给主端口来指示 readdata 信号正在提供有效的数据。

在流水线传输方式下，在地址阶段，除了 readdata 信号之外，信号时序和顺序与 Avalon 主端口基本读传输是一样的。主端口必须提供 read、address 和 byteenable 信号，并且要在 waitrequest 信号有效时，保持这些信号不变。地址阶段在 waitrequest 信号失效的第一个 clk 的上升沿结束。主端口在地址阶段结束之后，能够马上发起另一次读传输或者写传输。

对流水线传输来说，readdata 信号不必在地址阶段结束之后立刻返回。在地址阶段结束后，当 Avalon 交换架构发出 readdatavalid 信号时，有效数据返回。Avalon 交换架构始终按照主端口请求的顺序来返回有效的数据。对于 Avalon 交换架构何时发出 readdatavalid 信号，没有时间上的限制。流水线主端口在任意给定的时刻可以有任意数目的挂起读传输。外设支持的挂起读传输的最大数目由外设的设计者决定。

流水线主端口能够有选择地使用 flush 信号，在主外设决定它不再需要当前挂起的读传

输的数据的情况下，可以使用这个信号。例如，对于在不知道指令是否有效之前而预取指令的流水线 CPU 来说，清除流水线的功能是一个基本的要求。当主端口在 clk 的上升沿发出 flush 信号时，readdatavalid 信号直到下一次新的读传输的数据在 readdata 端口上有效之前，一直是无效的。主端口可以在其发出 flush 信号的同一个周期内发起一次新传输。在这种情况下，这次新传输的数据将是 readdata 端口上的下一个有效数据。

　　图 4-20 为主端口和 Avalon 交换架构之间的几个流水线主端口的读传输的时序图。本例中，没有针对 Avalon 交换架构何时和为何发出 waitrequest 和 readdatavalid 信号的信号图；目的就是为了说明主端口必须对 waitrequest 和 readdatavalid 信号作出正确的反应，无论这些信号的发出是什么原因及在什么时刻。本例中，倒数第二个传输被 flush 信号清除了，但如果该传输的延迟很短的话，这个传输的数据可能已经出现在 readdata 上了。

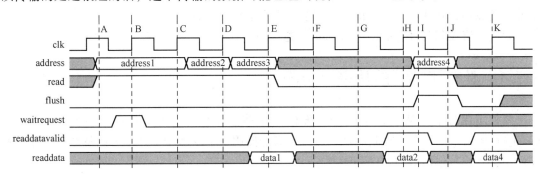

图 4-20　主端口流水线读传输时序图

A—主端口提供新传输地址阶段的 address 和 read 信号，发起一次读传输；

B—Avalon 交换架构置 waitrequest 信号有效，所以主端口等待，并保持 address 和 read 信号有效一个周期；

C—Avalon 交换架构置 waitrequest 信号无效，并在 clk 的上升沿捕获 address 信号，此时 readdatavalid 信号是无效的，所以主端口不捕获 readdata 信号；

D—Avalon 交换架构在 clk 的上升沿捕获一个新的 address 信号，readdatavalid 信号此时是无效的，所以主端口不捕获 readdata 信号；

E—Avalon 交换架构在 clk 的上升沿捕获 address 信号（使得挂起的传输数目达到 3 个），此时 readdatavalid 信号有效，所以主端口捕获有效的 readdata 信号（data 1）；

F—readdatavalid 信号无效，主端口不捕获 readdata 信号；

G—readdatavalid 信号无效，主端口不捕获 readdata 信号；

H—readdatavalid 信号有效，主端口捕获有效的 readdata 信号（data 2）；

I—主端口提供新传输的 address 和 read 信号；

J—readdatavalid 信号无效，主端口不捕获 readdata 信号，主端口发出 flush 信号，导致 Avalon 交换架构清空所有挂起的传输（address 3），Avalon 交换架构捕获新的 address 信号；

K—readdatavalid 信号有效，主端口捕获有效的 readdata 信号（data 4），此时没有挂起的传输

4.7　流控制

　　Avalon 流控制信号为从端口提供了调节来自主端口的传输的机制，以帮助从端口指示有

效数据准备好了或者准备好接收数据了，此时传输才开始。流控制信号具有以下作用。

◇ 简化逻辑设计，因为主端口不用重复地查询从端口以确定从端口是否准备好传输。

◇ 减少带宽开销，因为从端口传输只在从端口准备就绪时才开始。

◇ 允许从端口控制来自或去往非智能主端口的数据流，这些非智能主端口会无条件地和连续不断地发起传输。

在从端口方面，流控制信号使从端口在传输开始前先声明其已准备就绪。在主端口方面，具有流控制信号的主端口同意"信任"从端口的流控制信号，并一直等到从端口准备好处理传输。

为了使流控制能够起作用，主从端口对的两个端口都必须使用流控制。如果其中之一不使用流控制，则其传输的处理同两个端口都没有流控制的情况是一样的。例如，如果主端口不使用流控制，则从端口控制信号就不能延迟主端口的传输。

限制：流控制信号不能用于 Avalon 三态端口。

4.7.1　具有流控制的从端口传输

要使用流控制，从端口须使用下面的一个或多个信号：readyfordata、dataavailable 和 endofpacket 信号。具有流控制的从端口就定义为使用一个或多个上述信号的从端口。流控制属性不会影响其他信号的顺序和时序。

1. 流控制信号

1) readyfordata 和 dataavailable 信号

从端口通过发送 readyfordata 信号来表示它已经准备好接受写传输，readyfordata 信号无效表示执行写传输将会引起数据上溢出。从端口通过发送 dataavailable 信号来表示其已经准备好提供数据给读传输，dataavailable 信号无效表示读传输会使数据下溢出。

在使用流控制的主从端口对中，在主端口发起一次传输之后，只有当 readyfordata 或 dataavailable 信号指示从端口已经准备好进行这次传输时，Avalon 交换架构才会和目的从端口发起传输。当从端口没有准备好时，Avalon 交换架构会强迫主端口等待。

上面两个信号中的任意一个无效，都不会阻止 Avalon 交换架构发起来自不使用流控制的主端口的传输。因为这个原因，从端口必须一直准备好开始一次传输，不管 readyfordata 和 dataavailable 信号的状态如何。

2) endofpacket 信号

在任何的传输中，有流控制的从端口都能够发出 endofpacket 信号，该信号经由 Avalon 交换架构到达主端口。endofpacket 信号的解释是由外设设计决定的，外设设计还必须说明主端口应该响应任何 endofpacket 信号。例如，endofpacket 信号可被用作包的描述器，用来在一个长的数据流中标记包的开始和结束位置。另外，endofpacket 信号可以指示主端口何时停止当前传输的序列。根据外设的设计，从端口可以置 endofpacket 信号在一个周期内有效，或无限期地置 endofpacket 信号有效，直到主端口明确地复位从端口逻辑。主端口可能不使用 endofpacket 信号，所以，即使主端口不检测 endofpacket 信号，从端口的逻辑也必须能够继续工作。

2. 具有流控制的从端口读传输

具有流控制的从端口读传输使用 dataavailable 和 endofpacket 信号。

从端口可以在任何时刻发出 dataavailable 信号。当 dataavailable 信号有效时，来自具有流控制的主端口的一次新传输可以在下一个 clk 的上升沿开始。从端口只可以在读传输结束的时候，置 dataavailable 信号无效，且该信号会立即对随后的连续的传输生效。如果从端口使用 endofpacket 信号，它必须保证在其发出有效的 readdata 信号的同一个时钟上升沿 endofpacket 信号有效。

图 4-21 显示的是具有流控制的从端口读传输时序图。本例中，假设当从端口置 dataavailable 信号有效时，具有流控制的主端口已经发起了一个传输队列，并且接下来主端口会继续发起读传输。在传输队列的某个位置，从端口置 dataavailable 信号无效，使得 Avalon 交换架构停止发起传输。稍后，从端口再次置 dataavailable 信号有效，Avalon 交换架构继续执行从端口的读传输队列。

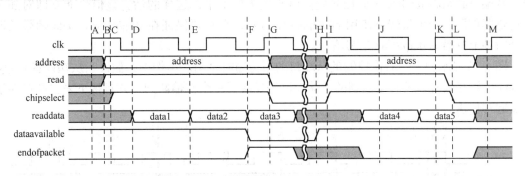

图 4-21　具有流控制的从端口读传输时序图

A—传输在 clk 的上升沿开始；

B—Avalon 交换架构发出 address 和 read 信号；

C—Avalon 交换架构对 address 信号译码，并发出 chipselect 信号；

D—从端口发出有效的 readdata 信号，Avalon 交换架构在 clk 的上升沿捕获 readdata 信号；

E—对于 chipselect 和 read 信号有效的每一个周期，从端口都将产生有效的 readdata 信号（本例中，address 信号保持不变，但不是所有的设计都是如此）；

F—从端口发出 endofpacket 信号和有效的 readdata 信号（本例中，从端口在一个周期后置 endofpacket 信号无效，但不是所有的设计都是如此），从端口还置 dataavailable 信号无效，强迫 Avalon 交换架构延迟接下来的来自主端口的具有流控制的读传输；

G—Avalon 交换架构置 address、read 和 chipselect 信号无效以响应 dataavailable 信号；

H——一段时间之后，从端口置 dataavailable 信号有效；

I——主端口仍在等待传输数据，为了响应 dataavailable 信号，Avalon 交换架构开始一次新传输，重新发出 address、read 和 chipselect 信号；

J——Avalon 交换架构在 clk 的上升沿捕获 data4 信号；

K——从端口在 chipselect 和 read 信号有效的每一个周期都会发出有效的 readdata 信号；

L——Avalon 交换架构置 read 和 chipselect 信号无效，结束传输队列；

M——本例中，dataavailable 信号保持有效，意味着 Avalon 交换架构在任何时候都可以开始另一次读传输

本例中，每次提供给传输的新的数据都来自一个固定的从端口地址，这是 I/O 外设常见的情况。本例中，在最后一个数据单元，从端口在其置 dataavailable 信号无效之前发出了 endofpacket 信号，这不是必需的。endofpacket 信号同 dataavailable 信号及主外设如何响应没有内在的联系。传输队列在 dataavailable 信号有效的时候就已经结束了，这意味着，是主端口而不是从端口结束了传输队列。

3. 具有流控制的从端口写传输

具有流控制的从端口写传输使用 readyfordata 和 endofpacket 信号。

从端口可以在任何时刻，将 readyfordata 信号由低电平置为高电平。当 readyfordata 信号有效时，在下一个 clk 的上升沿，来自具有流控制的主端口的传输开始。在写传输结束的时候，从端口必须将 readyfordata 信号由高电平置为低电平，这样的话，该信号能立即对随后的传输起作用。如果从端口使用 endofpacket 信号，它必须保证在其捕获 writedata 信号的同一个时钟上升沿 endofpacket 信号有效。

图 4-22 显示的是具有流控制的从端口的写传输时序图。本例中，假设当从端口置 readyfordata 信号有效时，具有流控制的主端口已经发起了一个传输队列，并且接下来主端口会继续发起写传输。

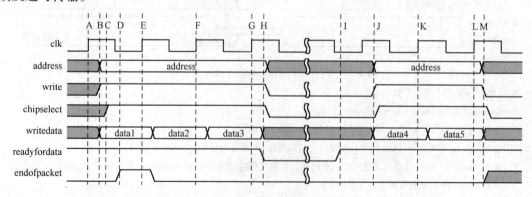

图 4-22　具有流控制的从端口写传输时序图

A——传输在 clk 的上升沿开始；

B——Avalon 交换架构发出 address、write 和 writedata 信号；

C——Avalon 交换架构对 address 信号译码，然后发出 chipselect 信号；

D—从端口在当前传输的最后一个 clk 的上升沿之前置 endofpacket 信号有效，本例中，从端口在一个周期之后置 endofpacket 信号无效，但这不是必需的；

E—从端口在 clk 的上升沿捕获 writedata 信号，Avalon 交换架构捕获 endofpacket 信号；

F—对 chipselect 和 write 信号有效的每个周期，Avalon 交换架构都将产生有效的 writedata 信号，从端口在 clk 的上升沿捕获 writedata 信号，本例中，address 信号保持不变，但不是对所有的外设都是如此；

G—对 chipselect 和 write 信号有效的每个周期，Avalon 交换架构都将产生有效的 writedata 信号，从端口在 clk 的上升沿捕获 writedata 信号，本例中，address 信号保持不变，但不是所有的外设都是如此；

H—从端口置 readyfordata 信号无效，强迫 Avalon 交换架构延迟随后的来自主端口的写操作，Avalon 交换架构置 address、write、chipselect 和 writedata 信号无效以响应 readyfordata 信号；

I—一段时间之后，从端口再次置 readyfordata 信号有效；

J—主端口仍在等待传输数据，为响应 readyfordata 信号，Avalon 交换架构通过重新发出 address、write、chipselect 和 writedata 信号来开始另一次传输；

K—当 write 和 chipselect 信号有效时，从端口在 clk 的上升沿捕获 writedata 信号；

L—当 write 和 chipselect 信号有效时，从端口在 clk 的上升沿捕获 writedata 信号；

M—Avalon 交换架构置 write 和 chipselect 信号无效，结束传输队列

在传输队列的某处，从端口置 readyfordata 信号无效，导致 Avalon 交换架构停止发起来自主端口的传输。稍后，从端口再次置 readyfordata 信号有效，Avalon 交换架构也继续从端口的写传输队列。本例中，数据被写入一个固定的从端口地址，这是 I/O 外设的情况。

图 4-22 显示从端口在写传输队列中发出了 endofpacket 信号，该信号的解释取决于主外设和从外设的设计。endofpacket 信号同 readyfordata 信号及主外设如何响应没有任何内在联系。在 Avalon 交换架构置 chipselect 和 write 信号无效，而 readyfordata 信号依然有效时，传输队列结束，这意味着，是主端口而不是从端口结束了传输队列。

4.7.2　具有流控制的主端口传输

流控制不会改变主端口的信号顺序和时序。流控制不需要额外的主端口信号。主端口能够对写传输、读传输或写传输和读传输都应用流控制。使用流控制的主端口可以有选择地使用输入信号 endofpacket。

流控制影响主端口的 waitrequest 信号，但是不影响主端口响应 waitrequest 信号的方式。流控制只是增加了 Avalon 交换架构发出 waitrequest 信号给主端口的条件。在具有流控制的主从端口对中，在主端口发起传输后，如果从端口没准备好接受传输，Avalon 交换架构会发出 waitrequest 信号。如果从端口不使用流控制，那么传输的处理同两个端口都不使用流控制的情况一样。

如果使用了 endofpacket 信号，该信号可作为当前传输的状态标志。如果主端口和从端口都使用了 endofpacket 信号，该信号将直接从从端口传递到主端口。对于写传输，主端口在发送有效的 writedata 信号时，捕获 endofpacket 信号。对于读传输，主端口在捕获有效的 readdata 信号的同一个时钟周期内，捕获 endofpacket 信号。对 endofpacket 信号的解释是由从

外设的逻辑决定的。例如，endofpacket 信号可被用作包描述器，用来在一个长的数据流中，标志包的开始和结束位置。另外，endofpacket 信号可用来指示主端口应该停止当前的传输队列。

图 4-23 显示了具有流控制的主端口执行读传输和写传输的时序图。waitrequest 和 endof-packet 信号在传输的过程中都曾被置为有效。

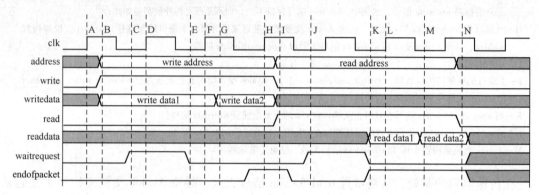

图 4-23　具有流控制的主端口执行读传输和写传输的时序图

A—在 clk 的上升沿，第一个写传输开始；

B—主端口发出 address、write 和有效的 writedata 信号；

C—Avalon 交换架构在下一个 clk 的上升沿之前置 waitrequest 信号有效，强迫主端口等待，原因可能是目标从端口的流控制信号不允许执行传输，但不论什么原因，主端口必须服从 waitrequest 信号；

D—在 clk 的上升沿 waitrequest 信号是有效的，所以主端口保持 address、write 和 writedata 信号不变；

E—Avalon 交换架构置 waitrequest 信号无效；

F—Avalon 交换架构在 clk 的上升沿捕获 writedata 信号；

G—主端口保持 address 信号和 write 信号有效，并发出新的 writedata 信号，address 信号不是必须保持不变的，这取决于外设的设计；

H—如果有必要，主端口在当前传输的最后一个 clk 的上升沿捕获 endofpacket 信号，主端口通过使 address、write 和 writedata 信号无效来结束新传输；

I—主端口在下一个周期通过发出 read 信号和有效的 address 信号，立即开始一次读传输；

J—Avalon 交换架构通过置 waitrequest 信号有效来表示它不能在下一个 clk 的上升沿返回有效的数据，原因可能是目标从端口的流控制信号不允许执行传输，但不论什么原因，主端口必须服从 waitrequest 信号；

K—最后，Avalon 交换架构置 waitrequest 信号无效，并提供有效的 readdata 信号，本例中，Avalon 交换架构发出 endofpacket 信号；

L—主端口在 clk 的上升沿捕获 readdata 和 endofpacket 信号；

M—主端口保持 address 和 read 信号有效，以进行另一次传输，Avalon 交换架构提供有效的 readdata 信号；

N—主端口置 read 和 address 信号无效，传输结束。

4.8　三态传输

Avalon 三态属性允许基于 Avalon 的系统与片外的设备直接相连，比如存储器芯片或外部的处理器。使用三态属性，可以使 Avalon 端口同许多标准的存储器和处理器的总线接口相匹配。如果一个芯片的接口能够被 Avalon 信号的子集描述，则该芯片实际上具有一个 Avalon 的三态端口，Avalon 交换架构可以通过三态传输与该芯片相连。

4.8.1 三态从端口传输

Avalon 三态从端口允许 Avalon 交换架构和片外的共享 PCB 板上的地址总线和数据总线的设备进行连接。Avalon 三态从端口可以用来将 Avalon 交换架构与同步及异步的存储芯片连接起来，如 ROM、SRAM、SSRAM 和 ZBT RAM。三态从端口使用的是双向的信号 data，而不是分离的、单向的信号 readdata 和 writedata。data 信号是有三态属性的，这样能使多个三态的外设连接到数据总线而不引起信号竞争。

三态从端口还必须使用 outputenable 信号。三态从端口若使用 data 信号，则不可以再使用 readdata 或 writedata 信号。其他的所有 Avalon 信号的行为同其他非三态端口的行为相同。Avalon 三态从端口普遍使用低电平有效的信号，如 read_n、chipselect_n 和 outputenable_n，这样做是为了和存储器芯片的信号约定保持一致。

1. 限制

Avalon 三态从端口会受到下面的限制。

◇ Avalon 三态从端口不支持可变延迟的流水线传输，但支持固定延迟的流水线传输。

◇ Avalon 三态从端口不能使用流控制信号。

◇ Avalon 三态从端口不支持突发属性。

2. data 信号行为

在写传输的过程中，Avalon 交换架构驱动 data 信号线，向外设提供数据。在读传输的过程中，从外设驱动 data 线，Avalon 交换架构捕获 data 信号。当 Avalon 交换架构置 outputenable 信号有效时，三态从端口必须驱动它的 data 信号线。当 Avalon 交换架构置 outputenable 信号无效时，三态从端口必须将其信号线置为高阻状态，如果不这样做，将可能发生信号竞争，从而可能会对连接到三态从端口的器件造成损坏。

3. address 信号行为

对 Avalon 三态从端口来说，address 信号表示字节的地址，这是和非三态从端口不同的地方（非三态从端口使用字地址）。对三态从端口来说，address 信号可被多个片外设备共享，而这些设备可能有不同的数据宽度。如果 Avalon 三态从端口数据宽度大于一个字节，那么有必要将 Avalon 交换架构的 address 信号正确地映射到从设备的 address 信号线上去。

表 4-5 说明在所有可能数据宽度的情况下，哪根 address 信号线对应着 A0（外部器件的地址最低有效位）。

表 4-5　外部器件的 A0 与 address 信号线的连接关系

数 据 宽 度	与 A0 连接的 address 信号线
1~8	address［0］
9~16	address［1］
17~32	address［2］
33~64	address［3］
65~128	address［4］
129~256	address［5］
257~512	address［6］
513~1 024	address［7］

例如，当通过三态从端口的接口将 32 位的存储芯片连接到 Avalon 交换架构上时，Avalon 的 address 信号线的最低两个有效位将不会连接到存储器芯片上；Avalon 的 address 信号线——address［2］连接到外设的 A0 引脚，其他信号线依次类推。

4. outputenable 和 read 信号行为

Avalon 交换架构只在读传输过程中发出 outputenable 信号。当端口的 outputenable 信号无效时，data 信号线用于写传输的信号传输，或者用于共享 data 信号线的其他外设的信号传输。因此，在 outputenable 信号无效时，三态从端口将 data 信号线置于高阻态就很重要。

outputenable 信号行为会因三态从端口有无流水线属性而有所不同。

◇ 对于没有流水线属性的三态从端口来说，outputenable 和 read 信号作用是一样的。因此，Avalon 的 read_n 信号能够直接连接到外部器件的输出使能引脚和（如 OEn）读使能引脚（如 READn）上。

◇ 对于具有流水线属性的三态从端口来说，Avalon 交换架构只在地址阶段发出 read 信号，并在数据阶段置其为无效，然后，在最后的 clk 上升沿之前，Avalon 交换架构发出 outputenable 信号，从而让外设驱动它的数据引脚。当没有挂起的传输时，Avalon 交换架构将 outputenable 信号置为无效。

5. write_n 和 writebyteenable 信号行为

有些存储器件使用组合的 R/Wn 引脚（高电平时读，低电平时写）。当 Avalon 的 write_n 信号行为同组合的 R/Wn 引脚一致时，用户能够将 write_n 信号连接到 R/Wn 引脚上。write_n 信号只在写传输时会被置为有效，而在其他时刻则被置为无效（读模式）。这样，Avalon 的 outputenable_n 信号连接到片外设备的输出使能引脚上，write_n 信号连接到 R/Wn 引脚上。

一些同步的存储设备为每个字节段使用单独的写使能信号（如 BWn1、BWn2、BWn3 和 BWn4）。Avalon 端口的 writebyteenable 信号是 write 和 byteenable 信号的逻辑与，并且可以直接连到上述的这些 BWn 引脚上去。

图 4-24 显示的是 Avalon 交换架构和典型的 32 位数据宽度、1M 字节容量的异步存储芯片连接的实例。该存储芯片有 18 位的地址线，4 位的字节使能。因为 Avalon 地址信号的最低两位表示的是字节地址，所以这两位不连接到芯片的地址线上。在这个例子中，Avalon 的 read_n 信号连接到存储芯片的 OEn 引脚上，write_n 信号连接到存储芯片的 R/Wn 引脚上。

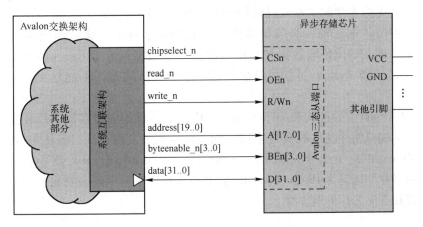

图 4-24　与异步存储芯片的连接

6. chipselect 信号和 chipselect-through-read-latency 属性

对于典型的存储芯片，chipselect_n 信号可以直接和存储芯片的芯片选择或芯片使能引脚相连（如 CSn 或 CEn）。

有些使用固定延迟的流水线传输的同步存储芯片要求芯片选择信号只在地址阶段有效，而其他的存储芯片则要求芯片选择信号直到整个传输结束都有效。Avalon 三态从端口通过使用 chipselect-through-read-latency 属性支持以上两种需要。

三态从端口必须声明它支持哪种 chipselect 时序。

◇ 当端口使用 chipselect-through-read-latency 属性时，Avalon 交换架构在读传输的地址阶段和数据阶段都置 chipselect 信号有效。在这种情况下，chipselect 信号是 outputenable 信号的镜像。

◇ 当端口不使用 chipselect-through-read-latency 属性时，Avalon 交换架构只在地址阶段置 chipselect 信号有效，这时，chipselect 信号是 read 信号的镜像。

7. 与片外的异步存储器相连

当 Avalon 交换架构与具有 Avalon 三态从端口的片外异步存储器直接相连时，不需要 clk 信号。传输的同步是通过 chipselect、read 和/或 write 信号使用建立和保持时间来获得的。

Avalon 交换架构的所有输出信号在整个传输过程中都是没有干扰的。

8. 与片外的同步存储器相连

Avalon 三态从端口可以写入数据到片外同步存储设备中去，比如 SSRAM 和 ZBT RAM。例如，保持时间属性可以用来保持 data 信号在 write 信号失效几个时钟周期之后仍然有效。

三态从端口支持连续的流水线读传输和连续的流水线写传输，然而，Avalon 交换架构在发起一次新的写传输之前，必须要等所有挂起的流水线读传输全部完成之后才可以。这样可以避免因潜在的读传输数据和写传输数据发生碰撞而导致 data 信号线发生信号竞争的可能。因此，当 Avalon 三态端口执行读–写传输队列时，不能达到它的最大可能带宽。

图 4-25 为 Avalon 交换架构和一个 32 位、1M 字节容量的同步存储芯片相连接的例子。本例中，三态从端口使用流水线属性来适应同步的存储器。因此，三态从端口使用独立的 read_n 和 outputenable_n 信号。本例中，存储芯片使用 writebyteenable 信号来选择 4 个字节段。同步存储芯片的地址为 18 位。Avalon 的 20 位地址中的最低两位指定的是字节的地址，所以不会连接到存储芯片的地址线上。

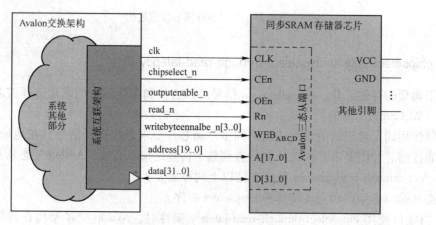

图 4-25　与同步存储芯片的连接

9. 三态从端口传输实例

这部分介绍不同的 Avalon 三态从端口的配置。

1) 三态从端口与异步存储器的读传输

本例展示的是三态从端口与片外异步 RAM 或 ROM 存储芯片进行传输的适当配置。这种情况下，因为存储芯片是异步的，所以三态从端口不使用 clk 信号。然而，Avalon 交换架构总是同步工作的，它总是在 clk 的整数周期发生变化并捕获数据。

图 4-26 是 Avalon 三态从端口的读传输时序图。该端口使用了下面的 Avalon 传输属性。

◇ 一个时钟周期的固定的建立时间。

◇ 一个时钟周期的固定的等待周期。

◇ 非流水线模式。

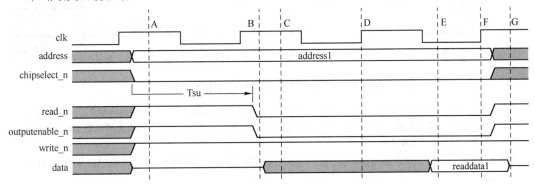

图 4-26　具有建立时间和等待周期的三态从端口读传输时序图

A—Avalon 交换架构驱动 address 信号，并且置 chipselect＿n 信号有效；

B—在一个周期的建立时间延迟之后，Avalon 交换架构置 read＿n 和 outputenable＿n 信号有效；

C—从端口驱动 data 信号以响应 outputenable＿n 信号，data 信号在此时可能是无效的，本例中，是未定义的；

D—Avalon 交换架构在等待周期内保持 address 信号有效；

E—从端口在传输的最后时钟上升沿之前的某个时刻驱动有效的 data 信号；

F—Avalon 交换架构在 clk 的上升沿捕获 data 信号，传输结束；

G—从端口将 data 置为高阻，以响应此时 outputenable＿n 信号的无效状态

时序图显示了外设数据信号的三态行为。由于外设和其他的外设共享数据和地址线，所以一个外设的数据线是不可能在任何时刻都能传输信号的。这里 write＿n 信号用作参考，它在传输过程始终保持无效，即读模式。本例采用的是低电平有效的 read＿n、chipselect＿n 和 write＿n 信号。clk 只用来作时序参考。

2）流水线模式的三态从端口读传输

流水线模式的 Avalon 三态从端口读传输适用于片外的同步存储设备，如 SSRAM 和 ZBT SRAM。

图 4-27 显示的是流水线模式的 Avalon 三态从端口读传输时序图。该端口使用了如下的 Avalon 传输属性。

◇ 2 个时钟周期的固定流水线延迟。

◇ 使用 chipselect-through-read-latency 属性。

◇ 遵循外部的存储设备的信号电平逻辑，outputenable＿n、chipselect＿n、read＿n 和

write _ n 信号都是低电平有效的信号。

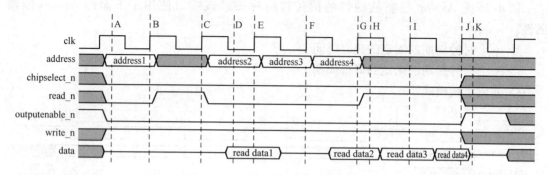

图 4-27　三态从端口的流水线读传输时序图

A—Avalon 交换架构发出 address、chipselect _ n 和 read _ n 信号，发起读传输，此时 outputenable _ n 信号也是
　　有效的，所以从设备可以在任何时刻自由地驱动 data 信号线，本例中，从设备没有立即驱动 data 信号线，
　　data 信号线依然是高阻态；

B—从设备在 clk 的上升沿捕获 address 和 read _ n 信号，数据阶段开始，从设备在 2 个时钟周期之后必须产生有效的
　　data 信号；

C—read _ n 信号在 clk 的上升沿是无效的，插入一个空闲的周期，因为使用了 chipselect-through-read-latency 属
　　性，chipselect _ n 信号依然保持有效，即 chipselect _ n 必须保持有效直到所有挂起的读传输结束；

D—从设备在数据阶段的最后的时钟上升沿之前的某个时刻驱动有效的 data 信号（read data1 信号）；

E—Avalon 交换架构在 clk 的上升沿捕获 read data1 信号，Avalon 交换架构发出 address、chipselect _ n 和 read _ n
　　信号，发起传输 2；

F—Avalon 交换架构在 clk 的上升沿发出 address、chipselect _ n 和 read _ n 信号，发起传输 3，由于前面有一个
　　空闲周期，所以 data 信号线未被定义，又因为 outputenable _ n 信号有效，所以从设备可以驱动 data 信号
　　线，本例中从设备没有驱动 data 信号线，信号线处于高阻态；

G—Avalon 交换架构在 clk 的上升沿捕获 read data2 信号，Avalon 交换架构在 clk 的上升沿发出 address、chipselect
　　_ n 和 read _ n 信号，发起传输 4；

H—Avalon 交换架构置 read _ n 信号无效，结束读传输的队列，chipselect _ n 信号仍保持有效直至所有的挂起读
　　传输结束；

I—Avalon 交换架构在 clk 的上升沿捕获 read data3 信号；

J—Avalon 交换架构在 clk 的上升沿捕获 read data4 信号；

K—现在已经没有挂起的传输了，Avalon 交换架构置 chipselect _ n 和 outputenable _ n 信号无效，这强迫从设备
　　将其 data 信号线置为高阻态

　　时序图显示了外设数据信号的三态行为。由于外设要和其他的外设共享数据和地址线，
所以其数据线不可能在任何时刻都传输信号。这里 write _ n 信号用作参考，它在传输过程中
始终保持无效，即读模式。clk 只用来作时序参考。

3）三态从端口与异步存储器的写传输

图 4-28 显示的是 Avalon 三态从端口的写传输。该端口使用了如下的传输属性。

◇ 一个时钟周期的建立时间。

◇ 0 等待周期。

◇ 一个时钟周期的保持时间。

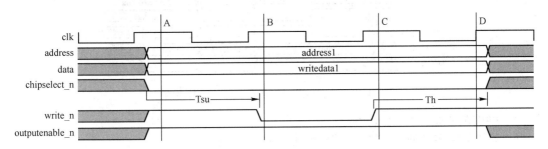

图 4-28   三态从端口写传输时序图

A—Avalon 交换架构驱动 address 信号、有效的 data 信号，并置 chipselect ＿ n 信号有效；

B—在延迟一个周期的建立时间之后，Avalon 交换架构置 write ＿ n 信号在一个周期内有效，也就是没有等待周期；

C—Avalon 交换架构置 write ＿ n 信号无效，但是保持 address 和 data 信号在一个周期的保持时间内有效；

D—写传输在 clk 的上升沿结束

在整个写传输的过程中，outputenable ＿ n 信号无效，并且外设在写传输的过程中必须禁止驱动 data 信号线。clk 只用来作为时序参考。

4.8.2   三态主端口传输

Avalon 三态主端口允许 Avalon 交换架构和片外的主外设使用双向的数据端口相连，如外部处理器的数据总线。三态主端口使用双向的 data 信号，而不是单向分离的 readdata 和 writedata 信号。

三态主端口不能在使用了 readdata 或 writedata 信号之后，再使用 data 信号。所有其他的 Avalon 主端口都遵循此规则。与三态从端口不同，Avalon 三态主端口不能和其他的三态主端口在 PCB 板上共享数据和地址线。

在写传输的过程中，三态主端口驱动 data 信号线提供数据给 Avalon 交换架构。在读传输的过程中，Avalon 交换架构驱动 data 信号线，三态主端口捕获数据。

Avalon 三态主端口的应用有如下的限制。

◇ Avalon 三态主端口不支持流水线模式。

◇ Avalon 三态主端口不支持流控制信号。

◇ Avalon 三态主端口不支持突发模式。

图 4-29 显示了三态主端口写传输和读传输的时序图。

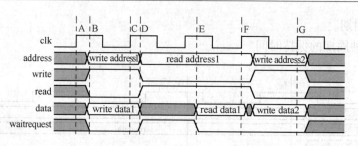

图 4-29   三态主端口写传输和读传输时序图

A—主端口在 clk 的上升沿发起写传输；

B—主端口发出 address 和 write 信号，并驱动 data 信号线；

C—Avalon 交换架构在 clk 的上升沿捕获 write data 1 信号，主端口在这个周期内发起一次新的传输，并发出 address 和 read 信号；

D—Avalon 交换架构置 waitrequest 信号有效，作为响应，主端口在整个周期内保持所有的信号不变；

E—稍后，Avalon 交换架构在 data 信号线上驱动有效的 read data 1 信号，并置 waitrequest 信号无效；

F—主端口在 clk 的上升沿捕获 data 信号，Avalon 交换架构在这个周期内发起一次新的写传输；

G—Avalon 交换架构在 clk 的上升沿捕获 data 信号，写传输结束

4.9   突发传输

Avalon 接口支持突发传输。突发模式下，多个传输可被作为一个单元来处理，而不是每个数据单元独立传输。突发传输能最大化从端口的吞吐量。通过使用突发传输，从端口能以最高的效率处理来自一个主端口的多个数据单元。

突发传输保证了主端口在突发传输的期间内对目标从端口的访问不会被打断。从一个主从端口对之间的突发传输开始，直到突发传输结束，Avalon 交换架构不再允许任何其他的主端口访问该从端口。

Avalon 主/从端口通过包含 burstcount 端口来支持突发传输。下面是主/从端口的 burstcount 信号的特性。

◇ burstcount 信号宽度必须是 2~32。

◇ 在突发传输的开始时刻，burstcount 信号提供一个编码的值，指示当前的突发传输中包含有多少个连续的传输。

◇ burstcount 信号提供的编码值的最小值是 1。

◇ burstcount 信号提供的编码值为 1 的突发传输等同于一个单独的非突发传输。

◇ 若 burstcount 信号宽度为 N，则最大突发长度为 2^{N-1}。此时，burstcount 信号提供的编码值的最高位为 1，所有其他位为 0。

Avalon 突发传输不能保证主端口或从端口每个时钟周期进行一次传输，但能保证在突发传输期间主从端口对的仲裁是锁定的。突发传输需要的时间是不确定的，取决于主从端口的

外设逻辑。

4.9.1　限制

支持突发传输的端口有如下的限制。

◇ 为了支持主端口的突发读传输，主端口必须支持流水线传输。由于流水线模式的主
端口不允许使用三态属性，因此突发模式的主端口也不能使用三态属性。

◇ 为了支持从端口的突发读传输，从端口必须提供以下支持。

- 可变的等待周期，即该端口必须包含 waitrequest 信号。因此，该端口不能使用建
立和保持时间（这两个属性在使用可变等待周期的端口中是不允许的）。

- 具有可变延迟的流水线传输，即该端口必须包含 readdatavalid 信号。因此，从端
口不能使用三态属性（三态属性在具有可变延迟的流水线端口中是不允许的）。

4.9.2　主端口突发传输

对 Avalon 主端口来说，burstcount 信号是输出信号。除了 burstcount 信号，突发传输还
影响 address、read、readdata、readdatavalid、write、writedata 和 byteenable 信号的行为。

突发传输开始时，主端口在 address 信号线上发出有效的地址，在 burstcount 信号线上发
出突发传输的长度。每一次突发传输主端口只发出一个地址值。突发传输中所有传输的地址
都由 Avalon 交换架构自动推断。

当主端口是开始地址为 A，burstcount 值为 B 的突发传输时，该主端口提交了从地址 A
开始的 B 个连续的传输。突发传输直到主端口传输了 B 个单元的数据后才完成。在当前的
突发传输完成之前，主端口不能终止该突发传输，或者给出一个新地址。

1. 主端口突发写传输

主端口突发写传输的开始和主端口基本写传输是相似的。除了 burstcount 信号之外，主
端口还发出了 address、writedata、write 和 byteenable（如果需要）信号。如果 Avalon 交换架
构还没有准备好，那么它将在下一个 clk 的上升沿之前发出 waitrequest 信号。最后，Avalon
交换架构使 waitrequest 信号失效，同时在下一个 clk 的上升沿捕获了 address 和 burstcount 信
号。Avalon 交换架构还在这个 clk 的上升沿捕获了 writedata 的第一个数据单元。主端口必须
在突发传输期间保持 address、byteenable 和 burstcount 信号不变。

address 和 burstcount 信号规定了其他的突发传输的行为。当主端口发起 burstcount 值大
于 1 的突发传输时，须遵循以下的规则。

◇ 如果主端口指定了 burstcount 值为 N，那么要完成突发传输，主端口必须在 N 个 clk
的上升沿发出 write 信号，并且提供新的 writedata 信号。主从端口对的仲裁将一直被
锁定直到主端口完成该突发传输。

◇ 主端口可以通过在 clk 的上升沿使 write 信号失效来延迟传输，这样能够阻止 Avalon 交换架构捕获当前时钟周期的 writedata 信号。

◇ Avalon 交换架构可以通过发出 waitrequest 信号来延迟传输，这样做可强迫主端口在一个附加的时钟周期内保持 writedata 和 write 信号不变。

◇ 主端口必须在整个突发传输期间内置所有的 byteenable 信号线有效。

图 4-30 所示时序图为突发长度为 4 的主端口突发写传输的例子。本例中，当 Avalon 交换架构不能捕获 writedata 信号时，Avalon 交换架构两次发出 waitrequest 信号，这样做延迟了突发传输。当主端口不能产生新的 writedata 信号时，主端口置 write 信号无效，这样也延迟了突发传输。

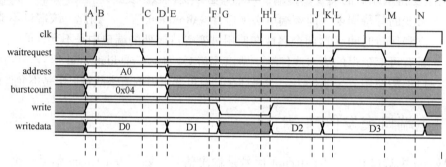

图 4-30   主端口突发写传输时序图

A—主端口发出 address、burstcount、write 和 writedata 信号的第一个单元，本例中，burstcount 值为 4；

B—Avalon 交换架构置 waitrequest 信号有效，表明它没有做好处理突发传输的准备，作为响应，主端口保持所有输出不变；

C—Avalon 交换架构置 waitrequest 信号无效；

D—Avalon 交换架构在 clk 的上升沿捕获 address、burstcount、write 和 writedata 信号的第一个单元（D0）；

E—主端口置 address 和 burstcount 信号无效，这两个信号在突发传输的其他部分被忽略，主端口提供 writedata 信号的第二个单元（D1）；

F—Avalon 交换架构在 clk 的上升沿捕获 writedata 信号的第二个单元（D1）；

G—主端口置 write 信号无效，表示这个周期没有有效的 writedata 信号；

H—write 信号为无效，所以 Avalon 交换架构在 clk 的上升沿不捕获 writedata 信号；

I—主端口提供有效的 writedata 信号（D2），并重置置 write 信号有效；

J—Avalon 交换架构在 clk 的上升沿捕获 writedata 信号（D2）；

K—主端口提供 writedata 信号的最后一个单元（D3）；

L—Avalon 交换架构置 waitrequest 信号有效，主端口在整个时钟周期内保持所有的输出不变；

M—Avalon 交换架构置 waitrequest 信号无效；

N—Avalon 交换架构在 clk 的上升沿捕获 writedata 信号的最后一个单元（D3），主端口突发写传输结束

2. 主端口突发读传输

主端口突发读传输和具有延迟的主端口流水线读传输是相似的。主端口突发读传输具有明显的地址阶段和数据阶段，并且使用 readdatavalid 信号来指示主端口何时必须捕获 readdata 信号。二者的不同点在于一个单独的突发传输地址对应多个数据阶段。

主端口突发读传输的开始类似于主端口的流水线读传输。除了 burstcount 信号之外，主端口还发出了 address 和 read 信号。如果 Avalon 交换架构没有准备好，它就在下一个 clk 的上升沿之前发出 waitrequest 信号。最后，Avalon 交换架构使 waitrequest 信号失效，同时在下一个 clk 上升沿捕获 address 和 burstcount 信号。这时地址阶段结束，多个数据阶段随之开始。

当主端口开始 burstcount 值大于 1 的读传输时，要遵循下面的规则。

◇ 如果主端口指定了 burstcount 值为 N，那么要完成突发传输，Avalon 交换架构必须确保在 N 个 clk 的上升沿发出 readdatavalid 信号。交换架构对主从端口对的仲裁会一直保持锁定状态，直到 Avalon 交换架构返回突发传输的所有数据。

◇ 只要 Avalon 交换架构置 readdatavalid 信号有效，主端口就必须捕获 readdata 信号。readdata 的每一个值只是在这个时钟周期内有效。

◇ 主端口必须在整个突发传输期间置所有的 byteenable 信号线有效。

图 4-31 所示时序图是突发长度为 4 的主端口突发读传输的例子。

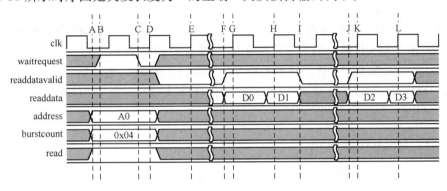

图 4-31　主端口突发读传输时序图

A—主端口发出 address、burstcount 和 read 信号，本例中，burstcount 值为 4；

B—Avalon 交换架构置 waitrequest 信号有效，表示它没有做好处理突发传输的准备，作为响应，主端口保持所有的输出不变；

C—Avalon 交换架构置 waitrequest 信号无效；

D—Avalon 交换架构在 clk 的上升沿捕获 address 和 burstcount 信号，主端口可以在此 clk 的上升沿开始一次新传输或突发传输（本例中不是如此）；

E—这是 Avalon 交换架构可以返回有效 readdata 信号的最早的时钟上升沿，本例中，Avalon 交换架构没有发出 readdatavalid 信号，所以主端口不捕获 readdata 信号；

F—一段时间后，Avalon 交换架构提供有效的 readdata 信号，并置 readdatavalid 信号有效；

G—主端口在 clk 的上升沿捕获 readdata 信号的第一个单元（D0）；

H—主端口在 clk 的上升沿捕获 readdata 信号的第二个单元（D1）；

I—Avalon 交换架构没有有效的 readdata 信号，所以它置 readdatavalid 信号无效，Avalon 交换架构可以保持 readdatavalid 信号无效任意个时钟周期；

J—一段时间后，Avalon 交换架构提供有效的 readdata 信号，并重新置 readdatavalid 信号有效；

K—主端口在 clk 的上升沿捕获 readdata 信号的第三个单元（D2）；

L—主端口在 clk 的上升沿捕获 readdata 信号的最后一个单元（D3），主端口突发读传输结束

4.9.3　从端口突发传输

对于 Avalon 从端口来说，burstcount 信号是一个输入信号。突发传输除了影响 burstcount 信号的行为外，还会影响 address、read、readdata、readdatavalid、write、writedata 和 byteenable 信号的行为。从端口还可以使用输入信号 beginbursttransfer，Avalon 交换架构在每个突发传输的第一个时钟周期发出该信号。

在突发传输开始时，Avalon 交换架构在 address 上发出有效的地址，在 burstcount 上发出突发传输的长度。对于地址为 A、burstcount 值为 B 的突发传输，从端口从地址 A 开始，执行 B 个连续的传输。突发传输在从端口处理完第 B 个数据单元之后结束。

一次突发传输，从端口只捕获一次地址，突发传输从这个捕获的地址开始。外设的逻辑能推断出突发传输中所有剩余传输的地址，推断出的地址与从端口使用的是本地地址对齐还是动态地址对齐有关。

◇ 如果使用本地地址对齐，地址保持不变。例如，地址为 0x1000、burstcount 值为 0x0A 的突发写传输，向不变的地址 0x1000 写入 10 个数据单元。

◇ 如果使用动态地址对齐，每传输一个数据单元，从端口地址增加 1。例如，地址为 0x1000、burstcount 值为 0x04 的写传输，会向从端口地址 0x1000、0x1001、0x1002 和 0x1003 传输 4 个数据单元。

1.　从端口突发写传输

从端口突发写传输的开始与从端口基本写传输的开始类似。除了 burstcount 信号之外，Avalon 交换架构还发出了 chipselect、address、byteenable、writedata 和 write 信号。如果从端口没有准备好进行传输，它就在下一个 clk 的上升沿之前置 waitrequest 信号有效。最后，从端口置 waitrequest 信号无效，并且在下一个 clk 的上升沿捕获 address 和 burstcount 信号。从端口也在这个 clk 的上升沿捕获 writedata 信号的第一个单元。这是从端口捕获有效的 burstcount 和 address 信号的唯一时刻。

当从端口开始 burstcount 值大于 1 的突发写传输时，需要遵循如下的规则。

◇ 如果 Avalon 交换架构指定 burstcount 值为 N，要完成突发传输，从端口必须接受 N 个连续的 writedata 数据单元。主从端口对的仲裁将一直被锁定直到突发传输结束，以保证数据按照主端口发起突发传输的顺序到达。

◇ 从端口必须只在 write 信号有效时才捕获 writedata 信号。对于第 2 个或其后的数据单元，Avalon 交换架构能够在任意的 clk 上升沿使 write 信号失效，来表示它现在没有提供有效的 writedata 信号。这不会终止突发传输，只会延迟突发传输直到 Avalon 交换架构重新置 write 信号有效。

◇ chipselect 信号是 write 信号的反映。当 Avalon 交换架构使 write 信号失效时，同时也会使 chipselect 信号失效。

◇ 从端口可以在 clk 的上升沿通过置 waitrequest 信号有效来延迟传输，这将强迫 Avalon
交换架构在一个额外的周期内保持 writedata、write 和 byteenable 信号不变。

◇ Avalon 交换架构在突发传输期间置 byteenable 的所有信号线有效。

图 4-32 所示时序图是突发长度为 4 的从端口的突发写传输的例子。本例中，当从端口
不能捕获 writedata 信号时，从端口两次置 waitrequest 信号有效，延迟了突发传输。当 Avalon
交换架构不能产生新的 writedata 信号时 write 信号无效，这也会使突发传输延迟。

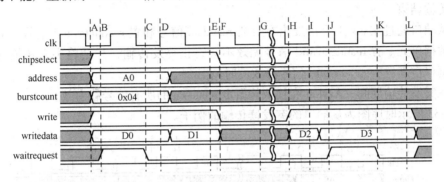

图 4-32　从端口突发写传输时序图

A—Avalon 交换架构发出 chipselect、address、burstcount、write 和 writedata 信号的第一个单元，本例中，burst-
count 值为 4；

B—从端口置 waitrequest 信号有效，表示它没做好处理突发传输的准备，作为响应，Avalon 交换架构保持所有
的输出不变；

C—从端口置 waitrequest 信号无效；

D—从端口在 clk 的上升沿捕获 address、burstcount、write 和 writedata 信号的第一个单元（D0），这是从端口捕
获 address 和 burstcount 信号的唯一时刻；

E—从端口在 clk 的上升沿捕获 writedata 信号的第二个单元（D1）；

F—Avalon 交换架构置 write 信号无效，表示这个周期没有有效的 writedata 信号；

G—从端口在 clk 上升沿不捕获 writedata 信号，因为 write 信号无效；

H——段时间之后，Avalon 交换架构再次置 write 和 writedata 信号有效；

I—从端口在 clk 上升沿捕获 writedata 信号的第三个单元（D2）；

J—从端口置 waitrequest 信号有效，作为响应，Avalon 交换架构在整个时钟周期内保持所有的输出不变；

K—从端口置 waitrequest 信号无效；

L—从端口在 clk 的上升沿捕获 writedata 信号的最后一个单元（D3），从端口的突发写传输结束

2. 从端口突发读传输

从端口突发读传输同具有可变延迟的从端口流水线读传输是相似的。突发读传输有明显
的地址和数据阶段，并且从端口使用 readdatavalid 信号来指示它何时提供有效的 readdata 信
号。两者的区别在于从端口突发读传输一个单独的突发地址阶段对应多个数据阶段。

在从端口突发读传输开始的时候，Avalon 交换架构除了发出 burstcount 信号之外，还发出了 chipselect、address 和 read 信号。如果从端口还没有准备好，则从端口将在下一个 clk 的上升沿之前置 waitrequest 信号有效。最后，从端口置 waitrequest 信号无效，并且在下一个 clk 上升沿捕获 address 和 burstcount 信号，地址阶段结束，多个数据阶段随之开始。

当从端口开始 burstcount 值大于 1 的突发读传输时，要遵循如下的规则。

◇ 如果 Avalon 交换架构制定了 burstcount 值为 N，要完成突发传输，从端口必须产生 N 个连续的 readdata 数据单元。主从端口对之间的仲裁会一直保持锁定状态直到突发传输结束。

◇ 从端口通过在 clk 上升沿发出有效的 readdata 信号和置 readdatavalid 信号有效来提供数据单元。置 readdatavalid 信号无效不会终止突发传输，只会将突发传输延迟到从端口重新置 readdatavalid 信号有效的时刻。

◇ 在突发传输期间，Avalon 交换架构置 byteenable 的所有信号线有效。

图 4-33 所示时序图为从端口的突发读传输的例子。

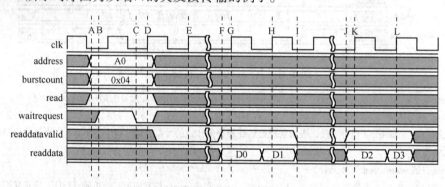

图 4-33　从端口突发读传输时序图

A—Avalon 交换架构发出 address、burstcount 和 read 信号，本例中，burstcount 值为 4；

B—本例中，从端口置 waitrequest 信号有效，表示它没做好处理突发传输的准备，作为响应，Avalon 交换架构保持所有的输出不变；

C—从端口置 waitrequest 信号无效；

D—从端口在 clk 的上升沿捕获 address 和 burstcount 信号，Avalon 交换架构可以在此 clk 的上升沿开始一次新的传输（本例中不是如此）；

E—这是从端口能返回有效数据的最早的时钟上升沿，本例中，从端口没发出 readdatavalid 信号，所以 Avalon 交换架构在这个 clk 的上升沿不捕获 readdata 信号；

F——段时间之后，从端口提供有效的 readdata 信号，并置 readdatavalid 信号有效；

G—Avalon 交换架构在 clk 的上升沿捕获 readdata 信号的第一个单元（D0）；

H—Avalon 交换架构在 clk 的上升沿捕获 readdata 信号的第二个单元（D1）；

I—从端口没有有效的 readdata 信号，所以它置 readdatavalid 信号无效，从端口可以保持 readdatavalid 信号无效任意个周期；

J——段时间之后，从端口提供有效的 readdata 信号，并再次置 readdatavalid 信号有效；

K—Avalon 交换架构在 clk 的上升沿捕获 readdata 信号的第三个单元（D2）；

L—Avalon 交换架构在 clk 的上升沿捕获 readdata 信号的最后一个单元（D3），从端口的突发读传输结束

4.10　和传输无关的信号

Avalon 接口提供具有系统级功能的控制信号，如中断请求信号和复位控制信号。这些信号不是和每个数据传输都直接相关的。

4.10.1　中断请求信号

Avalon 中断请求信号允许从端口发出中断请求（IRQ），表示它需要主端口为之服务。Avalon 交换架构在系统的从端口和主端口之间传递 irq 信号。

1.　从端口中断信号：irq

从端口可以包含 irq 输出信号。irq 信号作为外设逻辑需要主端口服务的标志位。从端口可以在任何时刻发出 irq 信号。irq 信号的时序同任何传输都没有关系。外设逻辑必须保持 irq 信号持续有效，直到主端口明确地复位了中断请求。

2.　主端口中断信号：irq 和 irqnumber

主端口可以包含 irq 和 irqnumber 信号，这让主端口能探测并响应系统中从端口的 IRQ 状态。Avalon 接口支持两种计算 IRQ 最高优先级的方法：软件优先级计算和硬件优先级计算。

1）软件优先级计算

主端口在包括 32 位的 irq 信号的情况下，使用软件 IRQ 优先级的计算方法。这种情况下，主端口不包含 irqnumber 信号。在软件优先级的配置中，Avalon 交换架构将来自多达 32 个从端口的 IRQ 直接传递给主端口，对 IRQ 优先级没有任何的设定。0 到 32 位的 irq 信号在任何时刻都可以进行设置，表示所连接的从端口的 IRQ 状态。在有多个位被同时置为有效的情况下，由主端口（在软件的控制下）来决定哪个 IRQ 有最高的优先级，并做出相应的反应。irq 信号未使用的位将被永久禁用。

2）硬件优先级计算

主端口在包含 1 位 irq 信号和 irqnumber 信号的情况下，使用硬件 IRQ 优先级计算方法。Avalon 交换架构发出 irq 信号给主端口，通知主端口一个或多个从端口产生了 IRQ。Avalon 交换架构同时发出 6 位的 irqnumber 信号，给出具有最高优先级的挂起的 IRQ 的编码值。

使用硬件优先级计算，主端口能够检测多达 64 个从端口的 irq 信号。Avalon 交换架构（硬件逻辑）可识别出最高优先级的 IRQ，并只传递该 IRQ 的编号给主端口的 irqnumber 信号。越小的 irqnumber 值表示越高的优先级，0 为最高的优先级。当一个优先级更高的 IRQ 被挂起时，低优先级的 IRQ 就无法被主端口检测到了。

4.10.2　复位控制信号

Avalon 接口提供能让 Avalon 交换架构复位外设的信号，也提供了能让外设复位系统的信号。

1. reset 信号

Avalon 主端口和从端口可以使用 reset 输入信号。只要 Avalon 交换架构发出 reset 信号，外设逻辑就必须复位自己到一个已定义的初始状态。Avalon 交换架构可以在任何时刻发出 reset 信号，而不管一个传输是否正在进行。reset 脉冲的宽度大于一个时钟周期。

2. resetrequest 信号

Avalon 主端口和从端口可以使用 resetrequest 信号复位整个 Avalon 系统。resetrequest 信号对于类似看门狗定时器的功能非常有用，如果在一个设定的时间内没有对看门狗定时器进行操作，它将复位整个系统。发出 resetrequest 信号将导致 Avalon 交换架构对系统中的其他外设发出 reset 信号。

4.11　地址对齐

对于主端口和从端口数据宽度不同的系统，系统需要解决地址对齐的问题。这种问题不只局限于 Avalon 系统中。Avalon 接口将数据宽度的差异抽象化，从而使任意的主端口能同任意的从端口通信，而不管它们各自的数据宽度。

本节中，本地地址边界是指由主端口数据宽度决定的字地址。例如，主端口的数据宽度为 8 位，则本地地址边界将落在 0x01、0x02、0x03、0x04 等地址上；如果主端口的数据宽度为 32 位，则本地地址边界将落在 0x00、0x04、0x08、0x0C 等地址上。

如果系统中所有的主端口和从端口都有相同的数据宽度，那么所有的从端口数据单元都和主端口地址空间的本地地址边界对齐。如果主端口和从端口的数据宽度不同，则有两种可能的地址对齐方式。Avalon 地址对齐属性定义了从端口数据如何在主端口的地址空间实现对齐。每个 Avalon 从端口声明其地址对齐方式都为下面两种方式中的一种。

◇ 本地地址对齐。

◇ 动态地址对齐。

地址对齐属性定义了为了在主端口和从端口之间正确地传输数据，Avalon 交换架构必须提供的服务。通常，存储器外设，如 SDRAM 控制器使用动态地址对齐，而从端口和外设的寄存器文件相接口的外设使用本地地址对齐，如串行 I/O 外设。

地址对齐属性只影响主端口，它定义了从端口的数据单元应该出现在主端口地址空间的位置。地址对齐对从端口的行为没有任何影响。对主端口和从端口来说，地址对齐方式不会对传输中的信号或信号顺序产生影响。

4.11.1　本地地址对齐

当主端口使用本地地址对齐方式寻址从端口时，所有从端口数据和主端口地址边界对齐。

当主端口从数据宽度较窄的从端口读取数据时，从端口的数据比特位将映射到主端口数据的低比特位中，而主端口的数据高比特位补零。在传输时，高比特位被忽略。

例如，16 位的主端口读 8 位的从端口，readdata 信号是 0x00XX 的形式，这里 XX 代表有效的数据。主端口不能使用本地地址对齐来访问数据宽度比自己宽的从端口。

表 4-6 显示了主端口地址通过本地地址对齐方式和从端口地址的对应。该表中，BASE 指的是从端口在主端口地址空间的基地址。

表 4-6　本地地址对齐方式的主从端口地址映射

主端口地址					对应的从端口地址
128 位主端口	64 位主端口	32 位主端口	16 位主端口	8 位主端口	
BASE+0x00	BASE+0x00	BASE+0x00	BASE+0x00	BASE+0x00	0
BASE+0x10	BASE+0x08	BASE+0x04	BASE+0x02	BASE+0x01	1
BASE+0x20	BASE+0x10	BASE+0x08	BASE+0x04	BASE+0x02	2
BASE+0x30	BASE+0x18	BASE+0x0C	BASE+0x06	BASE+0x03	3
BASE+0x40	BASE+0x20	BASE+0x10	BASE+0x08	BASE+0x04	4
BASE+0x50	BASE+0x28	BASE+0x14	BASE+0x0A	BASE+0x05	5
⋮	⋮	⋮	⋮	⋮	⋮

4.11.2　动态地址对齐

动态地址对齐指的是当具有不同数据宽度的主从端口对之间进行数据传输时，Avalon 交换架构动态管理传输数据的服务。当主端口使用动态地址对齐方式寻址从端口时，所有从端口的数据在主端口的地址空间连续地按字节对齐。

如果主端口的数据宽度比从端口宽，则主端口的高位字节对应从端口地址空间的下一个地址。例如，32 位的主端口使用动态地址对齐方式从 16 位的从端口读取数据，Avalon 交换架构在从端口这侧执行两次读传输，然后提供 32 位的从端口数据给主端口。

如果主端口的数据宽度比从端口窄，则 Avalon 交换架构会适当地处理从端口的字节段。

在主端口读传输时，Avalon 交换架构只提供从端口适当的字节段给主端口。在主端口写传输时，Avalon 交换架构在从端口这侧，自动地置 byteenable 信号有效，并将数据写入适当的字节段。

从端口使用动态地址对齐方式时，其数据宽度必须是 8,16,32,64,128,256,512 或 1 024。表 4-7 显示了不同数据宽度的从端口如何和 32 位的主端口进行地址对齐。该表中，OFFSET [N] 表示的是从端口地址空间的偏移。

表 4-7　动态地址对齐方式的主从端口地址映射

主端口地址	32 位主端口数据	
	访问 16 位从端口	访问 64 位从端口
0x00	OFFSET [1] 15..0；OFFSET [0] 15..0	OFFSET [0] 31..0
0x04	OFFSET [3] 15..0；OFFSET [2] 15..0	OFFSET [0] 63..32
0x08	OFFSET [5] 15..0；OFFSET [4] 15..0	OFFSET [1] 31..0
0x0C	OFFSET [7] 15..0；OFFSET [6] 15..0	OFFSET [1] 63..32
⋮	⋮	⋮

动态地址对齐抽象了从端口的很多细节，使得主端口在进行数据传输时好像与从端口的数据宽度一样，简化了软件的设计。从系统级的角度看，动态地址对齐提供了以下优点。

◇ 32 位的 Nios Ⅱ 处理器可以使用廉价的 8 位或 16 位存储器作为数据和程序的存储器。

◇ 存储器的物理宽度对软件设计人员是透明的，在开发软件时，不必考虑程序在何种宽度的存储器上运行。

◇ 不需要软件进行数据拼接，软件开发简单且执行速度快。

第 5 章　基于 FPGA 的 DSP 开发技术

DSP Builder 可以帮助用户完成基于 FPGA 的 DSP 系统设计。除了可以进行图形化的系统建模外，DSP Builder 还可以自动完成大部分的设计过程和仿真，直至把设计文件下载到 FPGA 芯片中。利用 MATLAB/DSP Builder 进行 DSP 模块设计是 SOPC 技术的一个重要组成部分。一方面，经由 MATLAB/DSP Builder 和 Quartus Ⅱ 软件工具开发的 DSP 模块或其他功能模块可以成为单片 FPGA 电路系统的一个组成部分，承担一定的功能；另一方面可以通过 MATLAB/DSP Builder，为 Nios 嵌入式处理器设计各类加速器，并以指令的形式加入到 Nios Ⅱ 的指令系统，从而成为 Nios Ⅱ 系统的一个接口设备，与整个片内嵌入式系统融为一体，即利用 DSP Builder 和 Nios Ⅱ CPU，用户可以根据项目的具体要求，随心所欲地构建自己的 DSP 处理器系统。

本章首先总体介绍基于 MATLAB/DSP Builder 的 DSP 模块设计流程，然后以一个实例来介绍使用 MATLAB/DSP Builder 和 Quartus Ⅱ 进行 DSP 系统开发的详细过程。

本章使用的开发环境如下。

◇ Windows 7 操作系统。

◇ MATLAB R2007a。

◇ DSP Builder8.0。

◇ Quartus Ⅱ 8.0。

5.1　基于 MATLAB/DSP Builder 的 DSP 模块设计流程

DSP Builder 是一个系统级（算法级）设计工具，但同时它把系统级（算法仿真建模）和 RTL 级（硬件实现）的设计工具连接起来，使算法的开发到硬件的实现可以无缝地过渡。使用 MATLAB/DSP Builder 进行 DSP 系统的开发必须要安装 MATLAB 和 DSP Builder 软件。

启动 MATLAB 软件，在"Command Window"窗口中键入"simulink"，按回车键，会弹出"Simulink Library Browser"窗口。在窗口左侧的"Libraries"列表中有"Altera DSP Builder Blockset"和"Altera DSP Builder Advanced Blockset"。在 Simulink 中可以使用这些元件库进行图形化的设计和仿真，然后把设计文件（mdl 文件）转成相应的硬件描述语言文件，以及用于控制综合与编译的 Tcl 脚本，后面的工作就由硬件开发工具 Quartus Ⅱ 完成。

DSP Builder 设计包括两套流程：自动流程和手动流程，如图 5-1 所示。

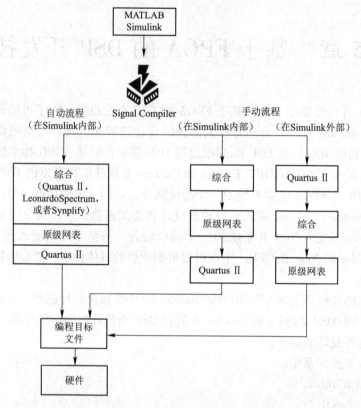

图 5-1　DSP Builder 设计流程

设计流程的第一步就是在 MATLAB/Simulink 中进行设计输入。在 MATLAB/Simulink 中建立一个模型文件（mdl 文件），用图形方式调用 DSP Builder 和其他 Simulink 库中的模块，构成系统级或算法级设计框图。利用 Simulink 的图形化仿真、分析功能，分析此设计模型的正确性，完成模型仿真。第一步设计同一般的 MATLAB/Simulink 建模过程几乎没什么区别，所不同的是，设计利用了 DSP Builder 库。

第二步是通过 Signal Compiler 模块把 Simulink 的模型文件转化为 VHDL 文件，以供其他 EDA（Quartus Ⅱ、ModelSim 等）软件处理。这些软件不能直接处理 MATLAB/Simulink 产生的模型文件，因此要利用 DSP Builder 中的 Signal Compiler 模块来完成模型文件到硬件描述语言文件的转换，转换之后的 VHDL 文件是 RTL 级（寄存器传输级，即可综合的格式）的。

第三步是使用在第二步中 Signal Compiler 模块产生的 VHDL 文件进行 RTL 级综合、网表产生和适配等处理。DSP Builder 支持自动流程和手动流程两种方式。在自动流程中可以选择让 DSP Builder 自动调用 Quartus Ⅱ等 EDA 软件来完成相应的工作，分析、综合、适配和汇编等工作一步完成。手动流程有两种方式：一种方式是在 Simulink 环境中，分步执行分析、综合、适配和汇编工作；另一种方式是允许用户将 VHDL 文件输出，用户可以选择相应的软件来完成相应的工作。手动流程需要更多的干预，同时提供了更大的灵活性，用户可以指定综合、适配等过程的条件。

第四步是在 Quartus Ⅱ 中编译用户的设计，最后将设计下载，进行测试验证。

经过测试、验证的设计可以单独执行相应的 DSP 功能。如果 DSP Builder 产生的 DSP 模型只是整个设计中的一个子模块，那么可以在设计中调用 DSP Builder 产生的 VHDL 文件，以构成完整的设计，也可以将 DSP 模块生成为一个外设集成到 SOPC 系统中去。

5.2　正弦波发生器模块的设计

本节介绍一个可控正弦波发生器模块的设计。通过本节的学习可以掌握 DSP Builder 的使用方法。图 5-2 所示是一个简单的正弦波发生器模块的原理图。正弦波发生器模块，主要由 IncCount、SinLUT、SinCtrl、SinOut 4 部分构成。IncCount 是阶梯信号发生模块，可产生一个按时钟线性递增的地址信号，送往 SinLUT。SinLUT 是一个正弦函数值的查找表模块，由递增的地址获得正弦波的离散值输出。由 SinLUT 输出的 8 位正弦波数据经过一个延时模块 Delay 后，被送往 Product 乘法模块，与 SinCtrl 相乘。SinCtrl 是一位输入端口，它通过 Product 完成对正弦波输出有无的控制。SinOut 是整个正弦波发生器模块的输出，将其送往 D/A 即可获得正弦波模拟输出信号。

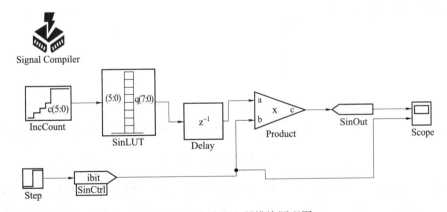

图 5-2　正弦波发生器模块原理图

5.2.1　建立设计模型

设计一个 DSP 系统，先要建立一个新的模型，步骤如下。

（1）运行 MATLAB。MATLAB 的软件界面如图 5-3 所示。MATLAB 的主窗口被分成 3 部分："Command Window" 窗口、"Workspace/Current Directory" 窗口、"Command History"

窗口。

（2）建立工作目录。在建立一个新的设计模型前，先要建立一个文件夹作为工作目录，来保存相应的设计文件，在进行设计之前要先切换到该文件夹下。新建和切换到工作目录可以在"Command Window"窗口中使用 MATLAB 命令，也可以在"Current Directory"窗口中实现，这里假设读者已经掌握了 MATLAB 的基本操作。

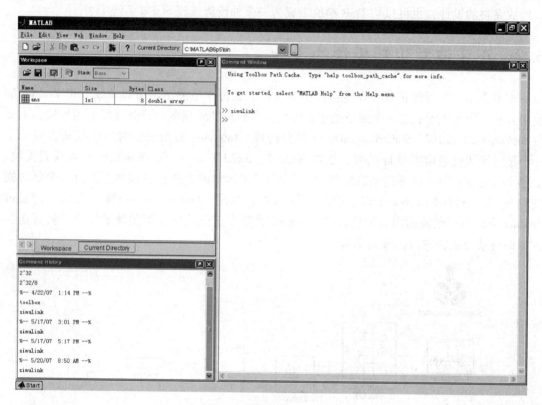

图 5-3   MATLAB 软件界面

（3）启动 Simulink，建立模型。在"Command Window"窗口中，键入"simulink"，然后按回车键，将启动 MATLAB 图形化仿真工具 Simulink，弹出"Simulink Library Browser"窗口。窗口左侧显示的是"Libraries"列表，窗口右侧显示的则是被选中库中的组件、子模块列表。安装完 DSP Builder 之后，在"Libraries"列表中可以看到"Altera DSP Builder Advanced Blockset"和"Altera DSP Builder Blockset"的库，如图 5-4 所示。在下面设计中，主要使用该库中的组件、模块来完成各项设计，再使用 Simulink 库来完成模型的仿真和验证。

在"Simulink Library Browser"窗口中选择"File"→"new"→"Model"，将弹出一个未命名的模型窗口。

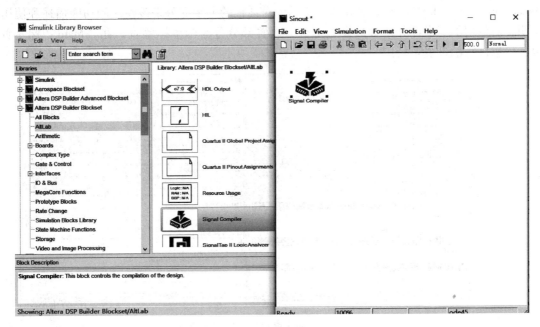

图 5-4　"Simulink Library Browser"窗口

（4）放置 Signal Compiler。单击图 5-4 "Libraries" 列表中的 "Altera DSP Builder Blockset" 条目左侧的展开按钮，或双击 "Altera DSP Builder Blockset" 条目，使之展开，这时会出现一长串树形列表（该列表对 DSP Builder 库的模块进行了分组），选择 "AltLab"，在右侧打开的窗口中选中 "Signal Compiler"，并将其拖动到在步骤（3）中打开的新模型窗口中，也可以单击右键，在弹出的快捷菜单中选择 "Add to 'untitled'" 选项，这里 'untitled' 是指新建的未命名的模型文件。

在选中 "Signal Compiler" 后，在 "Block Description" 窗口中会显示对应模块的说明及简单的功能介绍。选中 "Signal Compiler"，然后选择 "Help" → "Help for the Selected Block" 选项，可以了解使用 Signal Compiler 的具体信息，也可以按照此方法获得其他模块相应的帮助信息。

（5）添加 Increment Decrement 模块。Increment Decrement 模块是 DSP Builder 库 Arithmetic 子库中的模块。选择 "Altera DSP Builder Blockset" 中的 "Arithmetic" 子库，再在列表右侧选择 "Increment Decrement" 模块，然后按照添加 "Signal Compiler" 的方法将 "Increment Decrement" 添加到模型文件中。

（6）设置 Increment Decrement 模块。单击 "Increment Decrement" 模块下面的文字，可以修改模块的名字，这里我们将 Increment Decrement 模块用作递增的地址发生器，故而将模块的名字改成 "IncCount"。要使 IncCount 模块作为一个线性递增的地址发生器，需要对该模块进行相应的设置。双击 "IncCount"，打开 IncCount 模块的参数设置对话框 "Source

Block Parameters：IncCount"，如图 5-5 所示。对话框的上半部分是该模块的功能描述和使用说明；对话框的下半部分是参数设置部分，设置部分分为两个标签页，在"Main"标签页内，可以进行的设置包括：

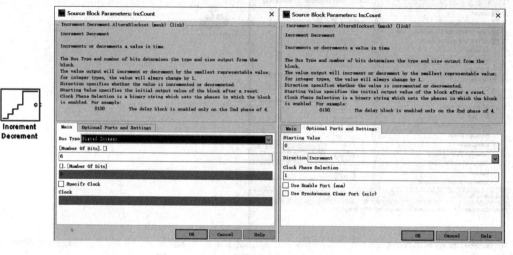

图 5-5　IncCount 模块参数设置对话框

◇ 总线类型（Bus Type）；

◇ 输出位宽（Number of Bits）；

◇ 指定时钟（Specify Clock）。

在"Optional Ports and Settings"标签页内，可以进行的设置有：

◇ 开始值（Starting Value）；

◇ 增减方向（Direction）；

◇ 时钟相位选择（Clock Phase Selection）；

◇ 是否使用使能端口（Use Enable Port）；

◇ 是否使用同步清除端口（Use Synchronous Clear Port）。

其中，对于总线类型，在其下拉列表中共有 3 种选择：

◇ 有符号整数（Signed Integer）；

◇ 有符号小数（Signed Fractional）；

◇ 无符号整数（Unsigned Integer）。

这里选择"Signed Integer"，即有符号整数。输出位宽取决于正弦查找表（SinLUT）。正弦查找表的地址为 6 位，所以输出位宽也要设为 6。

增减方向这里设为"Increment"（增量方式）。时钟相位选择可设置为 1，其他设置均同 IncCount 模块的默认设置。最后，单击"OK"按钮。

如果对 DSP Builder 库中的模块设置参数不了解，可以在相应模块的参数设置对话框中单击"Help"按钮（或按 F1 键），调出相应的帮助信息。

（7）添加正弦查找表。在"Altera DSP Builder Blockset"库的"Storage"子库中找到查找表模块 LUT，然后把 LUT 拖放到新建模型窗口中，再将 LUT 模块的名字修改为"Sin-LUT"。

双击 SinLUT 模块，打开模块参数设置对话框"Function Block Parameters：SinLUT"，如图 5-6 所示。SinLUT 的参数设置也分为两个标签页。在"Main"标签页，把输出位宽设为 8，查找表地址设为 6，选择总线数据类型为有符号整数。在"MATLAB array"编辑框中输入计算查找表内容的计算式。在这里使用 sin 函数，sin 函数的调用格式为：

$$sin([起始值:步进值:结束值])$$

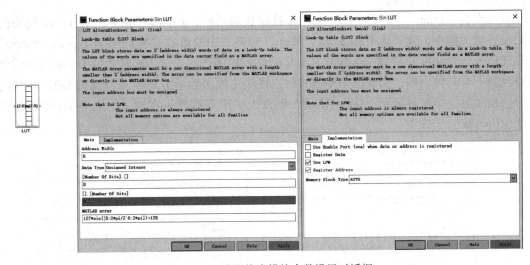

图 5-6　正弦查找表模块参数设置对话框

SinLUT 是一个输入地址为 6 位，输出位宽为 8 位的正弦查找表模块，且输入地址总线为有符号整数，所以设置起始值为 0，结束值为 2π，步进值为 $\dfrac{2\pi}{2^6}$，计算式可写成：

$$127 * sin([0:2 * pi/2\string^6:2 * pi])$$

其中，pi 就是常数 π，这是 MATLAB 中的语法。上式的数值变化范围是 $-127\sim+127$，共有 255 个数值，恰好是 8 位二进制数可以表示的最大值，所以 8 位的输出位宽可以表示上式所描述的正弦波形。

如果将 SinLUT 模块的总线数据类型设置为无符号整数，且输出位宽改为 10，那么若想得到满度的波形输出，应将表达式改为：

$$511 * sin([0:2 * pi/2\string^6:2 * pi])+512$$

在 "Implementation" 标签页内，可以进行有关硬件实现方面的设置。

勾选 "Use LPM"（LPM：Library of Parameterized Modules，参数化模块）复选项，Quartus Ⅱ 将利用目标器件中的嵌入式 RAM 来构成 SinLUT，即将生成的正弦波数据放在嵌入式 RAM 构成的 ROM 中，这样可以节省大量的逻辑资源，否则 SinLUT 只能用芯片中的 LCs 来构成。

勾选 "Register Data" 复选项会生成输入地址总线。如果目标器件是 Straitix 或者 Cyclone，并且已勾选了 "Use LPM" 复选项，则用户必须同时勾选 "Register Data" 复选项。

（8）添加 Delay 模块。在 "Altera DSP Builder Blockset" 库中，选中 "Storage" 子库下的模块 "Delay"，并将其拖放到新建模型窗口中。Delay 模块可以实现延时的功能，在这里可以使用其默认参数设置。

双击模块 "Delay"，打开 Delay 模块参数设置对话框，如图 5-7 所示。在 Delay 模块的参数设置对话框中，共有 3 个标签页。"Main" 标签页中的参数 "Number of Pipeline Stages" 是描述信号延时深度的参数。当其值为 1 时模块传输函数为 $1/Z$，这时通过 Delay 模块的信号被延时一个时钟周期；当其值为整数 n 时，模块传输函数为 $1/Z^n$，这时通过 Delay 模块的信号将被延时 n 个时钟周期。Delay 模块在硬件上采用寄存器来实现，所以 Delay 模块被放在了 "Storage" 子库中。

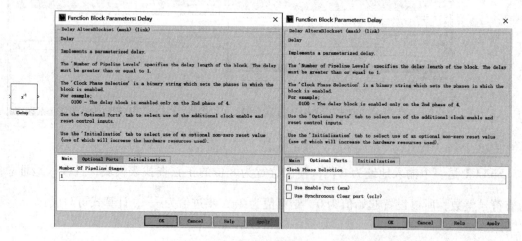

图 5-7　Delay 模块参数设置对话框

"Optional Ports" 标签页中的 "Clock Phase Selection" 参数主要是控制采样的。如果将其值设置为 1，则 Delay 模块总处于使能状态，所用的数据都通过 Delay 模块。如果将其值设置为 10，则 Delay 模块每隔一个脉冲便处于使能状态，每隔一个数据才能通过 Delay 模块。如果将其值设置为 0100，表示 Delay 模块在每 4 个时钟的第 2 个时钟中处于使能状态，那么每 4 个数据只有第 2 个数据可以通过。在本标签页中还可进行使能端口和同步清除端口的设置。

在"Initialization"标签页中可以设置一个非零的重置值（reset value）。

（9）添加端口 SinCtrl。在"Altera DSP Builder Blockset"库中选择"IO & BUS"子库，再选中模块"input"并将其拖放到新建模型窗口中，然后将其名字修改为"SinCtrl"。SinCtrl 是一个 1 位输入端口。双击模块"SinCtrl"，打开模块参数设置对话框，如图 5-8 所示。设置 SinCtrl 的总线类型为无符号整数，设置输出位宽为 1。

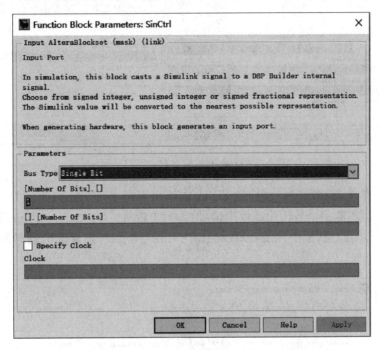

图 5-8　SinCtrl 模块参数设置对话框

（10）添加 Product（乘法器）模块。在"Altera DSP Builder Blockset"库中选择"Arithmetic"子库，再选中模块"Product"，并将其拖放到新建模型窗口中。这里，Product 模块有两个输入，一个是经过 Delay 的 SinLUT 输出，另一个是一位端口 SinCtrl。Product 模块实现了 SinCtrl 端口对 SinLUT 查找表输出的控制。双击模块"Product"，打开 Product 模块参数设置对话框，如图 5-9 所示。Product 模块参数设置对话框有两个标签页。在"Main"标签页中，可以设置总线类型和输出位宽，还可以通过"Number of Pipeline Stages"指定该乘法器模块使用几级流水线，即乘积延时几个时钟周期后输出。在"Optional Ports and Settings"标签页中，勾选"Use LPM"复选项，表示可以使用参数化的模块库来实现，而勾选"Use Dedicated Circuitry"复选项表示可以使用 FPGA 中的专用模块来实现。

（11）添加输出端口 SinOut。选择"Altera DSP Builder Blockset"库中的"IO & BUS"子库，再选中模块"Output"，并将其拖放到新建模型窗口中，然后将模块的名字修改为"SinOut"。

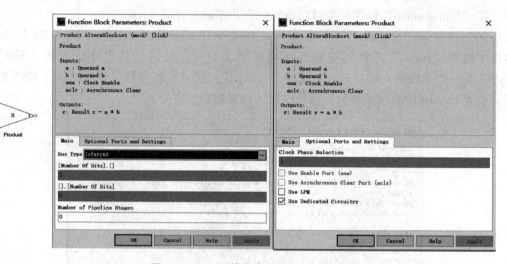

图 5-9　Product 模块参数设置对话框

　　SinOut 是一个 8 位输出端口，接到 FPGA 的输出引脚，与片外的 8 位 D/A 转换器相接（D/A 转换模块可将数字信号转化成模拟信号）。双击模块"SinOut"，打开如图 5-10 所示的参数设置对话框。在对话框中，设置总线类型为有符号整数，设置输出位宽为 8，然后单击"Apply"按钮。

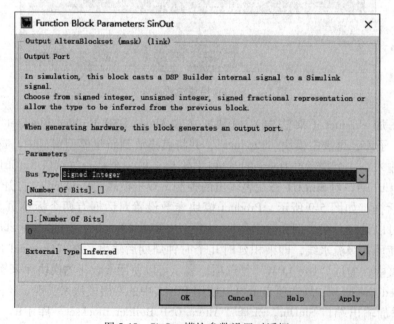

图 5-10　SinOut 模块参数设置对话框

（12）保存设计文件。放置完 SinOut 模块，按照图 5-2 所示的原理，把新建模型中的 DSP Builder 模块连接起来，这样就完成了一个正弦波发生器的 DSP Builder 模型设计。在进行仿真验证和 Signal Compiler 编译之前，要先把设计保存起来。在 MATLAB 软件界面中，选择"File"→"Save"，在弹出对话框中为模型命名并保存。本例中，新建模型取名"Sinout"，生成模型文件 Sinout. mdl。

模型保存完之后，先要对模型进行仿真验证，如通过验证，则使用 Signal Compiler 进行编译，将 mdl 文件转换为 VHDL 文件。

5.2.2　Simulink 模型仿真

MATLAB 的 Simulink 环境具有强大的图形化仿真验证的功能。用 DSP Builder 模块设计好的模型，可以在 Simulink 中进行算法级、系统级仿真验证。对一个模型进行仿真需要施加合适的激励，并在特定的观察点添加必需的观察模块。

1. 加入 Step 模块

本例中，先通过加入一个 Step 模块（阶跃模块），来实现模拟 SinCtrl 的按键使能操作。在 Simulink 的"Simulink"基本库中，选择"Source"子库，把其中的"Step"模块拖放到"Sinout"模型窗口中去，并将其与 SinCtrl 的输入端口相连。

注意：凡是来自"Altera DSP Builder Blockset"库以外的模块，Signal Compiler 都不能将其转换成硬件描述语言的模块。

2. 添加波形观察模块

在 Simulink 的"Simulink"基本库中，选择"Sinks"子库，把"Scope"（示波器）模块拖放到"Sinout"模型窗口中去。在模型窗口中双击该模块，打开的是一个"Scope"窗口，如图 5-11 所示。图中只有一个信号的波形观察窗口。若希望可以多观察几个信号的波形，可以通过添加多个 Scope 模块的方法来实现，也可以通过修改 Scope 的参数来设置 Scope 模块中的观察窗口数。

3. Scope 模块参数设置

用鼠标单击"Scope"窗口上方工具栏的第二个按钮"Parameters"，弹出 Scope 参数设置对话框，以进行参数设置，如图 5-12 所示。

在"Scope"参数设置对话框中有两个标签页："General"和"Data history"。在"General"标签页中，设置"Number of axes"为 2。单击"OK"按钮后，可以看到"Scope"窗口出现了两个波形观察窗口，且每个观察窗口可以独立观察信号波形。同时，Scope 模块也多了一个输入端。将 SinCtrl 的信号接到这一新增的输入端，作为参考信号。

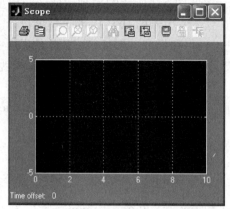

图 5-11　Scope 模块图标和"Scope"窗口

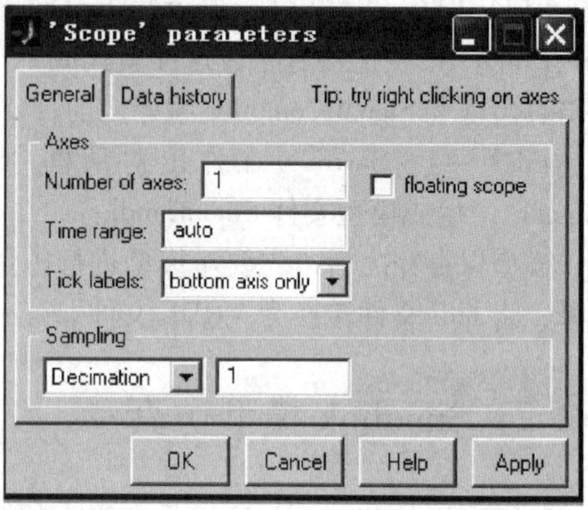

图 5-12　Scope 参数设置对话框

4. 设置仿真激励

按图 5-2 建立好模型之后，要对相关参数进行设置与仿真。先设置模型的仿真激励。在 SinOut 模型中，只有一个输入端口 SinCtrl，需要设置与之相连的 Step 模块。双击模块 "Step"，在弹出的 Step 参数设置对话框中设置对其输入端口 SinCtrl 施加的激励，如图 5-13 所示。

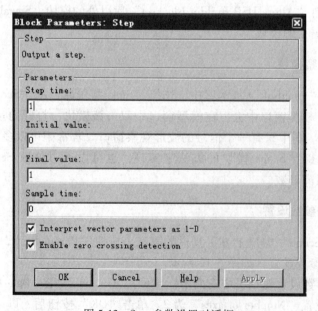

图 5-13　Step 参数设置对话框

图中各参数值的含义如下。

◇ 阶跃时刻（Step time）：Step 模块的输出在该时刻发生阶跃，默认值为 1，单位为秒。

◇ 初始值（Initial value）：在阶跃时刻之前的 Step 模块的输出值，默认值为 0。

◇ 终值（Final value）：在阶跃时刻之后 Step 模块的输出值，默认值为 1。

◇ 采样时刻（Sample time）：Step 模块输出的采样频率。

设置阶跃时刻为 30，则在 30 秒时该模块会发生输出值的阶跃。初始值设为 0，那么在 30 秒时刻之前，不输出正弦波；终值设为 1。采样时刻设为 0，那么在大的和小的时间间隔都进行采样；采样时刻设为 1，则只在大的时间间隔上采样。勾选底部的两个复选项："Interpret vector parameters as 1-D" 和 "Enable zero crossing detection"。

在 "SinOut" 模型窗口中，选择 "Simulation" → "Simulation parameters"，将弹出 SinOut 模型的仿真参数设置对话框——"Configuration Parameters：sinout/Configuration"，如图 5-14 所示。

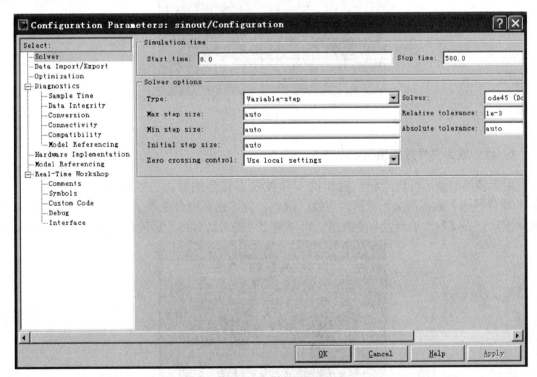

图 5-14　仿真参数设置对话框

仿真参数设置对话框共有 7 个选项页："Solver""Data Import/Export""Optimization""Diagnostics""Hardware Implementation""Model Referencing""Real-Time Workshop"。其中，在 "Solver" 选项页中可完成仿真时的基本时间设置，以及计算器、解算器的步进方式

和输出选项等设置。

5. 启动仿真

在"Sinout"模型窗口中,选择"Simulation"→"Start",开始仿真。仿真结束后,双击模块"Scope",打开"Scope"窗口,出现如图 5-15 所示的仿真结果。从图中可以看到,SinOut 受到了 SinCtrl 的控制。

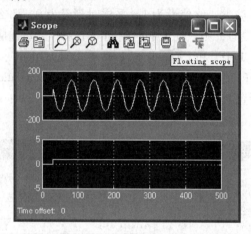

图 5-15　正弦仿真波形

6. 设计成无符号数据输出

由示波器的波形可以看出,输出的正弦波是有符号的数据,在±127 间变化,但一般 D/A 器件的输入数据都是无符号的正数。因此,为了使在硬件系统上 D/A 的输出也能观察到此波形,必须对此输出做一些改进,以便输出无符号的数据。最简单的方法就是将输出波

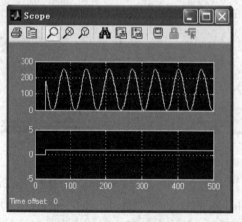

图 5-16　无符号输出波形

形向上平移 127，将 SinLUT 的总线类型设置为无符号整数，将 SinLUT 的波形数据公式改为
$127 * \sin([0:2 * pi/2^6:2 * pi]) + 128$，然后将输出端口 SinOut 的总线类型改为无符号整数。
修改完成之后，再进行仿真，便可以看到输出的波形都在 0 以上变化，如图 5-16 所示。

5.2.3　使用 Signal Compiler 将算法转化成硬件实现

在 MATLAB 中完成仿真验证后，就要把设计转换到硬件上加以实现。通过 DSP Builder
可以获得针对特定 FPGA 芯片的 HDL 代码。

1. 分析模型

双击模型 SinOut 中的"Signal Compiler"图标，启动 DSP Builder，打开如图 5-17 所示对
话框。在对话框中可以选择开发板使用的相应器件，如 Cyclone Ⅱ。单击图 5-17 所示对话框
中的"Compile"按钮，可编译所包含的分析、综合和适配工作。打开"Advanced"标签页，
在该标签页中对编译所包含的工作进行分布操作，如图 5-18 所示。

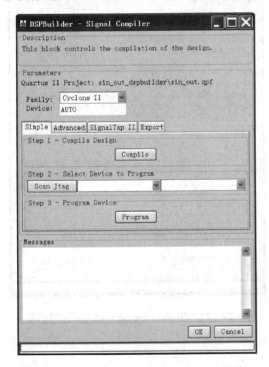

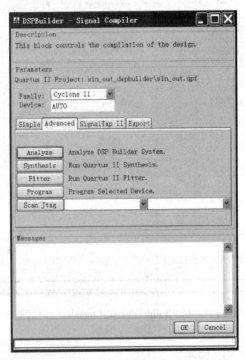

图 5-17　"DSPBuilder-Singal Compiler"对话框 1　　　图 5-18　"DSPBuilder-Singal Compiler"对话框 2

单击"Analyze"按钮，Signal Compiler 将会对 SinOut 模型进行分析，检查模型有无错
误。如果设计存在错误，将会停止分析过程，并在 MATLAB 软件的命令窗口中给出相关信

息。如果设计不存在错误，则可以继续下面的操作。Simulink 具有强大的错误定位能力，许多错误可以在 Simulink 模型中直接定位，并用不同的颜色来标示有错误的模块。如果 Signal Compiler 分析当前的 DSP 模型有错误，必须修改正确才能继续下面的设计流程。

2. 把 mdl 模型文件转化成 VHDL 文件

通常我们在完成分析之后，不进行综合和适配的工作，而是要将 mdl 模型文件转化成 VHDL 文件，使用 VHDL 文件建立一个工程，并对该工程进行必要的仿真验证。

打开"SignalTap Ⅱ"标签页，如图 5-19 所示，在这里不做设置。打开"Export"标签页，如图 5-20 所示，可以将分析过的模型文件输出成 VHDL 文件，单击"Export"按钮，将 VHDL 文件输出到指定的目录（要求目录的名字和 VHDL 的文件名一致）。

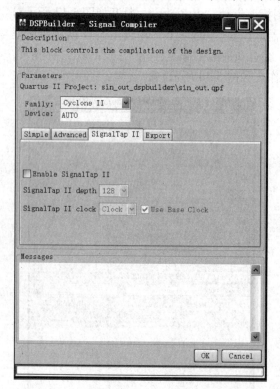

图 5-19 "DSPBuilder-Singal Compiler"对话框 3

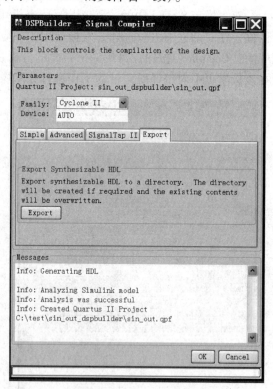

图 5-20 "DSPBuilder-Singal Compiler"对话框 4

3. 编程

在对 VHDL 文件进行充分的仿真验证之后，可以进行综合和适配的操作，之后可以进行对器件的编程操作。单击"Advanced"标签页中的"Program"按钮，连接好硬件后便可以进行下载了。

5.2.4　使用 Quartus Ⅱ 进行时序仿真

启动 Quartus Ⅱ集成开发环境，选择"File"→"New Project Wizard"选项，在弹出的对话框中单击"Next"按钮，将弹出新建工程向导对话框，如图 5-21 所示；在该对话框中选择项目的目录，设置目录名为"sinout"，输出的 VHDL 文件和目录名一致，该文件描述的实体即为顶层实体。按向导对话框提示完成相应设置后，单击"Next"按钮，即可启动下一个向导对话框。在如图 5-22 所示对话框中指定开发板采用的 FPGA 芯片，本设计选择目标芯片 EP2C35F672C8。

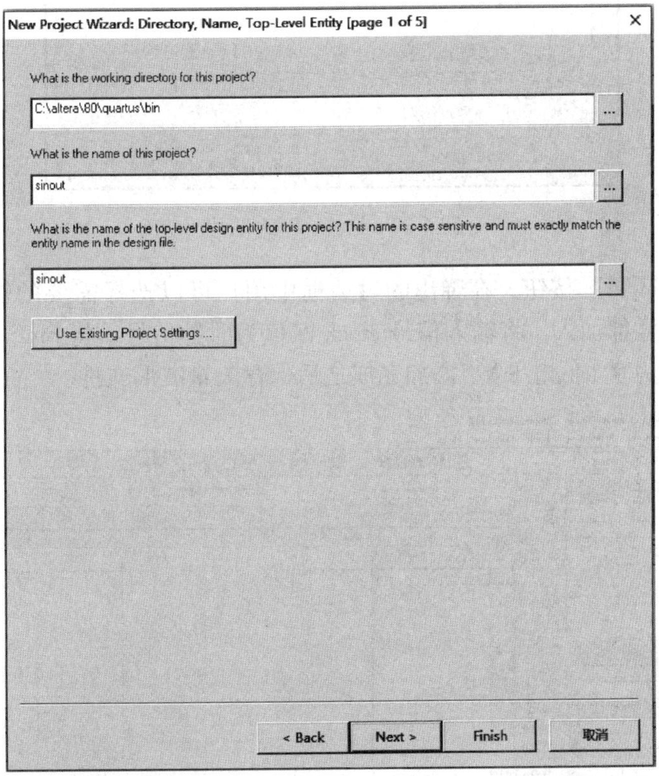

New Project Wizard: Directory, Name, Top-Level Entity [page 1 of 5]

What is the working directory for this project?

C:\altera\80\quartus\bin

What is the name of this project?

sinout

What is the name of the top-level design entity for this project? This name is case sensitive and must exactly match the entity name in the design file.

sinout

Use Existing Project Settings ...

< Back　　Next >　　Finish　　取消

图 5-21　创建新的 Quartus 项目

完成工程向导设置后，单击"Finish"按钮，进入 Quartus 工程，然后选择"Processing"→"Start Compilation"，对 sinout. vhd 顶层文件进行编译。

编译成功之后，要进行仿真先要添加矢量波形文件，为输入信号赋值。选择"File"→"new"→"Vector Waveform File"，出现如图 5-23 所示界面。在图 5-23 中的"Name"栏下右击，在弹出的快捷菜单中选择"Insert"→"Insert Node or Bus"，弹出如图 5-24 所示对话

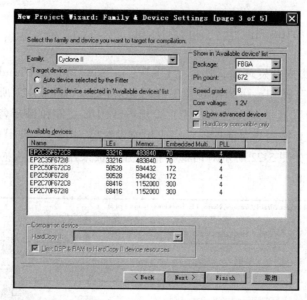

图 5-22　选择 FPGA 芯片

框，单击"Node Finder"按钮，在弹出的对话框中用户可以选择需要的输入输出信号，这里我们将所有的信号都加入。将输入信号 clock 赋值为时钟信号，将 SinCtrl 赋值为 1（高电平），将 sclrp 赋值为 0（低电平），添加完成之后保存矢量波形文件。

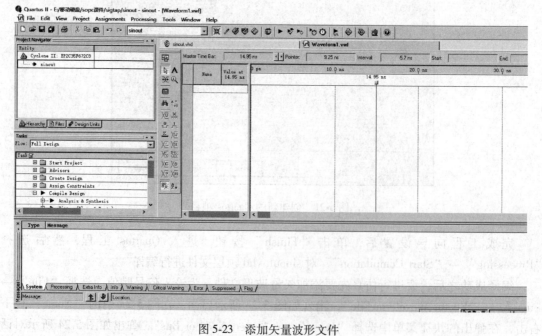

图 5-23　添加矢量波形文件

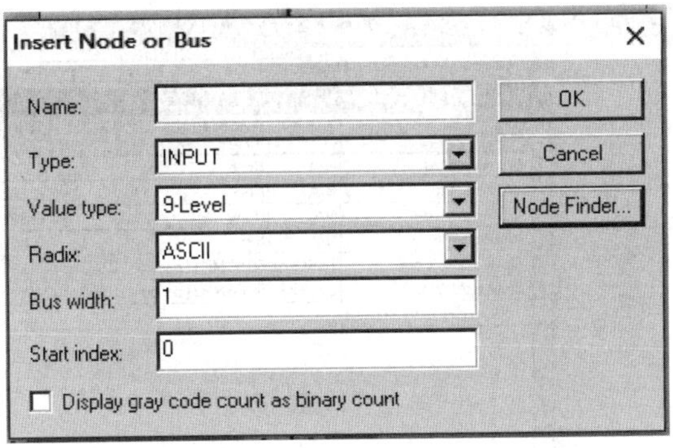

图 5-24　添加节点或总线

然后，选择"Processing"→"Generate Functional Simulation Netlist"，生成功能仿真的网表文件。之后，选择"Processing"→"start simulation"，进行功能仿真，可以看到仿真结果如图 5-25 所示。

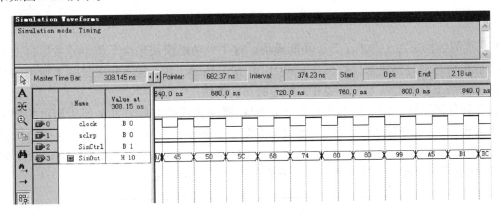

图 5-25　正弦波发生器的 Quartus Ⅱ 时序仿真波形

通过观察仿真波形，可以检查设计的工程是否满足时序要求。另外，还可以运行 Time-Quest 时序分析仪，单击图 5-26 所示工具栏中鼠标所指向的图标，生成时序分析报告，获取时序仿真数据，如图 5-26 所示。

5.2.5　硬件实现与测试

经过 RTL（register transfer level，寄存器传输级）和时序仿真之后，还要将设计下载到芯片中进行实现和测试。本书采用的硬件平台是革新公司的 GX-SOC/SOPC-Dev-Lab Platform 实验开发平台，采用的 FPGA 芯片为 Cyclone Ⅱ 系列的 EP2C35F672C8。该硬件实验开发平台具有丰富的硬件资源，由几十个硬件模块组成，配有丰富的人机交互接口。通过控制

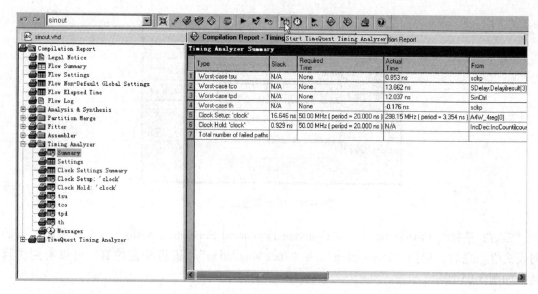

图 5-26　时序分析的结果

FPGA 总线的数据来源，分出了 7 个功能模块，这 7 个功能模块包含了整个开发平台上大部分的功能模块。通过模块选择拨码开关 MODUL_SEL 的第 1 位～第 3 位来选择要使用的模块组，剩下的一个状态对应未与总线开关相连的功能模块。

进行硬件测试时，需要使用开发平台上 DAC 器件将正弦波信号发生器所输出的数字信号转换为模拟信号，然后将模拟信号接到示波器上。要使用 DAC 器件，需要将平台上拨码开关的 MODUL_SEL1 设置成"ON"状态，将 MODUL_SEL2 和 MODUL_SEL3 设置成"OFF"状态，并选择模块 7 的功能。关于平台的使用详见附录。

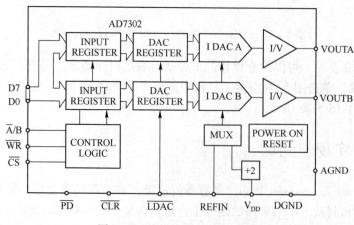

图 5-27　AD7302 芯片的原理图

开发平台上的 DAC 模块由一个并行 8 位 DAC 器件和一个并行 DAC 电压基准源组成。并行 8 位 DAC 器件采用 Analog Device 公司的 AD7302 芯片,工作电压为 2.7～5.5 V,功耗小,适合于电池驱动应用,具有高速寄存器和双缓冲接口逻辑,以及可与并行微处理器和 DSP 兼容的接口。图 5-27 为该芯片的原理图。

将产生的 8 位数据连接到并行 DAC 的输入管脚,再给 3 个功能选择管脚相应的输入信号,使 DAC 能够正常工作,即可在选择的输出通道用示波器观察到波形。3 个功能管脚为 $\overline{\text{A}}/\text{B}$、$\overline{\text{WR}}$ 和 $\overline{\text{CS}}$。$\overline{\text{A}}/\text{B}$ 为通道选择信号,低电平选择 A 通道,高电平选择 B 通道;$\overline{\text{WR}}$ 为写信号,低电平有效;$\overline{\text{CS}}$ 为片选信号,低电平有效。

根据 AD7302 芯片的工作原理,需要在 sinout. vhd 文件中加入 3 个输出引脚,并且进行赋值。

在端口说明中加入如下的语句:

```
dac_ab          :    out std_logic;
dac_wr          :    out std_logic;
dac_cs          :    out_std_logic。
```

在结构体中加入如下的语句:

```
dac_ab  <= '0';          选择 A 通道输出
  dac_wr   <= '0';
  dac_cs   <= '0'。
```

接下来进行引脚锁定,见表 5-1。

表 5-1　硬件测试的引脚分配情况

端　　口	引　脚　号	备　　注
clock	B13	开发板时钟
SinCtrl	Y11	多功能复用按键 F1,按下为高电平
sclrp	AE17	多功能复用按键 F9,按下为低电平
dac_ab	J25	
dac_cs	J26	
dac_wr	U26	
sinout [0]	G21	
sinout [1]	E23	
sinout [2]	E24	
sinout [3]	B24	
sinout [4]	B25	
sinout [5]	V21	

续表

端 口	引 脚 号	备 注
sinout［6］	V20	
sinout［7］	AE15	

引脚锁定后可以进行工程的编译，编译成功后可以将设计下载到目标器件中去。此时，在 D/A 输出通道可以用示波器观察到由数字信号转换成的模拟信号的波形。

5.2.6 使用嵌入式逻辑分析仪 SignalTap Ⅱ 进行测试

只进行工程的软件仿真远远不够，必须还要进行硬件仿真。使用传统的硬件方法进行测试会有如下的一些缺点。

◇ 缺少空余 I/O 引脚。设计中器件的选择依据设计规模而定，通常所选器件的 I/O 引脚数目和设计的需求是恰好匹配的。

◇ I/O 引脚难以引出。设计者为减小电路板的面积，大都采用细间距工艺技术，这使得在不改变 PCB 板布线的情况下引出 I/O 引脚非常困难。

◇ 接逻辑分析仪有改变 FPGA 设计中信号原来状态的可能，因此难以保证信号的正确性。

◇ 传统的逻辑分析仪价格昂贵，将会加重设计方的经济负担。

针对传统硬件测试的局限，Altera 公司和 Xilinx 公司分别推出了基于 JTAG 的内部逻辑分析仪。其中，Altera 公司的嵌入式逻辑分析仪为 SignalTap。嵌入式逻辑分析仪可以随设计文件一起下载到目标芯片中，通过 JTAG 引脚捕捉目标芯片内部设计者感兴趣的信号节点处的信息，而又不影响系统的正常工作。嵌入式逻辑分析仪将测得的信号样本暂存于目标器件中的嵌入式 RAM 中，然后通过器件的 JTAG 端口或 ByteBlaster 下载线将采得的信息传给计算机进行分析。

嵌入式逻辑分析仪 SignalTap Ⅱ 允许对设计中的所有层次的模块的信号节点进行测试，可以使用多时钟驱动，具有可以灵活配置的特点。嵌入式逻辑分析仪主要具有以下 3 项优点。

◇ 它们的使用不增加引脚。可通过 FPGA 上已有的专门 JTAG 引脚访问，即使没有其他可用引脚，这种调试方法也能得到内部可视能力。

◇ 简单的探测。探测包括从节点路由到内部逻辑分析仪的输入，不需要担心为得到有效信息而应如何连接到电路板上，也不存在信号完整性的问题。

◇ 内核是便宜的。FPGA 厂商把他们的业务模型建立于用芯片所获取的价值的基础上，所以所用的调试 IP 通常能以低于 1 000 美元的价格获得。

但是，从嵌入式逻辑分析仪的工作原理可以看出，嵌入式逻辑分析仪也有如下一些缺点。

　　◇ 内核的尺寸限制了 FPGA 中逻辑资源的利用。此外，波形数据会占用 FPGA 内部存
储器，这会使得信号采样的数量受限。

　　◇ 设计工程师必须放弃把内部存储器用于调试，存储器的利用取决于系统的设计。

　　◇ 内部逻辑分析仪只工作于状态模式。它捕获的数据与规定的时钟同步，不能提供信
号定时关系。

　　这里应用嵌入式逻辑分析仪对正弦波发生器进行测试，同时介绍了 SignalTap Ⅱ 的
基本使用方法。在使用 SignalTap Ⅱ 进行测试之前应该先对工程 sinout 进行引脚分配，
引脚分配的情况见表 5-2。表 5-2 和表 5-1 的区别只是前者少了硬件测试用的 DAC 模块
的引脚。

表 5-2　使用嵌入式逻辑分析仪测试时的引脚分配情况

端　口	引 脚 号	备　注
clock	B13	开发板时钟
SinCtrl	Y11	多功能复用按键 F1，按下为高电平
sclrp	AE17	多功能复用按键 F9，按下为低电平
sinout［0］	G21	
sinout［1］	E23	
sinout［2］	E24	
sinout［3］	B24	
sinout［4］	B25	
sinout［5］	V21	
sinout［6］	V20	
sinout［7］	AE15	

　　引脚分配的使用方法见第二章。引脚分配完毕后，进行工程的编译，编译结束后就可以
进行 SignalTap Ⅱ 的设置了。

　　使用 SignalTap Ⅱ 嵌入式逻辑分析仪进行测试的步骤如下。

　　（1）打开由 Signal Compiler 转换成的 sinout. qpf 文件，选择 "File" → "New"，弹出
"New" 对话框，在其中选择 "Other Files" 下的 "SignalTap Ⅱ File"，并单击 "OK" 按钮，
将打开如图 5-28 所示的 SignalTap Ⅱ 的初始编辑窗口。

　　（2）调入待测信号。首先右击 "Instance Manager" 栏中 "Instance" 下面的 "auto_sign-
altap_0"，在弹出的快捷菜单中选择 "Rename" 命令，将其更名为 "sinoutsignal"。
sinoutsignal 代表一组待测信号，现在将待测信号加入其中。在图 5-28 中 "sinoutsignal" 下的
空白处双击，会弹出 "Node Finder" 对话框，如图 5-29 所示，单击 "List" 按钮，会出现和该

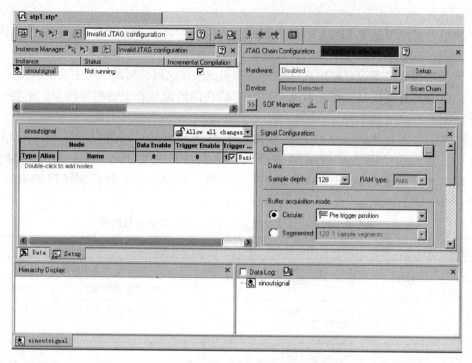

图 5-28　SignalTap Ⅱ 的初始编辑窗口

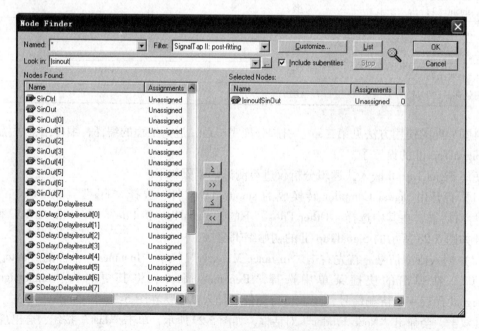

图 5-29　"Node Finder" 对话框

工程相关的所有信号，包括内部信号；选择输出总线信号"SinOut"，单击"OK"按钮即将
选择的信号加入到了 SignalTap Ⅱ编辑窗口，如图 5-30 所示。

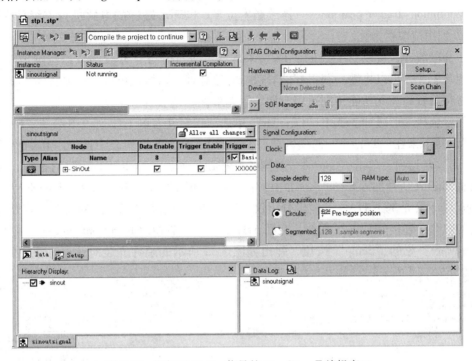

图 5-30　添加了 SinOut 信号的 SignalTap Ⅱ编辑窗口

（3）设置 SignalTap Ⅱ。单击图 5-30 所示工具栏最右侧的全屏按钮，将出现如图 5-31
所示的全屏编辑窗口。首先设置逻辑分析仪的工作时钟 Clock，单击"Clock"栏右侧的
"▭"按钮，弹出如图 5-29 所示的"Node Finder"对话框，在左侧列表中选中工程的主时
钟"Clock"作为逻辑分析仪的采样时钟，单击"OK"按钮；在"Data"选项区域的
"Sample depth"下拉列表中选择"1K"（这个采样深度适用于一个 Instance 所有的信号）。
必须根据测试要求、信号数量，以及工程占用 ESB/M4K 存储模块的数量，来综合确定采样
深度，以免发生 ESB/M4K 不够的情况。

然后根据测试的要求，指定缓冲获得模式。在"Buffer acquisition mode"栏中有两种缓
冲，一种为环形缓冲（Circular），另一种为分段缓冲（Segmented）。

环形缓冲有以下四种触发位置。

◇ Pre trigger position——前触发位置。在达到触发条件前，保存所发生采样的 12%，达
到触发条件后，再保存采样的 88%。

◇ Center trigger position——中触发位置。在达到触发条件前，保存所发生采样的 50%，
达到触发条件后，再保存采样的 50%。

◇ Post trigger position——后触发位置。在达到触发条件前，保存所发生采样的 88%，达到触发条件后，再保存采样的 12%。

◇ Continuous trigger position——连续触发位置。以环形缓冲的方式进行连续采样保存，直到用户中断为止。

对于分段缓冲，可以对上述的"1K"采样深度进行分段，分段的数目范围为 1～512。用户使用此模式，可以将缓冲获得存储器进行分段处理，这样就可以多次捕获同一事件，而不浪费储存器资源。此功能特别适用于捕获周期事件。

本例中选择环形缓冲。选中"Circular"单选项，在其右侧下拉列表中选择"Pre trigger position"。接下来在"Trigger"选项区域"Trigger levels"下拉列表中选择"1"，然后勾选"Trigger in"复选项，单击"Source"右侧的 按钮，弹出"Node Finder"对话框，按前面的方法将 SinCtrl 信号加入 SignalTap Ⅱ 中，在"Pattern"下拉列表中选择"1 High"。

SignalTap Ⅱ 是基于 JTAG 的逻辑分析仪，所以还必须进行 JTAG 链的设置。打开实验开发系统的电源，连接好 USB 下载线。在图 5-31 右侧的"JTAG Chain Configuration"栏中，单击"Hardware"栏的"Setup"按钮，弹出如图 5-32 所示的硬件安装对话框，在"Currently

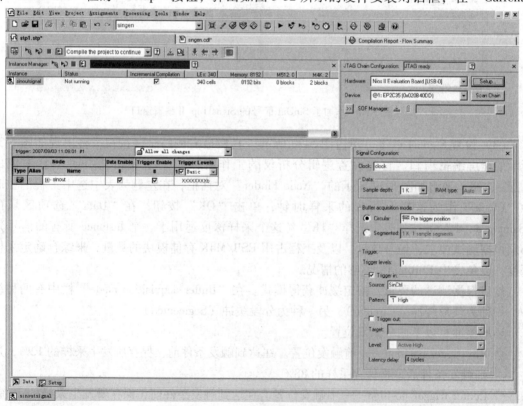

图 5-31　SignalTap Ⅱ 的全屏编辑窗口

selected hardware"下拉列表中选择"Nios Ⅱ Evaluation Board［USB-0］"。此时，图 5-31
"JTAG Chain Configuration"栏中的"Hardware"下拉列表框中将显示"Nios Ⅱ Evaluation Board
［USB-0］"字样，同时"Device"下拉列表框中将显示"@1:EP2C35〔0x020B40DD〕"字样，
此为自动识别到的 FPGA 芯片。

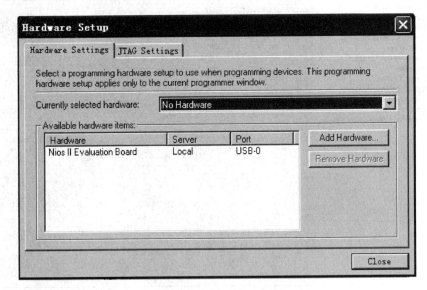

图 5-32　硬件安装对话框

　　（4）SignalTap Ⅱ 文件存盘。选择"File"→"Save"，将 SignalTap Ⅱ 存盘，默认的文件
名为 stp1. stp，用户也可以自己命名；单击"保存"按钮，会出现有"Do you want to enable
stp1. stp for the current project"提示的对话框，单击"是"按钮，表示同意，下次再编译时，
将该 SignalTap Ⅱ 文件和工程文件一起综合、适配，然后一起下载到目标芯片中去。如果单
击"否"按钮，则需要自己设置，方法是选择"Assignments"→"Settings"，弹出
"Settings-SinOut"对话框，在"Category"栏中选择"SignalTap Ⅱ Logic Analyzer"，出现如
图 5-33 所示的对话框；勾选"Enable SignalTap Ⅱ Logic Analyzer"复选项，单击"SignalTap
Ⅱ File name"右侧的▦按钮，选择已经存盘的 SignalTap Ⅱ 文件。

　　SignalTap Ⅱ 逻辑分析仪是为了测试而加入工程中的。当测试结束后，在生成最终的设
计时，应将 SignalTap Ⅱ 逻辑分析仪从工程中去掉，方法是，利用图 5-33 所示对话框撤选
"Enable SignalTap Ⅱ Logic Analyzer"复选项，然后再重新编译、下载即可。

　　（5）编译下载。选择"Processing"→"Start Compilation"，启动全程编译。编译结束
后，SignalTap Ⅱ 的观察窗通常会自动打开，如果没有打开，或要重新启动 SignalTap Ⅱ 逻
辑分析仪，可选择"Tools"→"SignalTap Ⅱ logic Analyzer"，来启动 SignalTap Ⅱ 逻辑分
析仪。

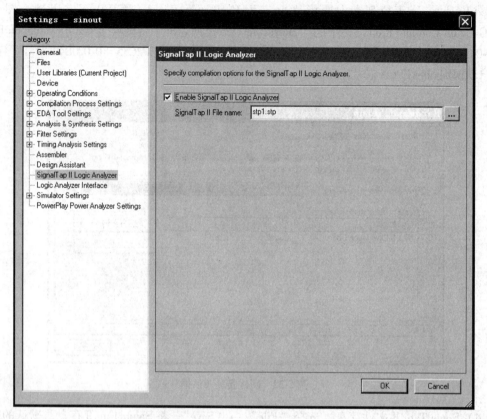

图 5-33　将 SignalTap Ⅱ 文件与工程捆绑

　　综合编译完成以后，将 sinout. sof 的工程文件下载到 FPGA 芯片中。单击图 5-34 "SOF Manager" 右侧的▒按钮，在弹出的对话框中选择 sinout. sof 文件，然后单击 "Program Device" 按钮进行芯片烧写。

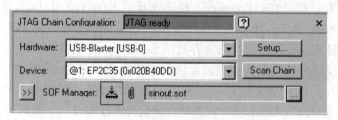

图 5-34　下载文件到芯片

　　(6) 测试分析。下载完成后，单击工具栏中的 "Auto Analysis" 按钮运行逻辑分析仪。为了便于观察，可在 "sinout" 栏右击，在弹出的对话框中选择 "Bus Display Format" 栏中的 "Unsigned Line Chart" 选项。否则，数据显示的将是二进制波形，看不出正弦波的形状。

本项目由于存在 SinCtrl 控制信号，并且在步骤（3）中还将其作为触发，所以只有当 SinCtrl 为 1 时，才进行数据的采集，并显示数据到 Data 窗口中。本例中，SinCtrl 分配的引脚对应着实验箱上的 F1 按钮，按下 F1 按钮则窗口中将出现正弦波，否则没有数据。嵌入式逻辑分析仪中的正弦波形如图 5-35 所示。

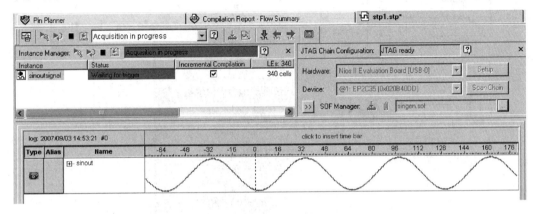

图 5-35　嵌入式逻辑分析仪中的正弦波形

5.3　DSP Builder 的层次设计

5.2 节介绍了一个简单的正弦波发生器模块的设计，但在实际应用中，要实现的模型往往比较复杂。对于一个复杂的 DSP 系统设计，如果把所有的模块放在同一个 DSP Builder 的 Simulink 模型中，设计图就会变得非常大而复杂，不利于设计和调试。利用 DSP Builder 的层次设计，可以有效地解决这个难题。

DSP Builder 的层次设计是利用 DSP Builder 软件工具，将设计好的 DSP 模型生成子系统（subsystem），这个子系统是单个元件，可以独立工作，也可以与其他的模块或子系统集成更大的设计模型，还可以作为基层模块，被任意复制到其他的设计模型中去。

在本节中，我们以 5.2 节设计完成的正弦波发生器为例，介绍怎样生成子系统和利用子系统来生成规模更大的系统。

生成子系统的步骤如下。

（1）在 MATLAB 软件的 Simulink 环境下打开正弦信号发生电路的设计模型文件，使用 Ctrl+A 组合键，将模型文件中的全部模块及模块之间的连线选中，按住 Shift 键，用鼠标单击 Signal Compiler、Step 和 Scope 模块，这样除了 Signal Compiler、Step 和 Scope 模块，所有模型中其他的模块和连线就都被选中了。

（2）在选中的这些模块上单击鼠标右键，在弹出的快捷菜单中选择"Create Subsystem"，创建子系统，如图 5-36 所示。

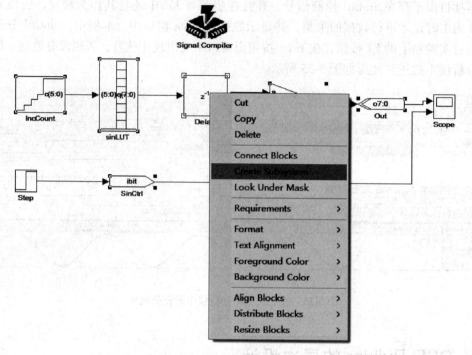

图 5-36　创建子系统

　　生成子系统后，系统模型如图 5-37 所示。子系统有一个输入端口，两个输出端口。对于生成的子系统，仍然可以对其内部的结构进行修改。双击图 5-37 中的"Subsystem"图标，就可以打开该子系统，如图 5-38 所示。图 5-38 所示的子系统内部相对于图 5-36 多了一个输入端口 In1，两个输出端口 Out1 和 Out2，并且其内部的结构和模块的名称和设置可以修改，还能够在子系统中增删模块，放置仿真用的 Simulink 库的模块。不过某些 DSP Builder 库的模块只能放置在顶层原理图中，比如 Signal Compiler 模块。如果在子系统中放置了 Signal Compiler 模块，那么该 Signal Compiler 模块不能用于生成 VHDL 文件。

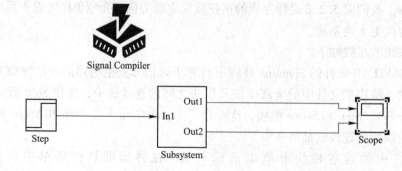

图 5-37　生成的子系统

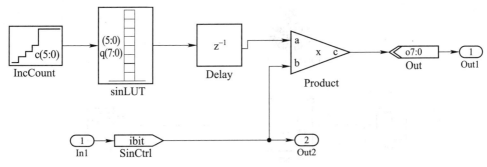

图 5-38　打开的子系统

（3）修改子系统名。同普通的 DSP Builder 模块一样，生成的子系统模块可以自行命名，操作方法也同普通模块。生成的子系统的默认名字为 Subsystem。为了使生成的子系统和其他的子系统区分开来，用户最好先进行重命名工作，且新起的名字应该有明显的意义，和子系统的功能应该有联系。这里，我们将子系统命名为 singen。

（4）修改子系统内部端口及重命名端口。子系统将来会被用于构成更大规模的模型，子系统和外部要进行连接。为了能够正确地进行连接，端口的命名要有一定的意义。如图 5-38 所示，子系统内部的名字默认是 In、Out 加上序号，没体现出端口所承载的信号特点。对于我们的子系统来说，Out2 这个端口也可以去掉，因为这个端口输出的是正弦波控制信号，是仿真时作为对比加入的。我们将 In1 端口命名为 Ctrl，将 Out1 端口命名为 dataout，删除 Out2 端口，如图 5-39 所示。

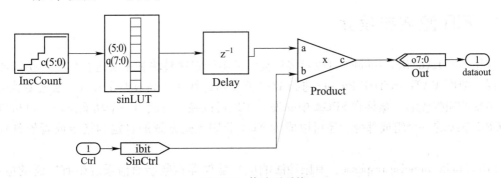

图 5-39　修改子系统

修改完后，退出顶层模型。如图 5-40 所示，可以看到，出现了一条虚的连线，这是因为我们删除了一个端口，而与这个端口相连的连线也就没有了连接对象。我们将虚的连线去掉，并将示波器设成一个窗口，则顶层模型将变成如图 5-41 所示的情形。

生成的子系统可以被用于构成更大的系统，使用方法很简单，在图 5-41 中选中子系统，复制，然后打开更大的系统模型文件，将子系统粘贴到该模型中，再进行相应的连接即可。

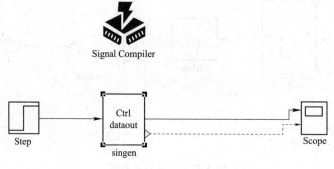

图 5-40　删除内部一个端口之后的子系统

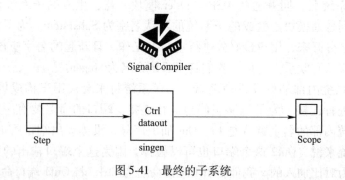

图 5-41　最终的子系统

5.4　FIR 滤波器设计

应用 MATLAB/DSP Builder 可以对多种类型的电子线路模块和系统进行建模、仿真和硬件实现。使用 MATLAB/DSP Builder 进行 DSP 开发可以快速、高效地完成从算法模型验证到硬件实现的完整流程。最终在 FPGA 中的硬件实现可以独立地成为一个功能模块，也可以成为 SOPC 系统的一个组成部分，还可以成为 Nios Ⅱ嵌入式系统的自定制指令或者硬件加速模块。

FIR（finite impulse response，有限冲激响应）滤波器在数字通信系统中有广泛的应用，如低通滤波、通带选择、抗混叠、抽取和内插等。DSP Builder 中的 FIR 滤波器可以使用 FIR 的 Megacore，即 FIR 的 IP 来设计，也可以使用模块自己构建。本节将重点介绍基于 FIR 的 IP 来设计 FIR 滤波器的方法。

5.4.1　FIR 滤波器原理

FIR 系统的冲激响应 $h(n)$ 在有限个 n 值处不为零，设 FIR 的冲激响应为一个 N 点序

列，$0 \leqslant n \leqslant N-1$，则滤波器系统函数为

$$H(z) = \sum_{n=0}^{N-1} h(n)z^{-n} \tag{5-1}$$

系统的差分方程表达式为

$$y(n) = \sum_{m=0}^{N-1} h(m)x(n-m) \tag{5-2}$$

其中，$x(n)$ 是输入采样序列，$h(n)$ 是滤波器系数，$y(n)$ 是滤波器的输出序列，$N-1$ 是滤波器的阶数。

下面看一个直接 I 型的 3 阶 FIR 滤波器，如图 5-42 所示，其输出序列 $y(n)$ 满足下式

$$y(n) = h(0)x(n) + h(1)x(n-1) + h(2)x(n-2) + h(3)x(n-3)$$

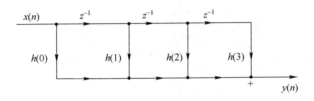

图 5-42　3 阶 FIR 滤波器结构

在这个滤波器中，存在 3 个延时单元，4 个乘法器，一个 4 输入的加法器。如果采用数字信号处理器，如 TI 或 AD 公司的 DSP Processor 来实现 FIR 滤波器，则只能用串行的方式顺序地执行延时、乘加操作，需多个指令周期才能完成。如果采用 FPGA 来实现 FIR 滤波器，则是并行的运算，在一个时钟周期就能得到 FIR 滤波器的输出。

5.4.2　16 阶 FIR 滤波器的设计

对于直接 I 型的 16 阶或更高阶的 FIR 滤波器，通常由低阶的滤波器节级联构成。这里设计一个 4 阶 FIR 滤波器节，然后通过将其级联来构成 16 阶的 FIR 滤波器。直接 I 型 4 阶 FIR 滤波器节的结构如图 5-43 所示，可以看到，其结构相对于图 5-42 的 3 阶 FIR 滤波器，在输入信号处插入了一个延时单元，从而将 3 阶滤波器变成了 4 阶滤波器，但 $h(0)$ 的值为零。将 $h(0)$ 的值设成零，目的是为了在组成高阶的 FIR 滤波器时，进行滤波器节的级联。

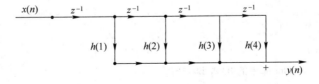

图 5-43　4 阶 FIR 滤波器的结构图

　　由于浮点小数在 FPGA 中实现比较困难，需要很多的资源，所以这里采用定点计算。为了省去小数点定标，这里使用整数运算来实现，如同 5.2 节正弦波发生器模块的情况一样。正弦查找表存储的是整数值。

　　为了使滤波器参数可变，这里将 FIR 滤波器系数 $h(1)$、$h(2)$、$h(3)$ 和 $h(4)$ 也作为输入端口。图 5-44 为直接 I 型 4 阶 FIR 滤波器在 Simulink 中的模型。

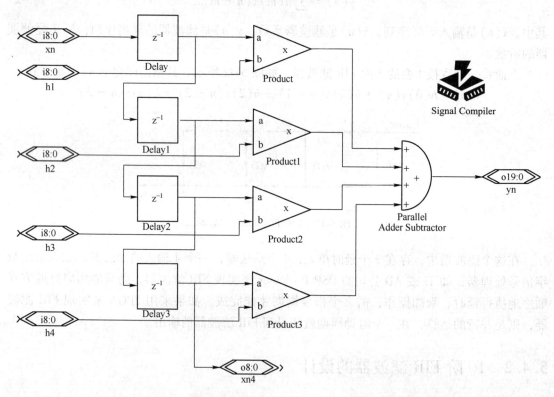

图 5-44　直接 I 型 4 阶 FIR 滤波器在 Simulink 中的模型

图 5-44 中各模块的参数设置如下。

　　xn、h1、h2、h3、h4 模块：Input
　　库：Altera DSP Builder 库中的 IO & Bus 子库
　　Bus Type：Signed Integer
　　Number of bits：9

　　yn 模块：Output
　　库：Altera DSP Builder 库中的 IO & Bus 子库
　　Bus Type：Signed Integer
　　Number of bits：20

xn4 模块：Output

库：Altera DSP Builder 库中的 IO & Bus 子库

Bus Type：Signed Integer

Number of bits：9

Parallel Adder Subtractor 模块：Parallel Adder Subtractor

库：Altera DSP Builder 库中的 Arithmetic 子库

Add（+）Sub（−）：++++

Pipeline：选中

Clock Phase Selection：1

Delay、Delay1、Delay2 和 Delay3 模块：Delay

库：Altera DSP Builder 库中的 Storage 子库

Depth：1

Clock Phase Selection：1

Product、Product1、Product2 和 Product3 模块：Product

库：Altera DSP Builder 库中的 Arithmetic 子库

Pipeline：0

Use LPM：不选中

利用直接 I 型 4 阶的 FIR 滤波器节可以方便地构成 $4×n$ 阶的直接 I 型 FIR 滤波器（$h(0)=0$）。这里，利用 4 个 4 阶直接 I 型的 FIR 滤波器来构建一个 16 阶的直接 I 型 FIR 滤波器。

为了设计方便，将上面设计的 4 阶 FIR 滤波器生成一个子系统。双击即可打开生成的子系统。生成的子系统相对于图 5-44 所示的模型只是多了 5 个输入端口和 2 个输出端口，如图 5-45 所示。对端口名进行修改，把子系统更名为 fir4tap，如图 5-46 所示。

在 Simulink 中新建一个模型，设计一个 16 阶的 FIR 滤波器，需要级联 4 个 4 阶 FIR 滤波器，为此需要复制 4 个 fir4tap 子系统，并将它们级联起来。前一级的输出端口 x4 接后一级的 x 输入端口，再添加 16 个常数端口作为 FIR 滤波器系数的输入。把 4 个子系统的输出端口 y 接入一个 4 输入端口的加法器，加法器的输出为 16 阶 FIR 滤波器的输出 yout。

在图 5-47 的 16 阶直接 I 型 FIR 滤波器模型中，新增加模块的参数如下。

xn 模块：Input

库：Altera DSP Builder 库中的 IO & Bus 子库

Bus Type：Signed Integer

Number of bits：9

yout 模块：Output

库：Altera DSP Builder 库中的 IO & Bus 子库

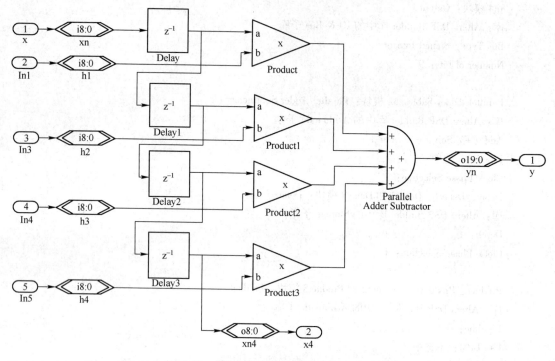

图 5-45   4 阶 FIR 滤波器的子系统内部结构

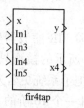

图 5-46   4 阶 FIR 滤波器子系统

Bus Type：Signed Integer

Number of bits：20

x16 模块：Output

库：Altera DSP Builder 库中的 IO & Bus 子库

Bus Type：Signed Integer

Number of bits：9

Parallel Adder Subtractor 模块：Parallel Adder Subtractor

库：Altera DSP Builder 库中的 Arithmetic 子库

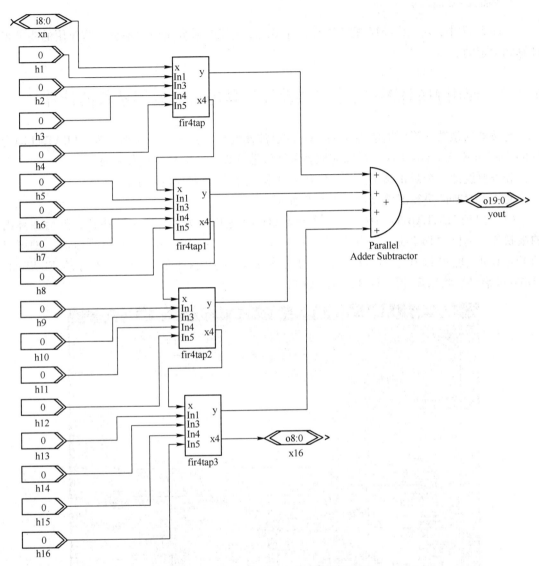

图 5-47　16 阶直接 I 型 FIR 滤波器模型

Add（+）Sub（−）：++++

Pipeline：选中

Clock Phase Selection：1

h1～h16 模块：Constant

库：Altera DSP Builder 库中的 IO & Bus 子库

Bus Type：Signed Integer

Number of bits：9

在图 5-47 中，将 h1～h16 的值都设成了 0，滤波器的系数应该是根据具体应用的要求来计算和确定的。

5.4.3　使用 MATLAB 的滤波器设计工具进行滤波器系数的计算

滤波器的系数计算可以使用 MATLAB 的滤波器设计工具 FDATool 来完成。FDATool 即为 Filter Design & Analysis Tool，可以完成多种滤波器的设计、分析和性能评估。

假设要设计一个截止频率为 10.8 kHz，采样频率为 48 kHz 的低通滤波器。

使用 FDATool 进行滤波器设计的步骤如下。

（1）启动 MATLAB 的 FDATool。单击 MATLAB 窗口下方的"Start"按钮，然后在弹出的级联菜中选择"Toolboxes"→"Filter Design"→"Filter Design & Analysis Tool"，即可启动 FDATool，也可以通过在 MATLAB 的命令窗口中执行 fdatool 命令来启动 FDATool。FDATool 启动后将出现如图 5-48 所示的窗口。

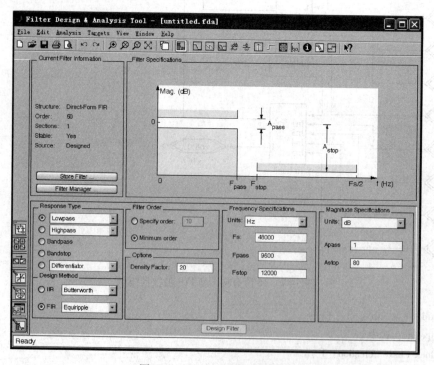

图 5-48　FDATool 的初始界面

（2）滤波器的设计。启动 FDATool 后显示的界面就是滤波器的设计界面，如图 5-48 所示，要从其他界面进入滤波器的设计界面可以单击 FDATool 窗口左下方一列工具按钮中的最末一个图标"Design filter",即可进入滤波器设计界面。

在该界面中进行滤波器的设计。设置 Response Type(响应类型)为 Lowpass(低通),然后设置 Design Method(设计方法)为 FIR(有限冲激响应),在"FIR"下拉列表中选择"Window"(窗口法),设定 Filter Order(滤波器阶数)为 15,在"Window"下拉列表中选择"Kaiser",设定 Beta 值为 0.5,设定 Fs(采样频率)为 48 kHz,设定 Fc(截止频率)为 10.8 kHz。

这里要注意的是,滤波器的阶数是 15 而非 16,这是因为设计的 16 阶 FIR 滤波器的滤波器系数 $h(0)$ 等于 0。从结构上来看,16 阶 FIR 滤波器可以看成一个 15 阶的 FIR 滤波器前面加了一个延时单元。从系统函数来看,其系统函数可以写成

$$H(z) = z^{-1} \sum_{k=0}^{15} b_k z^{-k} \tag{5-3}$$

可看成是,输入延时了一个单元进入了 15 阶的滤波器,或是滤波器的输出再经过一个延时单元。

(3)滤波器设计和性能分析。进行完上面的设置后,单击"Design Filter"按钮(图 5-48 底部正中),FDATool 会根据用户的设置进行滤波器的设计,得到滤波器的系数。在设计完成之后可以对滤波器进行性能的分析,考察其是否满足设计要求。

FDATool 可以进行多种性能分析,这里介绍几种主要的分析。

① 幅频响应。

选择"Analysis"→"Magnitude Response",即启动了幅频响应分析。图 5-49 显示的是滤波器的幅频响应分析结果,横轴为频率,单位为 kHz,纵轴为幅度,单位为 dB。

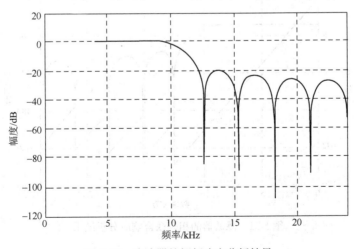

图 5-49　滤波器的幅频响应分析结果

② 相频响应。

选择"Analysis"→"Phase Response",即启动了相频响应分析。图 5-50 显示的是滤波

器的相频响应分析结果。可以看到在通带内，相位的响应是线性的，即该滤波器是一个线性相位滤波器。

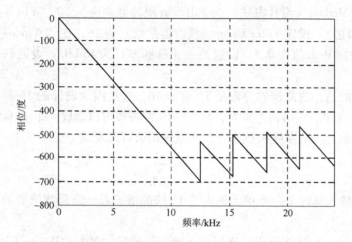

图 5-50　滤波器的相频响应分析结果

③ 相幅联合响应。

通常要对幅度和相位同时考察，进行相幅联合分析。选择"Analysis"→"Magnitude and Phase Response"，即可启动相幅联合分析。图 5-51 显示的是滤波器的相幅联合响应分析结果。

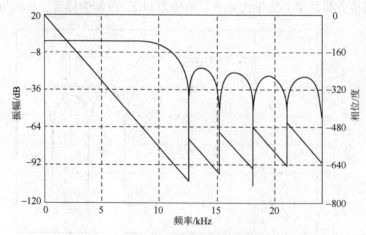

图 5-51　滤波器的相幅联合响应分析结果

④ 冲激响应。

选择"Analysis"→"Impulse Response"，即启动了冲激响应分析。图 5-52 是滤波器的冲激响应分析结果。

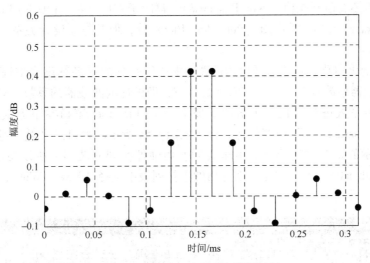

图 5-52　滤波器的冲激响应分析结果

⑤ 滤波器系数。

选择 "Analysis" → "Filter Coefficients"，即可得到滤波器的系数。图 5-53 所示窗口显示的就是滤波器的系数。

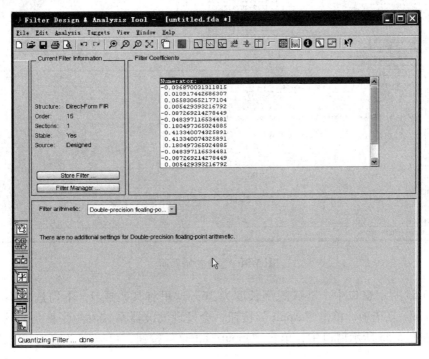

图 5-53　滤波器系数显示窗口

其他的分析还有阶跃响应（Step Response）、群时延响应（Group Delay Response）、相位延迟（Phase Delay）和极/零点图（Pole/Zero Plot）等，但是与本设计关系不大，这里不予赘述。

（4）设置量化参数。滤波器系数的计算追求所能达到的最高精度（取决于计算环境），计算出来的滤波器系数没有考虑到有限字长效应，即设计的滤波器的系数只有 9 位长度，因此必须对滤波器系数进行量化。单击图 5-53 所示的 FDATool 窗口左下方快捷图标栏中的"Set quantization parameters"快捷图标，弹出如图 5-54 所示的窗口。可以看到，"Filter arithmetic"栏中显示的是双精度浮点。由于我们使用硬件实现滤波器，所以要进行定点计算，单击"Filter arithmetic"下拉按钮，在弹出的下拉列表中选择"Fixed Point"，将打开如图 5-55 所示的窗口。

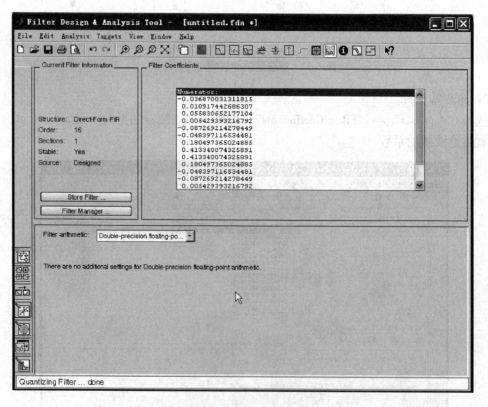

图 5-54　量化初始界面

在图 5-55 所示窗口中，默认的字长度为 16，这里将其改成 9，不勾选"Use unsigned representation"复选项，单击"Apply"按钮，会发现滤波器系数发生了变化，这将导致量化误差。在图 5-55 所示窗口中，单击"Input/Output"按钮，可以定义输入和输出的字长，如图 5-56 所示。

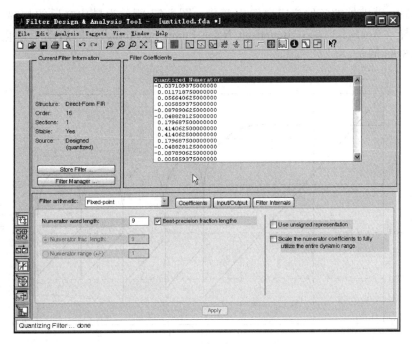

图 5-55　量化之后的滤波器系数

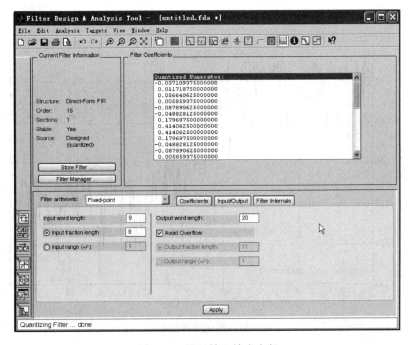

图 5-56　设置输入输出字长

量化之后，滤波器的各种响应会发生变化，图 5-57 所示为量化之后的相幅联合响应分析结果。选择"Analysis"→"Round-off Noise Power Spectrum"，即启动了量化噪声分析，其结果如图 5-58 所示。

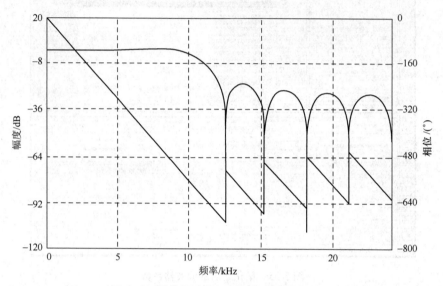

图 5-57　量化之后的相幅联合响应分析结果

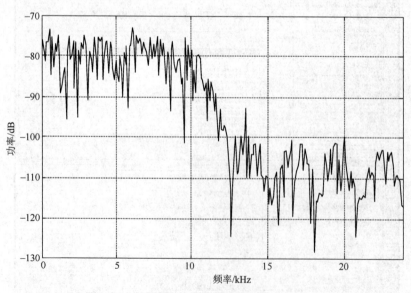

图 5-58　量化噪声功率谱

（5）导出滤波器系数。选择"File"→"Export"，将弹出如图 5-59 所示的对话框。在对话框的"Export To"下拉列表中选择"Workspace"，在"Numerator"文本框中输入"Num"，其他设置不动，单击"OK"按钮。

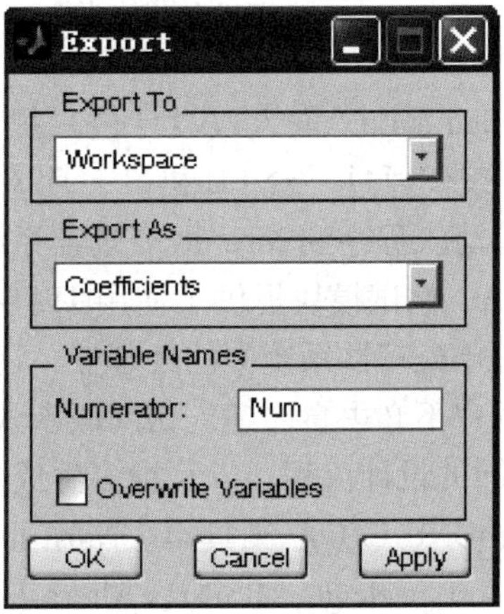

图 5-59　滤波器系数导出窗口

滤波器的系数是小数形式，需要将其变成设计可用的整数。在 MATLAB 的命令窗口中键入：

Num * 2^9

会得到：

```
>>Num * 2^9
ans =
    -19   6   29   3   -45   -25   92   212   212   92   -25   -45   3   29   6   -19
```

（6）修改 16 阶滤波器模型中的滤波器系数。在图 5-47 中的模型文件中，用得到的整数滤波器系数替换原来的滤波器系数。至此，使用模块构建滤波器的工作基本完成，最后使用 Signal Compiler 将滤波器转换成 VHDL 文件，再经过编译、下载，就完成硬件实现了。

第6章 软件设计流程和方法

Nios Ⅱ EDS (embedded design suite, 嵌入式设计包) 提供了一个统一的开发平台, 适用于所有 Nios Ⅱ 处理器系统。仅仅通过一台 PC 机、一片 Altera 的 FPGA, 以及一根 JTAG 下载电缆, 软件开发人员就能够写入程序到 Nios Ⅱ 处理器系统, 以及和 Nios Ⅱ 处理器系统进行通信。Nios Ⅱ 处理器的 JTAG 调试模块提供了使用 JTAG 下载线和 Nios Ⅱ 处理器通信的唯一的、统一的方法。无论是单处理器系统中的处理器, 还是复杂多处理器系统中的处理器, 对其的访问都是相同的。用户不必去自己建立访问嵌入式处理器的接口。

Nios Ⅱ EDS 提供了两种不同的设计流程, 以及很多生成 Nios Ⅱ 程序的软件工具, 包括需要版权和开源的软件工具, 如 GNU C/C++工具集。Nios Ⅱ EDS 为基于 Nios Ⅱ 的系统自动生成了板支持包 (board support package, BSP)。Altera 的 BSP 包括 Altera 硬件抽象层 (hardware abstraction layer, HAL)、可选的 RTOS、设备驱动。BSP 提供了 C/C++运行环境, 使用户避免直接和硬件打交道。

Nios Ⅱ EDS 提供两种开发流程: 第一种开发流程是用户在集成开发环境 Nios Ⅱ 集成开发环境 (IDE) 中完成所有的工作; 第二种开发流程是在命令行和脚本环境中使用 Nios Ⅱ 软件生成工具, 然后将工程导入 IDE 中进行调试。本书介绍使用 Nios Ⅱ IDE 进行软件设计的流程。Nios Ⅱ IDE 基于开放式、可扩展的 Eclipse IDE 工程, 以及 Eclipse C/C++ 开发工具 (CDT) 工程。

本章首先简单介绍 Nios Ⅱ IDE, 然后介绍软件的开发流程、调试, 最后介绍如何使用硬件抽象层系统库 (HAL) 来进行软件的开发。这部分内容的讲解以电子钟的软件开发为例。在第 2 章已经完成了电子钟的硬件设计, 本章针对该硬件设计进行软件的开发。

6.1 Nios Ⅱ IDE 简介

Nios Ⅱ IDE 是 Nios Ⅱ 系列嵌入式处理器的基本软件开发工具。所有软件开发任务都可以在 Nios Ⅱ IDE 下完成, 包括编辑、编译和调试程序。Nios Ⅱ IDE 为软件开发提供了以下 4 个主要的功能。

◇ 工程管理器。
◇ 编辑器和编译器。
◇ 调试器。
◇ 闪存编程器。

6.1.1　工程管理器

Nios Ⅱ IDE 提供了多个工程管理任务，加快了嵌入式应用程序的开发进度。

1. 新工程向导

Nios Ⅱ IDE 推出了一个新工程向导，用于自动建立 C/C++应用程序工程和系统库工程。采用新工程向导，能够轻松地在 Nios Ⅱ IDE 中创建新工程，如图 6-1 所示。

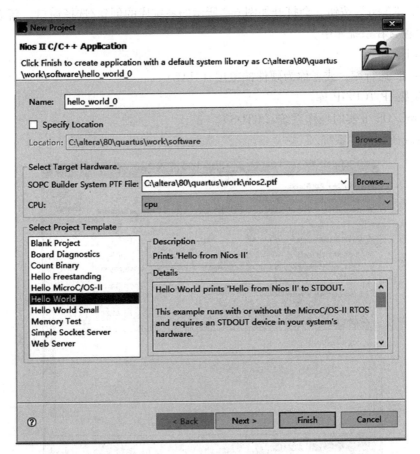

图 6-1　Nios Ⅱ IDE 新工程向导

2. 软件工程模板

除了新工程向导，Nios Ⅱ IDE 还以工程模板的形式提供了软件代码实例，帮助软件工程师尽可能快速地推出可运行的系统。

每个模板包括一系列软件文件和工程设置。通过覆盖工程目录下的代码或者导入工程文件的方式，开发人员能够将他们自己的源代码添加到工程中。图 6-1 所示窗口的下半部分分别是可选用的模板和模板的介绍。

3. 软件组件

Nios Ⅱ IDE 使开发人员通过使用软件组件能够快速地定制系统。软件组件（或者称为"系统软件"）为开发人员提供了一个简单的方式来轻松地为特定目标硬件配置系统。在图 6-1 中单击"Next"按钮，会打开如图 6-2 所示的系统库的创建/选择窗口，新建工程用到的组件都会包含在系统库中。

组件如下。

◇ Nios Ⅱ 运行库，或者称为硬件抽象层（HAL）。

◇ 轻量级 IP TCP/IP 库。

◇ MicroC/OS-Ⅱ实时操作系统（RTOS）。

◇ Altera 压缩文件系统。

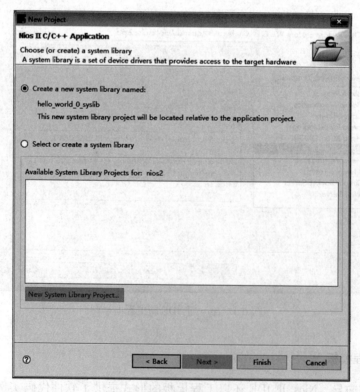

图 6-2　系统库创建/选择窗口

6.1.2 编辑器和编译器

Altera 的 Nios Ⅱ IDE 提供了一个全功能源文件编辑器和 C/C++编译器，主要包括下面的几部分。

1. 文本编辑器

Nios Ⅱ IDE 文本编辑器是一个成熟的全功能源文件编辑器，其功能包括：语法高亮显示 C/C++，代码辅助/代码协助完成，全面的搜索工具，文件管理，广泛的在线帮助主题和教程，引入辅助，快速定位，自动纠错，内置调试功能，如图 6-3 所示。

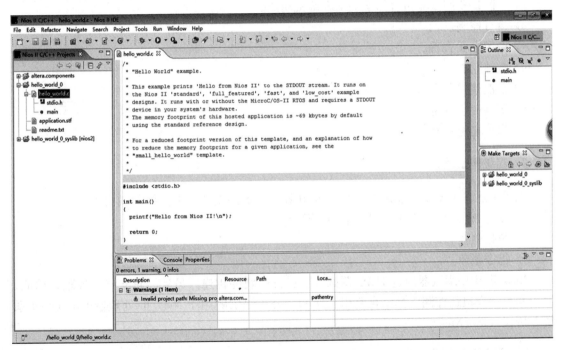

图 6-3　Nios Ⅱ IDE 文本编辑窗口

2. C/C++编译器

Nios Ⅱ IDE 为 GCC 编译器提供了一个图形化用户界面。Nios Ⅱ IDE 使设计 Altera 的 Nios Ⅱ 处理器软件更容易实现，它提供了一个易用的按钮式流程，同时允许开发人员手工设置高级编译选项。

Nios Ⅱ IDE 自动生成了一个基于用户特定系统硬件配置（SOPC Builder 生成的 PTF 文

件）的 makefile。Nios Ⅱ IDE 中编译/链接设置的任何改变都会自动映射到这个自动生成的 makefile 中。这些设置可包括生成存储器初始化文件（MIF）、闪存内容、仿真器初始化文件（DAT/HEX）及概况（profile）文件的相关选项。

6.1.3 调试器

Nios Ⅱ IDE 包含一个强大的、基于 GNU 调试器的软件调试器——GDB。该调试器提供了许多基本调试功能，以及一些在低成本处理器开发套件中不会经常用到的高级调试功能。

1. 基本调试功能

Nios Ⅱ IDE 调试器包含如下的基本调试功能。
◇ 运行控制。
◇ 调用堆栈查看。
◇ 软件断点。
◇ 反汇编代码查看。
◇ 调试信息查看。
◇ 指令集仿真器。

2. 高级调试功能

除了上述基本调试功能之外，Nios Ⅱ IDE 调试器还支持以下高级调试功能。
◇ 硬件断点调试 ROM 或闪存中的代码。
◇ 数据触发。
◇ 指令跟踪。
Nios Ⅱ IDE 调试器通过 JTAG 调试模块和目标硬件相连。另外，它支持片外跟踪功能，便于和第三方跟踪探测工具结合使用，如 FS2 公司提供的用于 Nios Ⅱ 处理器的 in-target 系统分析仪（ISA-Nios）。

3. 调试信息查看功能

调试信息查看功能使用户可以访问本地变量、寄存器、存储器、断点，以及表达式赋值函数。

4. 连接目标

Nios Ⅱ IDE 调试器能够连接多种目标。表 6-1 列出了 Nios Ⅱ IDE 中可用的目标连接。

表 6-1　Nios Ⅱ IDE 中可用的目标连接

目标连接	说　　明
硬件（通过 JTAG）	连接至 Altera 的 FPGA 开发板，如 Nios Ⅱ 开发套件或其他 Altera 及其合作伙伴提供的套件中的开发板
指令集仿真器	Nios Ⅱ 指令集架构的软件例化；用于硬件平台（如 FPGA 电路板）未搭建好时的系统开发
硬件逻辑仿真器	连接至 ModelSim HDL 仿真器；用于验证用户创建的外设

6.1.4　闪存编程器

许多使用 Nios Ⅱ 处理器的设计都在单板上采用了闪存。闪存可以用来存储 FPGA 配置数据和/或 Nios Ⅱ 编程数据。Nios Ⅱ IDE 提供了一个方便的闪存编程方法。任何连接到 FPGA 兼容通用闪存接口（CFI）的闪存器件都可以通过 Nios Ⅱ IDE 闪存编程器来烧写。除 CFI 闪存之外，Nios Ⅱ IDE 闪存编程器能够对连接到 FPGA 上的任何 Altera 串行配置器件进行编程。

闪存编程器可管理多种数据。表 6-2 显示了可编程到闪存的通用内容类型。

表 6-2　可编程到闪存的通用内容类型

内容类型	说　　明
系统固定软件	烧写到闪存中的软件，用于 Nios Ⅱ 处理器复位时从闪存中导入启动程序
FPGA 配置	如果使用一个配置控制器（如用在 Nios 开发板中的配置控制器），则 FPGA 能够在上电复位时从闪存获取配置数据
任意二进制数据	开发人员想存储到闪存内的任何二进制数据，如图形、音频等

Nios Ⅱ IDE 闪存编程器具有易用的接口。Nios Ⅱ IDE 闪存编程器已做了预先配置，能够用于 Nios Ⅱ 开发套件中的所有单板，而且能够轻易地引入用户硬件中。

除了 IDE 中的这些工具之外，Nios Ⅱ EDS 还包括如下的部分。

◇ GNU 工具系列：Nios Ⅱ 编译器工具基于标准的 GNU gcc 编译器、汇编器、连接器和 make 工具。

◇ 指令集仿真器：Nios Ⅱ 指令集仿真器（ISS）使用户在目标硬件准备好之前就能开发程序。Nios Ⅱ IDE 使用户可以基于 ISS 运行开发程序，就如同在真正的目标硬件上运行一样简单。

◇ 设计实例：Nios Ⅱ IDE 提供了软件实例和硬件设计来展示 Nios Ⅱ 处理器和开发环境所具有的卓越性能。

6.2　软件开发流程

6.2.1　Nios Ⅱ 程序的构成

在介绍软件开发之前先了解 Nios Ⅱ 程序的构成。每个 Nios Ⅱ 程序都包括一个应用工程、可选的库工程和一个板支持包工程。用户将 Nios Ⅱ 程序编译成一个能在 Nios Ⅱ 处理器上运行的可执行和链接的格式文件（executable and linked format file——. elf）。下面介绍组成 Nios Ⅱ 程序的各个部分。

1. 应用工程

Nios Ⅱ C/C++ 应用工程包括组成一个可执行的. elf 文件的源代码的集合。应用工程一个典型的应用特征是一个源文件包含 main( ) 函数——主函数。应用工程包括 Libraries 和 BSP 中被调用的函数的源代码。

2. 库工程

库工程是一个库文件（.a）中的源代码的集合。库文件中通常包含可重用的、可通用的函数，这些函数可被多个应用工程所共享，比如数学函数库。库工程没有 main( ) 函数。

3. BSP 工程

Nios Ⅱ BSP 工程是包含特定系统支持代码的特殊的库。BSP 为 SOPC Builder 系统的处理器提供定制的软件运行环境。Nios Ⅱ EDS 提供相应的工具可以修改设置以控制 BSP 的行为。在 Nios Ⅱ IDE 和 Nios Ⅱ IDE 开发流程文档中，使用 system library 来指代 BSP。

BSP 包括如下的组成部分。

◇ 硬件抽象层。

◇ Newlib C 标准库。

◇ 设备驱动。

◇ 可选的软件包。

◇ 可选的实时操作系统 。

下面介绍这些组成部分。

（1）硬件抽象层（HAL）。HAL 提供一个非线程的、类似 UNIX 的 C/C++ 运行环境。HAL 可以提供通用的 I/O 设备，允许用户用 Newlib C 标准库的函数编程来访问硬件，如

printf( )。使用 HAL 可以尽量避免通过直接访问硬件的寄存器来控制外设和与外设通信。

（2）Newlib C 标准库。Newlib 是为了嵌入式系统的应用，而对 C 的标准库进行精简的开源实现，包括一些常用的函数的集合，如 printf( )、malloc( ) 和 open( ) 等。

（3）设备驱动。每个设备驱动管理一个硬件设备。HAL 为 SOPC Builder 系统中的每一个需要驱动程序的设备实例化一个驱动程序。在 Nios Ⅱ 软件开发环境中，设备驱动具有如下属性。

◇ 一个设备驱动是和一个特定的 SOPC Builder 设备相关联的。

◇ 驱动程序有一些设置可以影响驱动程序的编译，这些设置包含在 BSP 的设置中。

（4）可选的软件包。软件包是用户可以选择加入到 BSP 工程中的用于提供附加功能的源代码。比如 Nios Ⅱ 版本的 Nich Stack® TCP/IP 协议栈。Nios Ⅱ IDE 和 Nios Ⅱ IDE 设计流程文档使用软件组件来指代软件包。

在 Nios Ⅱ 软件开发环境中，软件包具有如下典型特性。

◇ 软件包和特定的硬件没有关联。

◇ 软件包有一些设置会影响它的编译，这些设置包含在 BSP 的设置中。

在 Nios Ⅱ 软件开发环境中，软件包和库工程是不同的，软件包是 BSP 工程的一部分，不是一个单独的库工程。

（5）可选的实时操作系统。Nios Ⅱ EDS 包含第三方的 μC/OS-Ⅱ 实时操作系统，用户可以选择加入到 BSP 中。μC/OS-Ⅱ基于 HAL，实现了一个简单的调度程序。用户可以修改设置，这些设置也包含在 BSP 设置中。其他的操作系统可从第三方的软件厂商获得。

6.2.2　Nios Ⅱ IDE 软件开发步骤

在 Nios Ⅱ IDE 开发流程中，用户使用 Nios Ⅱ IDE 图形用户界面来创建、修改、编译、运行和调试 Nios Ⅱ 程序。IDE 创建和管理用户的 makefile。如果用户对编译进程和工程设置干预比较少，而且不需要定制的脚本，采用这种流程比较好。

Nios Ⅱ IDE 是基于流行的 Eclipse IDE 框架及 Eclipse C/C++ 开发工具（CDT）的插件。Nios Ⅱ IDE 在后台运行其他的工具，对用户屏蔽了底层工具的细节，提供了一个统一的开发环境。

借助工程的创建和配置向导，Nios Ⅱ IDE 使用起来很容易，尤其是对 Nios Ⅱ 的初学者帮助很大。Altera 公司提供了适用于 Windows 和 Linux 操作系统的 Nios Ⅱ IDE。

下面以电子钟的软件开发为例，介绍软件开发的步骤。

1. 新建 IDE 管理的工程

Nios Ⅱ IDE 提供了新工程的向导，指导用户创建 IDE 管理的工程。启动 Nios Ⅱ IDE，出现 Nios Ⅱ C/C++的窗口。首先创建 Nios Ⅱ C/C++应用工程，选择 “File” → “New” →

"Nios Ⅱ C/C++ Application"，启动创建 Nios Ⅱ C/C++ 应用工程的向导，如图 6-4 所示。

单击图 6-4 中的 "Nios Ⅱ C/C++ Application" 之后将弹出如图 6-5 所示的对话框，在该对话框中，用户需要做如下工作。

◇ 为新的 Nios Ⅱ 工程命名——这里 Nios Ⅱ 的工程名为 "digi _ clock"。

◇ 选择目标硬件——选择电子钟的硬件系统的 PTF 文件，IDE 根据该文件来建立系统库。

◇ 选择新工程的模板——这里选择 "Blank Project"。

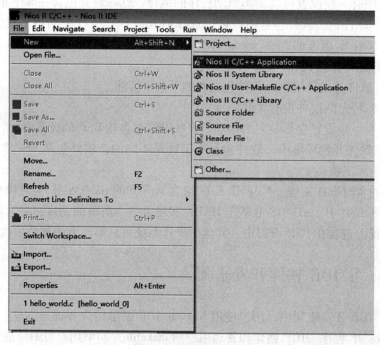

图 6-4　新建工程向导

工程的模板是现成的，用来向用户展示怎样来构造自己的 Nios Ⅱ 工程。在图 6-5 中单击 "Next" 按钮进入如图 6-6 所示的对话框，在该对话框中，用户可以选择是新建一个新的系统库，还是利用已有的系统库，默认的配置是新建一个系统库。如果在图 6-5 中直接单击 "Finish" 按钮，则默认选择新建一个系统库。

在图 6-6 中单击 "Finish" 按钮之后，Nios Ⅱ IDE 就成功创建了新的工程，IDE 也创建了系统库工程 * _ syslib。这些工程将出现在 IDE 工作台的 Nios Ⅱ C/C++ 工程视图中。如图 6-7 所示，digi _clock 为 C/C++ 工程，digi _ clock _ syslib[nios2] 为系统库工程。

在图 6-5 中，选择的模板是 "Blank Project"，该模板在 digi _ clock 工程中，没有 C 的源程序。如果选择了一个特定的模板，且该模板在工程中有一个 C 的源程序，那么该程序是该工程的主程序，用户可以根据需要在这个主程序的基础上进行补充和修改。在本例中用户要自己来

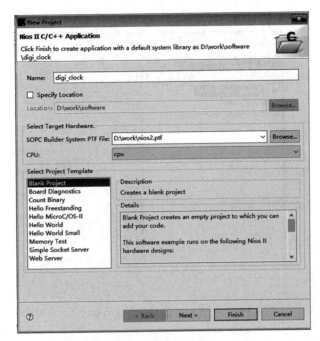

图 6-5　Nios Ⅱ C/C++ 应用新工程向导

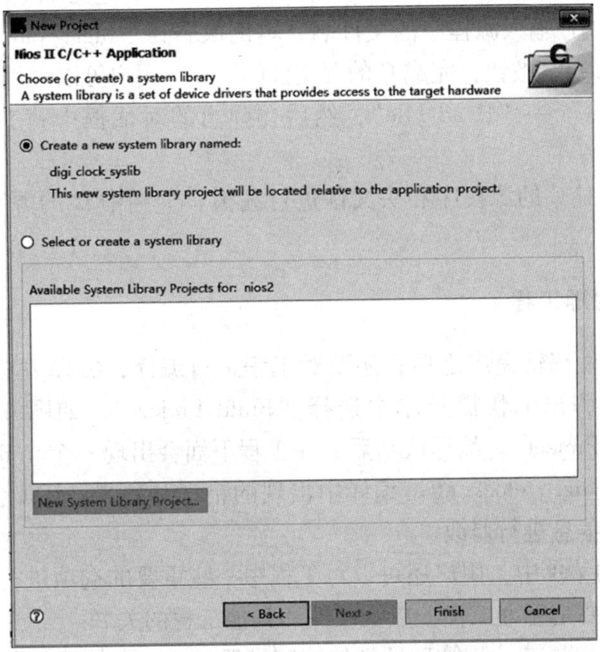

图 6-6　系统库的创建和选择

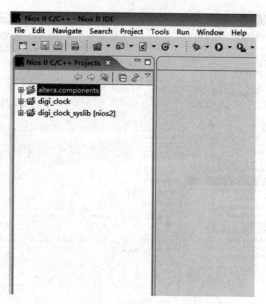

图 6-7 完成新建工程向导的窗口

建立 C 的源文件，首先选中"digi_clock"，然后右击，选择"New"→"Source File"，如图 6-8所示，也可以选择"File"→"New"→"Source File"；进行如上的操作会出现如图 6-9 所示的对话框，提示用户输入源程序的文件名，本例取名为"digi_clock.c"，注意一定要加上后缀名，单击"Finish"按钮，完成 C 的源文件的建立。用户可以采用类似的步骤来建立头文件，最后选择"New"→"Head File"，然后在弹出的对话框中将头文件命名为"digi_clock.h"即可。

接下来，便可以对 C 的源程序和头文件进行编辑。本例中 C 的源程序比较长，其内容见附录 A。

2. 编译工程和管理工程

对源程序和头文件编辑完成之后，还要对工程进行编译，编译方法如下：右击"digi_clock"工程，然后在弹出的快捷菜单中选择"Build Project"，如图 6-10 所示，或者选择"Project"→"Build Project"。编译成功后，在工程下面会出现一个"Binaries"目录，其中有一个可执行的文件 digi_clock.elf。编译中出现的错误和警告，IDE 会在窗口中给出，用户可根据系统提供的信息进行修改。

在图 6-10 所示的菜单中，用户还可以对工程中一些重要的选项进行设置。

Properties——主要是管理工程，以及硬件和其他工程的关联。

System Library Properties——管理硬件的特定设置，比如存储器的分配。

Run As——决定程序是在硬件上运行，还是在指令仿真器环境下运行。

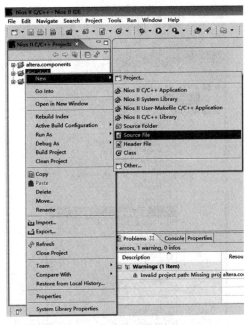

图 6-8　新建 C 的源程序

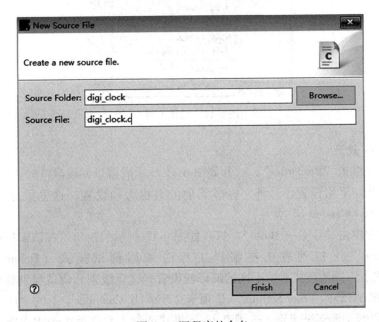

图 6-9　源程序的命名

Debug As——决定是在硬件上调试程序，还是在指令仿真器环境下调试程序。

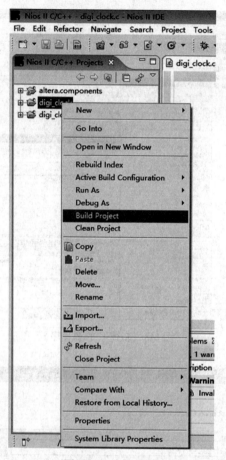

图 6-10　编译工程

1) Properties 设置

在图 6-10 中单击"Properties",打开如图 6-11 所示的窗口,该窗口的"Info"页显示该工程的一些信息,不用设置。另外,好多其他的页也无须设置,这里重点介绍"C/C++ Build"页、"C/C++ Indexer"页。

在图 6-11 中单击"C/C++ Build",打开如图 6-12 所示的窗口。在该窗口中,用户可通过"Configuration"下拉列表选择编译工程时采用调试模式(Debug)还是发布(Release)模式。不同的模式对应不同的编译器设置,优化级别和调试级别都可能不同。用户也可以利用图 6-12 中"Tool Settings"选项卡"Nios Ⅱ Compiler"下的"General"栏来设置编译器的优化级别和调试级别。选用 Release 模式能很大程度地减小程序空间并提高程序的执行性能。

在图 6-11 中单击"C/C++ Indexer",打开如图 6-13 所示的窗口。在该窗口中,用户可

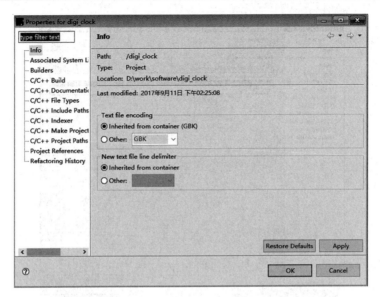

图 6-11　digi _ clock 工程的属性设置窗口

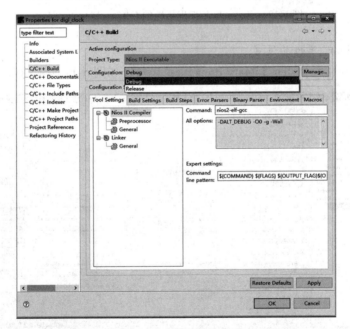

图 6-12　digi _ clock 工程属性的 C/C++ Build 页

以在 "Available indexers" 下拉列表中选择可用的检索器，这里有三个选项：第一个选项是
No Indexer；第二个选项是 Fast C/C++ Indexer；第三个是 Full C/C++ Indexer。借助于检索
器，用户可以方便地找到程序文件中的相关信息。

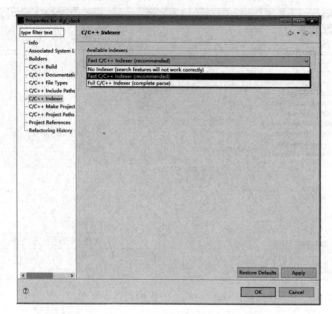

图 6-13　digi_clock 工程属性的 C/C++ Indexer 页

2）System Library 属性的设置

在图 6-10 中单击 "System Library Properties"，打开如图 6-14 所示的窗口。

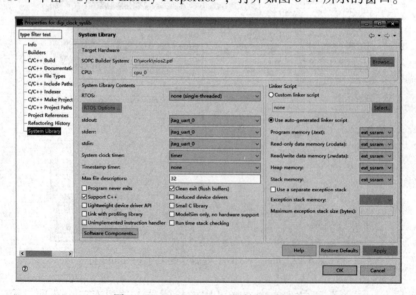

图 6-14　System Library 属性设置窗口

在图 6-14 中可以进行的设置如下。

RTOS——指定是否使用操作系统。

RTOS Options——如果选择使用 RTOS 操作系统，则该按钮变为可用。

stdout、stderr、stdin——选择 Nios Ⅱ 系统的标准输出、标准错误、标准输入设备。采用标准输出、标准输入和标准错误函数是控制上述 I/O 设备最简单的方法。在"stdout""stdin"下拉列表中选择"Null"，即选择不使用标准输出/输入设备，可以节省程序空间。

System clock timer——选择系统时钟驱动所用的定时器（在 SOPC Builder 中定义）。当使用 μC/OS - Ⅱ 操作系统时，必须在系统中定义一个定时器，并在此处指定。

Timestamp timer——选择时间戳驱动（timestamp driver）所用的定时器。Timestamp timer 和 System clock timer 不能使用同一个定时器。

Max file descriptors——用于指定能够被字符设备和文件子系统打开访问的最大文件数。默认值为 32，使用一个较小的数值可以节省程序空间。

Program never exits——当勾选此复选项时，系统库将省略 exit( )，这样可以减少那些不从主函数返回的程序对存储器的使用。

Clean exit（flush buffers）——当勾选此复选项时，系统库在 main( ) 返回时调用 exit( )，首先清空 I/O 的缓冲区，然后调用_ exit( )。当撤选该复选项时，系统库仅调用 exit( )，能节省程序空间。对于嵌入式系统来说，一般都不从 main( ) 返回，所以不用勾选该复选项。

Support C++——勾选此复选项则编译器支持 C++语言。

Reduced device drivers——勾选此复选项，编译器将为所有设备使用精简的设备驱动版本，这能减小程序的存储空间，但是是以损失性能为代价的。

Lightweight device driver API——轻量级的设备驱动程序 API 使得用户能够最小化访问设备驱动程序所需的开销。勾选此复选项对驱动程序的大小没有直接影响，但是可以去掉一些不需要的驱动程序的 API 特性，从而减少 HAL 代码的整体大小。

Small C library——勾选此复选项，系统库将使用精简的 Newlib ANSI C 标准库。特别地，Printf 系列函数（printf( )、fprintf( )、sprintf( ) 等）将不支持浮点型。精简的 Newlib ANSI C 标准库能很大程度地节省程序空间。

Link with profiling library——勾选此复选项，编译系统将连接到概况库（profiling library）以收集函数调用其他函数的情况和耗费的时间。概况信息（profiling information）存储在<工程文件夹>/<build configuration directory>/gmon. out 文件中。该文件必须在从 main ( ) 返回时才能创建，如果终止了 run/debug，所有的概况信息都将丢失。可以通过 nios2-elf-gprof 命令来读取和显示 gmon. out 文件中的信息。

ModelSim only, no hardware support——只有在对 Nios Ⅱ 系统进行 ModelSim 的 RTL 级仿真时才勾选此复选项。

Run time stack checking——只有在使用 HAL 运行环境时才能使用。勾选此复选项，在分配堆栈存储空间时，编译器插入用于测试堆栈溢出的函数。如果堆栈指针的分配结果超出堆栈限制，暂停指令执行。

Software Components——单击该按钮将出现一些可以选用的软件组件列表，这些软件组件可以被编译到软件库中去。软件组件包括：Lightweight TCP/IP Stack、Host Based File System、Zip Read-Only File System。这些组件的详细信息请参考 Altera 的相关文档。

Custom linker script——当选中此单选项时，用户必须创建和管理自己的链接，IDE 建议用户不使用此种方式，而使用自动链接。

Use auto-generated linker script——选中此单选项时，Nios Ⅱ IDE 将自动创建并管理链接，这足够满足系统的编译要求。当选择此种方式时，用户必须指定下列选项。

◇ Program memory（.text）——指定可执行代码驻留的物理存储器，即程序运行的空间。

◇ Read-only data memory（.rodata）——指定只读数据驻留的物理存储器。

◇ Read/write data memory（.rwdata）——指定可读/写数据驻留的物理存储器。

◇ Heap memory——指定堆（heap）驻留的物理存储器，用于存储全局变量等。

◇ Stack memory——指定栈（stack）驻留的物理存储器，用于存储局部变量等。

◇ Use a separate exception stack——勾选此复选项，异常堆栈将驻留在一个单独的物理存储器中。将异常堆栈放置在一个快速的存储空间能够提高异常处理的速度。

◇ Exception stack memory——指定异常堆栈驻留的物理存储器。

◇ Maximum exception stack size（bytes）——指定异常堆栈的最大存储空间。

6.3　调试/运行程序

调试/运行程序之前要把嵌入式系统的硬件系统下载到 FPGA 中。

程序的调试可以发生在下面的环境。

◇ Nios Ⅱ Hardware——Nios Ⅱ 硬件。

◇ Nios Ⅱ Instruction Set Simulator——Nios Ⅱ 指令集仿真器。

Nios Ⅱ 程序的运行可以发生在下面的环境。

◇ Nios Ⅱ Hardware——Nios Ⅱ 硬件。

◇ Nios Ⅱ Instruction Set Simulator——Nios Ⅱ 指令集仿真器。

◇ Nios Ⅱ ModelSim——在 ModelSim 软件环境下运行。

想要在哪个环境下调试和运行，只要右击 Nios Ⅱ 工程，然后在弹出的快捷菜单中选择"Debug As"/"Run As"，再选择相应的环境，如图 6-15 和图 6-16 所示，还可以通过选择"Run"→"Debug As"/"Run As"来实现同样的功能。

6.3.1　调试/运行环境设置

但是在调试/运行程序之前，必须先对上述的调试/运行环境进行设置。方法是，选择"Run"→"Debug"/"Run"。如果选择"Run"→"Debug"，将弹出如图 6-17 所示的窗

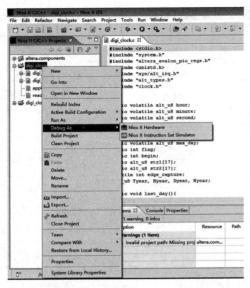

图 6-15　程序调试环境的选择

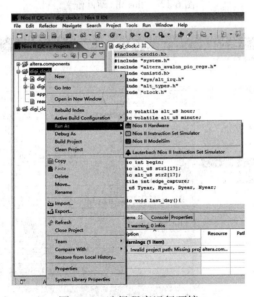

图 6-16　选择程序运行环境

口，在该对话框中，选中"Nios Ⅱ Hardware"，双击快捷图标"New launch configuration"，就新建了一个硬件调试配置。若要建立一个 Nios Ⅱ 指令集仿真器，可采用同样的步骤。

对调试环境的设置主要是对 Target Connection 和 Debugger 进行配置。在图 6-17 中，配置的首页是"Main"标签页，用户一般不用修改。单击"Target Connection"标签，打开如图 6-18 所示窗口。在该窗口中有如下设置栏。

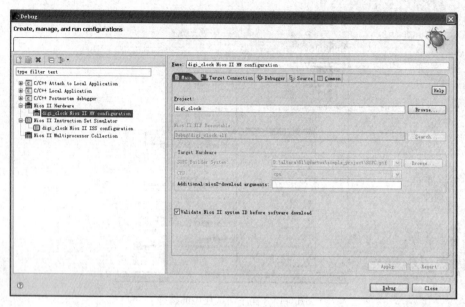

图 6-17   Nios Ⅱ 硬件配置

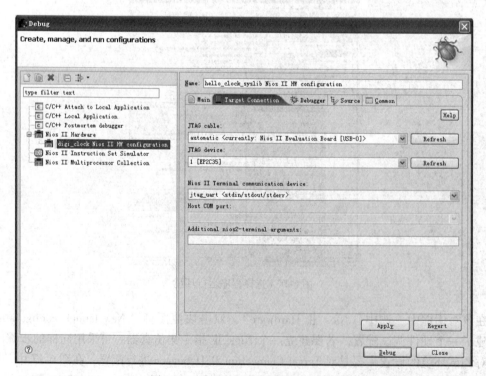

图 6-18   "Target Connection" 标签页

◇ JTAG cable——进行 JTAG 下载线的选择。当只有一个下载线时，会自动选择，无须设置；当有多个下载线时，需用户手动进行选择。

◇ JTAG device——进行连接在 JTAG 链上的 FPGA 器件的选择，本例只有一个器件，用户不用选择。当具有多个器件时，用户必须手动进行选择。

◇ Nios Ⅱ Terminal communication device——进行 Nios Ⅱ 系统终端通信设备的选择，本例选择 jtag _ uart。

单击"Debugger"标签，进入调试器标签页，如图 6-19 所示。在该窗口中有如下设置栏。

◇ Download and Reset 设置——决定 IDE 是否下载代码到目标器件和复位器件。这些设置对运行和调试任务都适用。

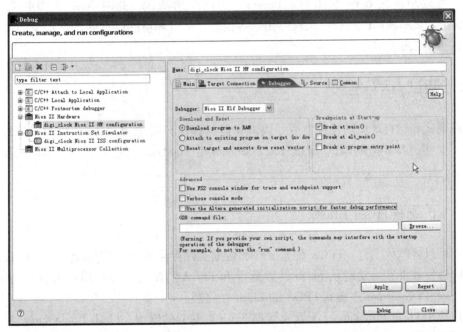

图 6-19 "Debugger"标签页

◇ Download program to RAM——在调试任务开始时下载可执行文件（.elf）到 RAM。

◇ Attach to existing program on target（no download）——将调试器和控制台附加到硬件中已有的一个程序后面。

◇ Reset target and execute from reset vector（no download）——允许用户复位目标器件，将调试器和控制台附加到一个在硬件中执行的进程后面，在复位向量处暂停调试任务。

◇ Breakpoints at Start-up 设置——决定调试器在调试任务起始的哪个位置挂起调试任

务，如果没有复选项被选中，则调试任务会一直执行直到遇到用户插入的断点。

◇ Break at main( ) ——导致调试器在 main( ) 处暂停，这相当于在 main( ) 的第一条指令处插入一个断点。

◇ Break at alt _ main( ) ——导致调试器在 alt _ main( ) 处暂停，这相当于在 alt _ main ( ) 的第一条指令处插入一个断点。当调试独立的 Nios Ⅱ C/C++ 应用工程时使用这个设置。

◇ Break at program entry point——导致调试器在程序的入口处暂停，这相当于在程序的入口处插入一个断点，通常是在_ start( ) 处。

◇ Advanced 设置——提供一些非标准的 Nios Ⅱ IDE 调试流程的特性，这里不做赘述了。

"Source" 和 "Common" 标签页用户无须做任何设置，采用默认配置即可。完成上述设置后用户可以单击图 6-19 下部的 "Debug" 按钮开始调试，此时 Nios Ⅱ IDE 会切换到 Debug 视窗，显示调试的进程、出现的错误等信息。运行环境的设置同调试环境的设置基本相同，这里不做说明了。

6.3.2　调试/运行程序

完成调试和运行环境的设置之后，调试和运行程序只需选择 "Run" → "Debug As" / "Run As"，再选择相应的调试/运行环境，如 Nios Ⅱ Hardware。控制台会显示调试和运行程序的信息。

6.3.3　下载程序到 Flash

用户可以将软件文件、FPGA 配置文件和数据文件存储到 Flash 存储器中。对 Flash 存储器编程能够使硬件在启动时从 Flash 装载软件和 FPGA 的配置文件。用户可以使用 Nios Ⅱ IDE 的 Flash Programmer 连接到 FPGA 的 Flash 存储器。

用户使用 Flash Programmer 配置来管理 Flash 存储器的编程。Flash Programmer 配置是影响特定的目标硬件的 Flash 编程进程的一组设置。用户可以创建多个 Flash Programmer 配置，每一个都有自己的编程参数。用户也可以建立一个 Flash Programmer 配置来进行对文件的组合编程，这样可允许用户一次编程两个或三个文件。

打开 Flash Programmer，创建 Flash Programmer 配置。

（1）选择 "Tools" → "Flash Programmer"，打开 "Flash Programmer" 窗口，如图 6-20 所示。

（2）在左侧配置列表中右击 "Flash Programmer"，然后在弹出的快捷菜单中选择 "New"，此时将打开一个新的 Flash Programmer 配置窗口。

（3）在 "Name" 文本框中为该配置输入一个唯一的、有意义的名字，如图 6-21 所示。

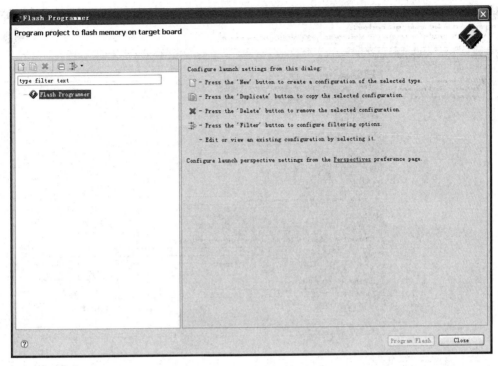

图 6-20　"Flash Programmer" 窗口

指定要编程到 Flash 存储器的文件。

（1）在左侧配置列表中，单击一个 Flash Programmer 配置项。

（2）单击"Main"标签。

如果要将可执行文件编程到 Flash 存储器，采用如下的步骤，如图 6-21 所示。

① 勾选"Program software project into flash memory"复选项。

② 在"Project"框中指定工程。Flash Programmer 会自动找到用户工程的 Nios Ⅱ ELF Executable 和目标硬件。

如果用户不将可执行文件编程到 Flash 存储器，采取如下的步骤。

① 勾选"Program software project into flash memory"复选项。

② 删除"Project"文本框中的内容。

③ 若不勾选"Program software into flash memory"复选项，则"SOPC Builder System"列表和右侧按钮可操作。

④ 利用"SOPC Builder System"列表右侧按钮指定目标硬件文件。

如果要将 FPGA 配置编程到 Flash 存储器，采取如下的步骤。

① 勾选"Program FPGA configuration data into hardware-image region of flash memory"复

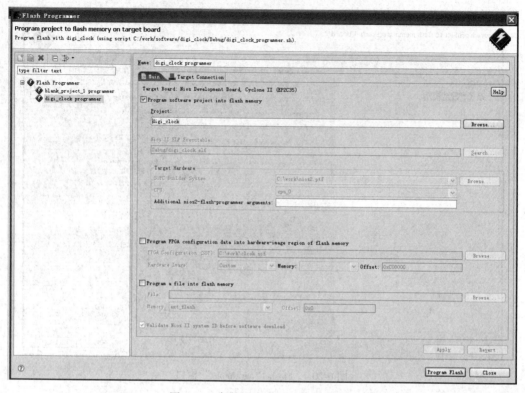

图 6-21　命名 Flash Programmer 配置

选项。

② 在 "FPGA Configuration（SOF）" 框中指定数据文件。

③ 在 "Hardware Image" 列表中，选择 FPGA 配置位置。

④ 在 "Memory" 列表中，选择 Flash 存储器设备。

⑤ 在 "Offset" 文本框中，输入 Flash 存储器设备中的配置文件起始位置的偏移量。

如果用户要将数据文件编程到 Flash 存储器，采用如下的步骤。

① 勾选 "Program a file into flash memory" 复选项。

② 在 "File" 框中指定要编程到 Flash 的文件。

③ 在 "Memory" 列表中，选择 Flash 存储器设备。

④ 在 "Offset" 文本框中，输入数据文件在 Flash 存储器设备中起始位置的偏移量。

指定编程的电缆和目标 Flash 存储器设备。

（1）在左侧配置列表中，单击一个 Flash Programmer 配置项。

（2）单击 "Target Connection" 标签。

（3）在 "JTAG cable" 列表中，选择连接到目标板的 JTAG 电缆。

（4）在"JTAG device"列表中，选择要编程的 Nios Ⅱ 系统。

对目标板上的 Flash 存储器进行编程。

（1）在左侧的配置列表中，单击一个 Flash Programmer 配置项。"Main" 和 "Target Connection" 标签页上的设置必须是合法的。

（2）单击右下角的 "Program Flash" 按钮，开始对 Flash 编程。Flash 的编程过程需要几分钟，具体的时间取决于下载数据的大小。

如果用户的工程不是最新的，在将工程编程到 Flash 存储器之前，Nios Ⅱ IDE 会自动地编译用户的工程。用户也可以关闭自动编译，选择 "Window" → "Preferences" → "Run/Debug" → "Launching"，在弹出的对话框中撤选 "Build（if required）before launching" 复选项。

如果需要的话，Flash Programmer 可自动地在编程数据之前添加上 boot-loader 代码。

6.4　硬件抽象层库

6.4.1　HAL 简介

硬件抽象层 HAL 是轻量级（lightweight）的运行环境，提供了简单的设备驱动程序接口。应用程序使用设备驱动程序接口同底层硬件之间进行通信。HAL 应用程序接口（application programming interface，API）同 ANSI C 标准库结合在一起。HAL API 使用户可以使用熟悉的 C 语言的库函数来访问硬件设备或文件，如 printf（）、fopen（）、fwrite（）等函数。

HAL 作为 Nios Ⅱ 处理器系统的设备驱动程序软件包，为系统中的外设提供了相匹配的接口。SOPC Builder 和 Nios Ⅱ 软件开发工具之间的紧密集成，使特定硬件系统的 HAL 可以自动产生。当 SOPC Builder 产生了硬件系统，Nios Ⅱ IDE 或者 Nios Ⅱ 软件生成工具可以生成和硬件配置相匹配的定制的 HAL 系统库或者板支持包（BSP）。如果在底层硬件上做了改动，则 HAL 设备驱动配置会自动更新，避免了因底层硬件的改动而产生 Bug 的可能。

HAL 设备驱动抽象使应用程序和驱动程序之间有很明显的区别。驱动抽象促进了应用程序代码的可重用性，应用程序和底层硬件的通信依靠统一的接口函数，底层硬件的改动对应用程序的代码没有影响。而且，HAL 标准使和已有外设相匹配的新外设的驱动程序编写起来更加简单。

在用户使用 Nios Ⅱ IDE 创建新工程的时候，同时也创建了 HAL 系统库。用户不必创建或复制 HAL 文件，也不必编辑任何 HAL 的源代码。Nios Ⅱ IDE 会为用户产生和管理 HAL 系统库。HAL 是基于一个特定的 SOPC Builder 系统。SOPC Builder 系统即是 Nios Ⅱ 处理器核和外设与存储器集成在一起的系统。在新建工程的时候，用户必须选择相应的硬件系统，如图 6-5 所示。

6.4.2 HAL 体系结构

HAL 提供下面的服务。

◇ 同 Newlib ANSI C 标准库集成——提供用户熟悉的 C 标准库函数。

◇ 驱动程序——提供对系统中每个设备的访问。

◇ HAL API——为 HAL 的服务提供了一个统一的、标准的接口，如设备访问、中断处理等。

◇ 系统初始化——在 main( ) 执行之前，执行处理器和运行环境的初始化任务。

◇ 设备初始化——在 main( ) 执行之前，例化和初始化系统中的每个设备。

图 6-22 显示了基于 HAL 系统的分层结构，从硬件层到用户程序，可以看到 HAL 将硬件层和应用程序层联系起来了。

图 6-22　基于 HAL 系统的分层结构

1. 应用程序和驱动程序

嵌入式系统的软件开发分为两部分：应用程序开发和设备驱动程序开发。应用程序开发占有更大的比重，包括系统的 main( ) 函数和其他的子程序。应用程序同系统硬件资源的通信须要通过 C 标准库函数或者 HAL API。驱动程序是提供给应用程序开发人员开发应用程序用的，驱动程序通过底层的硬件访问函数同硬件通信。

2. 通用设备模型

HAL 为嵌入式系统中的外设种类提供了通用设备模型，如 timers、Ethernet MAC/PHY

芯片、字符型 I/O 外设。通用设备模型是 HAL 强大功能的核心。通用设备模型使得用户可以使用统一的 API 来编写程序，而不用考虑底层的硬件。

　　HAL 为下面种类的设备提供模型。

◇ 字符型设备（character-mode device）——串行发送和/或接收字符的硬件外设，如 UART。

◇ 定时器设备（timer device）——能够对时钟脉冲计数，并且能够产生周期性的中断请求的外设。

◇ 文件子系统（file subsystem）——提供访问存储在物理设备中的文件的一种机制。取决于内部的实现，文件子系统驱动程序可以直接访问底层的设备，或者使用一个单独的设备驱动程序。例如，用户可以使用 Flash 存储设备的 HAL API 来编写一个 Flash 的文件子系统以访问 Flash。

◇ 以太网设备（Ethernet device）——为网络协议栈（如 Altera 的 Nios Ⅱ 版本的 TCP/IP 协议栈）提供以太网连接的访问。

◇ DMA 设备（DMA device）——执行数据源、宿之间大批量数据传输的外设。源和宿可以是存储器或其他设备。

◇ Flash 存储设备（Flash memory device）——使用特殊的编程协议进行数据存储的非易失存储设备。

3. 对应用程序开发人员的好处

　　HAL 定义了一套用户用来初始化和访问每类设备的函数。不管设备硬件的底层实现如何，API 都是统一的。例如，要访问字符型的设备和文件子系统，可以使用 C 的标准库函数，比如 printf( ) 和 fopen( )。对于应用程序的开发人员，不必去为这些种类的外设编写与硬件建立基本通信的低层程序。

4. 对驱动程序开发人员的好处

　　每一个设备模型都定义了一套必要的管理特定种类设备的驱动函数。如果用户正在为一个新外设编写驱动程序，则用户只需这套驱动函数即可。因此，驱动程序的开发任务是预先定义好了的和充分说明了的。另外，用户可以使用已有的 HAL 函数和应用来访问设备，这样就节省了软件开发的工作量。HAL 调用驱动函数来访问硬件。

5. C 标准库——Newlib

　　HAL 同 ANSI C 标准库集成到一个运行环境。HAL 使用的 C 标准库是针对嵌入式系统应用的开源版本——Newlib，所以能够和 HAL 与 Nios Ⅱ 处理器很好地匹配。Newlib 授权不需要用户发布自己的源代码，也不需要为基于 Newlib 的工程支付版税。

6. 支持的外设

Altera 提供了很多可在 Nios Ⅱ 处理器的系统中使用的外设。大多数的 Altera 外设提供 HAL 设备驱动程序，使用户可以通过 HAL API 来访问硬件。下面的 Altera 外设提供了完整的 HAL 支持。

◇ 字符型设备。

◇ UART 核。

◇ JTAG UART 核。

◇ LCD 16207 显示控制器。

◇ Flash 存储设备。

◇ Flash 芯片的通用 Flash 接口。

◇ Altera EPCS 串口配置设备控制器。

◇ 文件子系统。

◇ 基于 Altera 主机的文件系统。

◇ Altera 压缩只读文件子系统。

◇ 定时器设备。

◇ 定时器核。

◇ DMA 设备。

◇ DMA 控制器核。

◇ Scatter-gather DMA 控制器核。

◇ 以太网设备。

◇ 三速 Ethernet 宏核。

◇ LAN91C111 Ethernet MAC/PHY 控制器。

LAN91C111 Ethernet MAC/PHY 控制器和三速 Ethernet 元件需要 μC/OS-Ⅱ 的支持，第三方的厂商提供的外设此处没有列出。所有的外设（来自 Altera 和第三方厂商）必须提供一个头文件，头文件中定义了外设的底层硬件接口。由此看来，所有的外设都在一定程度上支持 HAL。然而，有些外设可能不提供设备驱动程序。如果没有驱动程序可用，用户只有利用头文件中的定义来访问硬件，不要使用外设的二进制的地址来访问外设。

不可避免地，一些外设具有特殊的硬件特性，不能使用通用的 API。为此，HAL 提供了 UNIX 类型的 ioctl( ) 函数。因为硬件特性和外设相关，所以 ioctl( ) 函数的选项在每个外设的描述文档中都有说明。

一些外设提供专门的访问或不是基于 HAL 通用设备模型的函数来访问外设。例如，Altera 在 Nios Ⅱ 处理器系统中提供通用 I/O（PIO）核；PIO 外设不属于 HAL 提供的设备模型中的任何一种，所以只提供了一个头文件和一些专门的访问或函数。

想了解某一个外设的软件支持，参考外设的描述文档。要获得更详细的信息，参阅 *Qu-*

artus Ⅱ Handbook，*Volume 5：Embedded Peripheral*。

6.5　使用 HAL 开发应用程序

本章讨论基于 Altera 的硬件抽象层系统库开发程序的方法。HAL 的 API 对于第一次接触 Nios Ⅱ 处理器的软件开发人员来说是很容易理解的。基于 HAL 的程序，使用 ANSI C 标准库函数和运行环境，以及 HAL API 的通用设备模型来访问硬件。HAL API 的规范遵照 ANSI C 标准库的函数要求，尽管可以被 ANSI C 标准库的函数调用，但 ANSI C 标准库和 HAL 系统库是相互独立的。ANSI C 标准库和 HAL 系统库的紧密集成使得用户开发程序时，可以不用直接调用 HAL 系统库的函数。例如，可以使用 ANSI C 标准库的 I/O 函数，如 printf( ) 和 scanf( ) 来控制字符型的设备。

6.5.1　Nios Ⅱ IDE 工程结构

基于 HAL 系统库的软件工程的创建和管理是与 Nios Ⅱ IDE 紧密联系的。这部分通过讨论 Nios Ⅱ IDE 工程来理解 HAL。图 6-23 所示为 Nios Ⅱ IDE 工程结构，说明了 HAL 系统库的位置，箭头表示了各个工程之间的依赖关系。

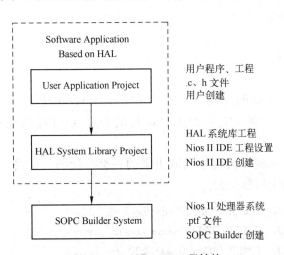

图 6-23　Nios Ⅱ IDE 工程结构

基于 HAL 的 Nios Ⅱ 程序包含两个 Nios Ⅱ IDE 工程，在用户应用工程中，用户程序是依赖于独立的 HAL 系统库工程（HAL System library Project）的。

应用工程所有的用户开发的代码、可执行文件最终由该工程编译生成。当用户创建应用工程时，Nios Ⅱ IDE 创建 HAL 系统库工程。HAL 系统库工程包含所有的用户程序与硬件的接口的必要信息。生成可执行文件时，所有的和用户的 SOPC Builder 系统相关的 HAL 驱动程序都被加入系统库工程中。HAL 设置作为系统库的属性将被保存。

系统库工程依赖 SOPC Builder 系统，SOPC Builder 系统由一个. ptf 文件定义，该文件由 SOPC Builder 生成。Nios Ⅱ IDE 管理 HAL 系统库并且更新驱动程序的配置以准确地反映系统硬件的变化。如果 SOPC Builder 系统发生了改动（. ptf 文件更新了），Nios Ⅱ IDE 会在下次用户生成和运行应用程序时重新生成 HAL 系统库。

这种工程之间的依赖结构使得用户程序不用随着硬件改动而进行修改，用户开发和调试代码时不用担心自己的程序是否和目标硬件相匹配。简而言之，基于 HAL 系统库的程序和目标硬件总是同步的。

6.5.2　系统描述文件——system. h 文件

system.h 文件是 HAL 系统库的基础。system. h 文件提供了完整的 Nios Ⅱ 系统硬件的软件描述，其作用是将硬件和软件设计连接起来。对应用程序开发者来说，不是 system. h 文件中所有的信息都是有用的，很少有必须在用户的 C 源程序中包含 system.h 的情况。尽管如此，system. h 文件能回答这个最基本的问题：系统中都有什么硬件？

system. h 文件描述系统中的每个外设，并提供如下的细节。

◇ 外设的硬件配置。

◇ 外设的基地址。

◇ 中断请求优先级。

◇ 外设的符号名。

在软件工程第一次编译的时候，Nios Ⅱ IDE 为 HAL 系统库工程生成 system. h 文件。system. h 文件内容取决于硬件配置和用户设置的 HAL 系统库的属性。用户不需要编辑 system. h 文件。

下面给出的是从 system. h 文件中截取出来的一部分代码，是关于定时器设备的预定义的，其他设备的定义与定时器类似。

```
#define SYS _ CLK _ TIMER _ NAME "/dev/sys _ clk _ timer"
#define SYS _ CLK _ TIMER _ TYPE " altera _ avalon _ timer"
#define SYS _ CLK _ TIMER _ BASE 0x00000820
#define SYS _ CLK _ TIMER _ SPAN 32
#define SYS _ CLK _ TIMER _ IRQ 1
#define SYS _ CLK _ TIMER _ ALWAYS _ RUN 0
#define SYS _ CLK _ TIMER _ FIXED _ PERIOD 0
#define SYS _ CLK _ TIMER _ SNAPSHOT 1
#define SYS _ CLK _ TIMER _ PERIOD 10
```

```
#define SYS _ CLK _ TIMER _ PERIOD _ UNITS "ms"
#define SYS _ CLK _ TIMER _ RESET _ OUTPUT 0
#define SYS _ CLK _ TIMER _ TIMEOUT _ PULSE _ OUTPUT 0
#define SYS _ CLK _ TIMER _ MULT 0.001
#define SYS _ CLK _ TIMER _ FREQ 85000000
#define ALT _ MODULE _ CLASS _ sys _ clk _ timer altera _ avalon _ timer
```

6.5.3　数据宽度和 HAL 类型定义

对于嵌入式处理器，如 Nios Ⅱ 处理器，准确的数据宽度和精度是非常重要的。由于 ANSI C 数据类型没有明确地定义数据宽度，所以 HAL 使用了一套标准的数据类型定义，该数据类型支持 ANSI C 类型，但是数据宽度取决于编译器的约定。头文件 alt _ types.h 定义了 HAL 类型，表 6-3 是 HAL 的数据类型定义。表 6-4 给出了 Altera IDE 采用的 GNU 编译器的 ANSI C 的数据类型。

表 6-3　HAL 数据类型定义

类　　型	说　　明
alt _ 8	signed char
alt _ u8	unsigned char
alt _ 16	signed short
alt _ u16	unsigned short
alt _ 32	signed long
alt _ u32	unsigned long
alt _ 64	signed long long
alt _ u64	unsigned long long

表 6-4　Altera IDE 采用的 GNU 编译器的 ANSI C 的数据类型

类　　型	说　　明
char	8 bits
short	16 bits
long	32 bits
int	32 bits

6.5.4　UNIX 风格的接口

HAL API 提供了许多 UNIX 风格的函数。UNIX 风格的函数使 Nios Ⅱ 的新手程序员不会感到开发环境陌生，并且可以很容易地将原有的代码移植到 HAL 的环境下运行。HAL 主要使用这些 UNIX 风格的函数给 ANSI C 标准库提供系统接口。例如，ANSI C 标准库调用的执行设备访问的函数都在 stdio.h 文件中进行了定义。

下面的列表是可用的 UNIX 风格的函数的完全列表，其中使用最多的是和 FILE I/O 相关的函数：

◇ _ exit( )

◇ close( )

◇ fstat( )

◇ getpid( )

◇ gettimeofday( )

◇ ioctl( )

◇ isatty( )

◇ kill( )

◇ lseek( )

◇ open( )

◇ read( )

◇ sbrk( )

◇ settimeofday( )

◇ stat( )

◇ usleep( )

◇ wait( )

◇ write( )

6.5.5　文件系统

HAL 提供支持 UNIX 风格的文件访问的机制。用户可以在硬件中任何可用的存储设备上建立文件系统。

用户能够在基于 HAL 的文件系统中访问文件，可以使用 Newlib C 库中的文件 I/O 函数（如 fopen( )，fclose( ) 和 fread( ) ）或使用 HAL 系统库提供的 UNIX 风格的文件 I/O 函数。

HAL 提供如下的 UNIX 风格的函数进行文件的处理：

◇ close( )

◇ fstat( )

◇ ioctl( )

◇ isatty( )

◇ lseek( )

◇ open( )

◇ read( )

◇ stat( )

◇ write( )

HAL 将一个子文件系统注册为 HAL 文件系统的一个挂载点（mount point）。要访问一个挂载点下的文件，则指向该挂载点对应的文件子系统。例如，如果一个只读 zip 文件子系统（zipfs）被挂载为"/mount/zipfs0"，则 zipfs 文件子系统处理对"/mount/zipfs0/myfile"进行 fopen( ) 的调用。

这里没有当前目录的概念，软件访问文件时必须使用绝对路径。HAL 文件结构允许用户通过 UNIX 风格的路径名来管理字符型的设备。HAL 将字符型设备注册为 HAL 文件系统中的节点。按照约定，在 system.h 文件中按照前缀"/dev/"加上 SOPC Builder 中分配给硬件的名字定义设备节点的名字，例如，在 system.h 文件中，SOPC Builder 中的 UART 外设 uart1 的节点名为"/dev/uart1"。

下面的代码给出了从只读 zip 文件子系统——rozipfs 中读字符的操作，这个文件子系统被注册为 HAL 文件系统中的一个节点。头文件 stdio.h，stddef.h 和 stdlib.h 同 HAL 一起被包含。

从文件子系统读字符的例子如下。

```c
#include <stdio.h>
#include <stddef.h>
#include <stdlib.h>
#define BUF_SIZE (10)
int main(void)
{
FILE * fp;
char buffer[BUF_SIZE];
fp = fopen ("/mount/rozipfs/test", "r");
if (fp == NULL)
{
printf ("Cannot open file.\n");
exit (1);
}
fread (buffer, BUF_SIZE,1,fp);
fclose (fp);
return 0;
}
```

6.5.6　使用字符型设备

字符型设备串行地发送和接收字符，如通用异步收发机（UART）。字符型设备在 HAL 系统库中注册为节点。通常，程序将一个文件描述符同设备名联系起来，则须使用在 file.h 中定义的 ANSI C 文件操作对文件进行读写字符。HAL 也支持标准输入、标准输出和标准错误的概念，允许程序调用 stdio.h I/O 函数。

1. 标准输入、标准输出和标准错误

使用标准输入（stdin）、标准输出（stdout）和标准错误（stderr）是实现简单控制台 I/O 最容易的方法。HAL 系统库在后台管理 stdin、stdout 和 stderr，允许用户通过这些通道发送和接收字符，而不是管理文件描述符。例如，系统库将 printf( ) 指向标准输出，将 perror( ) 指向标准错误设备。

用户可以通过在系统库属性中的设置将每一个通道同一个特定的硬件设备联系起来。下面的代码显示的是经典的 Hello World 程序，该程序发送字符到与 stdout 相关联的设备。

例子：

```
Hello World
#include <stdio.h>
int main( )
{
printf ("Hello world! ");
return 0;
}
```

当使用 UNIX 风格的 API 时，用户可以使用在 unistd.h 中定义的文件描述符 stdin、stdout 和 stderr 来分别访问标准输入、标准输出和标准错误的字符 I/O 流。unistd.h 在 Nios Ⅱ EDS 中作为 Newlib C 库的一部分安装。

2. 对字符型设备的通用访问

访问字符型设备（除了 stdin，stdout，stderr 方法），就像打开和写一个文件一样简单。下面的代码演示的是写一条信息到名为 uart1 的 UART 设备的程序。

例子：写字符到 UART 设备。

```
#include <stdio.h>
#include <string.h>
int main (void)
{
```

```
char * msg = " hello world ";
FILE * fp;
fp = fopen ( "/dev/uart1", "w" );
if ( fp! = NULL)
{
fprintf( fp, "%s",msg);
fclose ( fp );
}
return 0;
}
```

6.5.7　使用文件子系统

HAL 的文件子系统通用设备模型允许使用 ANSI C 标准库的文件 I/O 函数访问存储在存储设备中的数据。例如，Altera 的 zip 只读文件子系统提供对存储在 Flash 存储器中的文件子系统的只读访问。一个文件按子系统负责管理一个挂载点下面的所有的文件 I/O 访问。例如，一个文件子系统注册为挂载点/mnt/rozipfs，则该目录下的所有的文件访问，如 fopen ("/mnt/rozipfs/myfile", "r")，都定向为该文件子系统。如同字符型设备，用户可以在 file. h 文件中定义使用 C 文件 I/O 函数处理文件子系统中的文件，如 fopen( ) 和 fread( )。

6.5.8　使用定时器设备

定时器设备是可以对时钟计数并可以产生周期性中断请求的硬件设备。用户可以使用定时器设备实现一些和时间相关的设备，如 HAL 系统时钟、报警器和时间测量仪。使用定时器设备，Nios Ⅱ 处理器系统在硬件上必须包含一个定时器外设。HAL API 提供如下两种定时器设备的驱动程序。

◇ 系统时钟驱动程序——该驱动程序支持报警，用户在调度程序时会用到。

◇ 时间戳驱动程序——该驱动程序支持高精度的时间测量。

一个单独的定时器外设可以作为一个系统时钟或是时间戳，但是不能兼顾。HAL 特定的、访问定时器设备的 API 函数在 sys/alt _ alarm. h 和 sys/alt _ timestamp. h 中定义。

1. 系统时钟驱动程序

HAL 系统时钟驱动程序提供周期的"心跳节拍"，使系统时钟按照每一个节拍进行递增。软件可以使用系统时钟设备在指定的时间内执行函数，并且可以获得时序信息。用户通过在 Nios Ⅱ IDE 的系统库属性中设置来选择指定的定时器外设作为系统时钟设备。

HAL 提供如下标准的 UNIX 函数的实现：gettimeofday( )、settimeofday( ) 和 times( )。这些函数返回的时间是基于 HAL 系统时钟的。系统时钟测量时间是以 ticks（嘀嗒）为单位的。对于要和软件、硬件都打交道的嵌入式工程师，不要将 HAL 系统时钟和驱动 Nios Ⅱ 处理器时钟的信号混淆。HAL 系统时钟的嘀嗒是远大于硬件系统时钟的。system.h1 定义了时钟的频率。

运行时，用户可以调用 alt _ nticks( ) 函数来获得系统时钟的当前值。该函数返回自从系统复位之后经历的时间。通过调用函数 alt _ ticks _ per _ second( )，用户能获得系统时钟速率。HAL 定时器驱动程序在创建系统时钟的实例时会初始化其频率。

标准的 UNIX 函数 gettimeofday( ) 可获得当前时间。用户必须通过调用 settimeofday( ) 函数来校正时间。而且，用户可以使用 times( ) 函数来获得已经发生的嘀嗒数目信息。这些函数的原型在 times. h 文件中。

2. 报警

使用 HAL alarm 工具，用户可以注册在指定的时刻执行的函数。软件程序通过调用函数 alt _ alarm _ start( )，注册一个报警：

```
int alt _ alarm _ start ( alt _ alarm ∗ alarm,
                          alt _ u32 nticks,
                          alt _ u32 ( ∗ callback) (void ∗ context),
                          void ∗ context);
```

在经过了 n 个嘀嗒之后，函数 callback 被调用。当调用发生时，输入参数 context 作为输入变量传递给 callback。alt _ alarm _ start( ) 能够初始化输入变量 alarm 所指向的结构，用户不必去初始化它。callback 函数能够复位 alarm。注册的 callback 函数的返回值是直到下一次调用 callback 函数经历的嘀嗒的数目。返回值为 0，表示 alarm 应该停止。用户可以通过调用 alt _ alarm _ stop( ) 函数的手动取消一个 alarm。

alarm 的 callback 函数是在中断的语境（context）中执行的，这是对该函数强加的限制，用户必须观察何时写 alarm 的 callback 函数。

下面演示了为周期为 1 秒的 callback 注册一个 alarm 的代码片段。

例 使用周期的 alarm callback 函数。

```
#include <stddef.h>
#include <stdio.h>
#include "sys/alt _ alarm.h"
#include "alt _ types.h"
/ *
 * The callback function.
 */
```

```
alt _ u32 my _ alarm _ callback ( void * context )
{
/ * This function will be called once/second  * /
return alt _ ticks _ per _ second( ) ;
}
…
/ * The alt _ alarm must persist for the duration of the alarm.  * /
static alt _ alarm alarm ;
…
if ( alt _ alarm _ start ( &alarm,
alt _ ticks _ per _ second( ) ,
my _ alarm _ callback,
NULL) < 0)
{
printf ( " No system clock available \n " ) ;
}
```

3. 时间戳驱动程序

有些时候，用户想测量时间间隔，精度要求比 HAL 系统时钟提供的要高。HAL 使用时间戳驱动程序可提供高分辨率的定时函数。时间戳驱动程序提供单调递增的计数器，用户可以通过采样来获得定时信息。在系统中，HAL 只支持一个时间戳驱动程序。用户可以在 Nios Ⅱ IDE 中通过设置系统库的属性来选择一个指定的硬件定时器外设作为时间戳设备。

如果有时间戳驱动程序，函数 alt _ timestamp _ start( ) 和 alt _ timestamp( ) 可用。Altera 提供的时间戳驱动程序使用在系统库属性中用户选择的定时器。调用函数 alt _ timestamp _ start( )，启动计数器，接下来调用 alt _ timestamp( )，返回时间戳计数器的当前值。再次调用 alt _ timestamp _ start( )，则复位计数器为 0。当计数器的值达到 $2^{32}-1$ 时，时间戳驱动的行为没有定义。调用函数 alt _ timestamp _ freq( )，用户可以获得时间戳计数器增加的速率。该速率典型值为 Nios Ⅱ 处理器运行的硬件频率，通常是每秒钟几百万次。时间戳驱动程序在 alt _ timestamp.h 头文件中定义。

下面的代码片段展示的是使用时间戳设备来测量代码的执行时间。

例　使用时间戳来测量代码的执行时间。

```
#include <stdio.h>
#include " sys/alt _ timestamp.h "
#include " alt _ types.h "
int main ( void )
{
```

```
alt _ u32 time1;
alt _ u32 time2;
alt _ u32 time3;
if ( alt _ timestamp _ start( ) < 0 )
{
printf ( " No timestamp device available\n " );
}
else
{
time1 = alt _ timestamp( );
func1( ); / * first function to monitor */
time2 = alt _ timestamp( );
func2( ); / * second function to monitor */
time3 = alt _ timestamp( );
printf ( " time in func1 = % u ticks\n " ,
(unsigned int) (time2 - time1));
printf ( " time in func2 = % u ticks\n " ,
(unsigned int) (time3 - time2));
printf ( " Number of ticks per second = % u\n " ,
(unsigned int)alt _ timestamp _ freq( ));
}
return 0;
}
```

6.5.9 使用 Flash 设备

　　HAL 对非易失性 Flash 存储器设备的通用模型提供了支持。Flash 存储器使用特殊的编程协议来存储数据。HAL API 提供写数据到 Flash 的函数。例如，用户可以使用这些函数实现基于 Flash 的文件子系统。

　　HAL API 也提供读 Flash 的函数，尽管通常不是必须的。对于大多数 Flash 设备，当对其进行读操作时，程序将 Flash 存储器空间看成简单的存储器，不需要调用特殊的 HAL API 函数。如果 Flash 设备具有特殊的读数据的协议，如 Altera EPCS 串行配置设备，用户必须使用 HAL API 进行读写数据。

　　下面介绍 Flash 设备模型的 HAL API。下面的两个 API 提供不同层次的 Flash 访问。

　　◇ 简单 Flash 访问——函数写缓冲器数据到 Flash 和从 Flash 读数据都是以分区的层次进行的。在写数据到 Flash 时，如果缓冲器比一个完整的分区小，这些函数将擦除之前存在于 Flash 中的在新写入的数据之上和之下的数据。

◇ 精细 Flash 访问——函数写数据到 Flash 和从 Flash 读数据都是以缓冲器的层次进行的。在写数据到 Flash 时，如果缓冲器比一个完整的分区小，这些函数会保留之前存在于 Flash 之中的在新写入的数据之上和之下的数据。这个功能通常在管理文件子系统时会需要。访问 Flash 设备的 API 函数被定义于 sys/alt_flash.h 文件中。

1. 简单 Flash 访问

该接口包含函数：alt_flash_open_dev( )、alt_write_flash( )、alt_read_flash( ) 和 alt_flash_close_dev( )。

用户可以通过调用 alt_flash_open_dev( ) 函数来打开一个 Flash 设备，该函数将返回一个 Flash 设备的文件句柄。该函数需要一个单独的变量，就是 Flash 设备的名字，设备名在 system.h 中定义。

当获得句柄时，用户可以使用 alt_write_flash( ) 函数写数据到 Flash 设备中。原型为：

```
int alt_write_flash(alt_flash_fd * fd,
                    int offset,
                    const void * src_addr,
                    int length)
```

调用该函数，写数据到由句柄 fd 标识的 Flash 设备。从 Flash 设备的基地址偏移 offset 开始，驱动程序写数据。写入的数据来自 src_addr 指向的地址，写入的数据量为 length。alt_read_flash( ) 函数用来从 Flash 设备读数据。原型为：

```
int alt_read_flash( alt_flash_fd * fd,
int offset,
void * dest_addr,
int length)
```

调用 alt_read_flash( ) 从 fd 标识的 Flash 设备读数据，地址为 Flash 的基地址偏移 offset。该函数写数据到 dest_addr 指向的地址，数据量为 length。对大多数 Flash 设备，用户访问时可以按照标准的存储器进行，不必要使用 alt_read_flash( )。

函数 alt_flash_close_dev( ) 需要一个文件句柄来关闭设备。函数的原型为：

void alt_flash_close_dev (alt_flash_fd * fd)

下面的代码显示简单 Flash API 函数的使用，访问的 Flash 设备名为/dev/ext_flash，在 system.h 中定义。

例　使用简单的 Flash API 函数。

```
#include <stdio.h>
#include <string.h>
#include " sys/alt_flash.h"
```

```
#define BUF _ SIZE 1024
int main( )
{
alt _ flash _ fd * fd;
int ret _ code;
char source[ BUF _ SIZE];
char dest[ BUF _ SIZE];
/ * Initialize the source buffer to all 0xAA */
memset( source, 0xAA, BUF _ SIZE);
fd = alt _ flash _ open _ dev( "/dev/ext _ flash");
if ( fd! = NULL)
{
ret _ code = alt _ write _ flash( fd, 0, source, BUF _ SIZE);
if ( ret _ code = =0)
{
ret _ code = alt _ read _ flash( fd, 0, dest, BUF _ SIZE);
if ( ret _ code = =0)
{
/ *
* Success.
* At this point, the flash is all 0xAA and we
* should have read that all back into dest
*/
}
}
alt _ flash _ close _ dev( fd);
}
else
{
printf( "Can't open flash device\n");
}
return 0;
}
```

2. 擦除分区

通常，Flash 存储器被分成许多分区。alt _ write _ flash( ) 函数在写数据之前，可能需要先擦除一个分区的内容。这种情况下，该函数不会对任何分区中已存在的内容进行保留，这将导致不期望擦除的数据被擦除。如果用户希望保持已有的 Flash 存储器内容，须使用精细

Flash 函数。

3. 精细 Flash 访问

有三个函数可以提供对写入 Flash 的内容以最高精细度进行完全的控制：alt _ get _ flash _ info( )、alt _ erase _ flash _ block( ) 和 alt _ write _ flash _ block( )。从 Flash 存储器的本质上来说，用户不能擦除一个分区中单独的一个地址。用户一次必须擦除整个分区。因此要改变一个分区内特定位置的内容，而不改变分区内其他位置的内容，用户必须先读出分区的整个内容到缓冲器中，在其中改变相应的内容，擦除 Flash 分区，最后，再将整个分区内容写回到 Flash 存储器。精细 Flash 访问函数能自动化上述的过程。

alt _ get _ flash _ info( ) 函数可获得擦除区域的数目、每个区域内分区的数目、每个分区的大小。函数原型为：

```
int alt _ get _ flash _ info( alt _ flash _ fd * fd,
                        flash _ region * * info,
                        int *  number _ of _ regions)
```

如果函数调用成功，返回 number _ of _ regions 指向的地址，该地址包含有 Flash 存储器中擦除区域的数目，* info 指向 flash _ region 结构的数组。数组是文件描述符的一部分。flash _ region 结构在 sys/alt _ flash _ types. h 中定义，其类型定义为：

```
typedef struct flash _ region
{
int offset; / *  Offset of this region from start of the Flash  * /
int region _ size; / *  Size of this erase region  * /
int number _ of _ blocks; / *  Number of blocks in this region  * /
int block _ size; / *  Size of each block in this erase region  * /
}
flash _ region;
```

调用 alt _ get _ flash _ info( ) 函数获得的信息，用户能够擦除或编程 Flash 中的单个分区。

alt _ erase _ flash( ) 函数用于擦除 Flash 中一个单独的分区。其原型为：

```
int alt _ erase _ flash _ block( alt _ flash _ fd * fd,
                        int offset,
                        int length)
```

Flash 存储器由句柄 fd 标识，分区由相对于 Flash 起始地址的 offset 标识，分区的大小通过 length 传递。

alt _ write _ flash _ block( ) 函数用于写 Flash 存储器中一个单独的分区。其原型为：

```
int alt _ write _ flash _ block( alt _ flash _ fd * fd,
                       int block _ offset,
                       int data _ offset,
                       const void * data,
                       int length)
```

该函数对由句柄 fd 标识的 Flash 存储器进行写操作，写数据到相对于 Flash 基地址偏移 block _ offset 处，写入以 data 指向的位置为起点的 length 长度的字节。

下面的代码演示的是精细 Flash 访问的函数。

例　使用精细 Flash 访问 API 函数。

```
#include <string.h>
#include " sys/alt _ flash.h"
#define BUF _ SIZE 100
int main ( void )
{
flash _ region * regions;
alt _ flash _ fd * fd;
int number _ of _ regions;
int ret _ code;
char write _ data[ BUF _ SIZE];
/ * Set write _ data to all 0xa * /
memset( write _ data, 0xA, BUF _ SIZE);
fd = alt _ flash _ open _ dev( EXT _ FLASH _ NAME);
if ( fd )
{
ret _ code = alt _ get _ flash _ info( fd,
&regions,
&number _ of _ regions);
if ( number _ of _ regions && ( regions->offset = = 0))
{
/ * Erase the first block * /
ret _ code = alt _ erase _ flash _ block( fd,
regions->offset,
regions->block _ size);
if ( ret _ code )
{
/ *
 * Write BUF _ SIZE bytes from write _ data 100 bytes into
```

```
*  the first block of the Flash
ret_code = alt_write_flash_block (
fd,
regions->offset,
regions->offset+0x100,
write_data,
BUF_SIZE );
}
}
}

return 0;
}
```

6.5.10　使用 DMA 设备

HAL 提供直接存储器访问的设备抽象模型。这些外设执行从数据源到目的地的大批量的数据传输。数据源和目的地可以是存储器或其他的设备。在 HAL DMA 设备模型中，DMA 传输属于以下两种分类之一：发送或接收。因此，HAL 提供两个设备驱动来实现发送通道和接收通道。发送通道从数据源的缓冲器获得数据，发送数据到目的设备。接收通道接收数据，并将数据存到目的缓冲器中。取决于底层的硬件实现，软件可能只能访问两个通道中的一个。图 6-24 显示了三种基本的 DMA 传输。存储器之间的数据复制同时包括接收和发送 DMA 通道。

访问 DMA 设备的 API 在 sys/alt_dma.h 中定义。DMA 设备操作物理存储器的内容，因此，当读和写数据时，用户必须考虑缓存的交互。

1. DMA 发送通道

DMA 发送请求使用 DMA 发送句柄进行排队。要获得一个句柄，须使用函数 alt_dma_txchan_open()。该函数需要一个变量，就是要使用的设备的名字，在 system.h 中定义。

下面的代码展示的是如何获得 DMA 发送设备 dma_0 的句柄。

例　获得 DMA 设备的文件句柄。

```
#include <stddef.h>
#include "sys/alt_dma.h"
int main ( void )
{
alt_dma_txchan tx;
tx = alt_dma_txchan_open ( "/dev/dma_0" );
```

```
if ( tx = = NULL)
{
/ *  Error  * /
}
else
{
/ *  Success  * /
}
return 0;
}
```

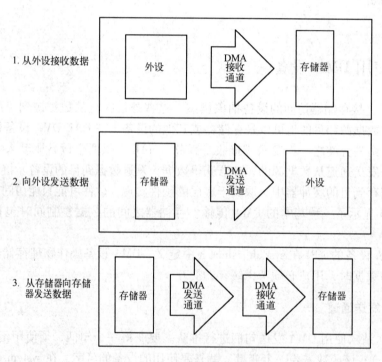

图 6-24　三种基本的 DMA 传输

　　用户可以使用该句柄通过函数 alt ＿ dma ＿ txchan ＿ send( ) 来递交一个发送请求。该函数原型为：

```
typedef void ( alt _ txchan _ done) ( void ∗  handle) ;
int alt _ dma _ txchan _ send ( alt _ dma _ txchan dma,
                        const void ∗  from,
                        alt _ u32 length,
```

alt_txchan_done * done,

void * handle);

调用函数 alt_dma_txchan_send() 向通道 dma 递交发送请求。变量 length 指定要发送的字节数，变量 from 指定源地址。函数在整个 DMA 传输结束之前返回。返回值指示请求是否成功，并排入队列。负的返回值表示请求失败。当传输结束时，函数 done 被调用。

两个附加的函数用来操控 DMA 发送通道：alt_dma_txchan_space() 和 alt_dma_txchan_ioctl()。alt_dma_txchan_space() 函数可返回还有多少个发送请求可以加入到发送队列中去。alt_dma_txchan_ioctl() 函数执行发送设备中与设备相关的操控。

如果用户使用 Altera Avalon DMA 设备发送数据到硬件设备（非存储器之间的传输），则调用 alt_dma_txchan_ioctl() 函数，请求变量设成 ALT_DMA_TX_ONLY_ON。

2. DMA 接收通道

DMA 接收通道的工作方式与 DMA 发送通道相似。软件使用 alt_dma_rxchan_open() 函数可以获得 DMA 接收通道的句柄，然后可以使用 alt_dma_rxchan_prepare() 函数来递交接收请求。alt_dma_rxchan_prepare() 函数原型为：

```
typedef void (alt_rxchan_done)(void * handle, void * data);
int alt_dma_rxchan_prepare (alt_dma_rxchan dma,
                            void * data,
                            alt_u32 length,
                            alt_rxchan_done * done,
                            void * handle);
```

调用该函数向 dma 通道递交一个接收请求，长度为 length 比特的数据被放到 data 指向的地址。该函数在 DMA 传输结束前返回。返回值指示请求是否被排入队列。一个负的返回值表示请求失败。当传输结束时，用户指定的函数 done 被调用，变量 handle 提供通知和接收数据的指针。两个附加的函数被提供用来操控 DMA 接收通道：alt_dma_rxchan_depth() 和 alt_dma_rxchan_ioctl()。

如果用户使用 Altera Avalon DMA 设备从硬件接收数据（非存储器之间的传输），调用 alt_dma_rxchan_ioctl() 函数，请求变量设成 ALT_DMA_RX_ONLY_ON。具体使用细节参看 *Nios II Software Developer's Handbook* 中 HAL API 部分的 alt_dma_rxchan_ioctl() 章节。

下面的代码演示的是在 main() 中发起 DMA 接收请求和接收的一个完整例子。

例　接收通道的 DMA 传输。

```
#include <stdio.h>
#include <stddef.h>
#include <stdlib.h>
```

```
#include "sys/alt _ dma.h"
#include "alt _ types.h"
/ * flag used to indicate the transaction completes */
volatile int dma _ complete = 0;
/ * function that is called when the transaction completes */
void dma _ done ( void * handle, void * data)
{
dma _ complete = 1;
}
int main ( void)
{
alt _ u8 buffer[ 1024];
alt _ dma _ rxchan rx;
/ * Obtain a handle for the device */
if ( ( rx = alt _ dma _ rxchan _ open ( "/dev/dma _ 0" ) ) == NULL)
{
printf ( "Error: failed to open device\n" );
exit ( 1);
}
else
{
/ * Post the receive request */
if ( alt _ dma _ rxchan _ prepare ( rx, buffer, 1024, dma _ done, NULL)
< 0)
{
printf ( "Error: failed to post receive request\n" );
exit ( 1);
}
/ * Wait for the transaction to complete */
while ( ! dma _ complete);
printf ( "Transaction complete\n" );
alt _ dma _ rxchan _ close ( rx);
}
return 0;
}
```

3. 存储器到存储器的 DMA 传输

从一个存储器缓冲器复制数据到另一个存储器，同时包括接收和发送 DMA 驱动程序。

下面的代码演示的是请求队列中，一个接收请求后面跟着一个发送请求的过程。

例　存储器之间复制数据。

```c
#include <stdio.h>
#include <stdlib.h>
#include "sys/alt_dma.h"
#include "system.h"
static volatile int rx_done = 0;
/*
 * Callback function that obtains notification that the data has
 * been received.
 */
static void done (void* handle, void* data)
{
rx_done++;
}
/*
 *
 */
int main (int argc, char* argv[], char* envp[])
{
int rc;
alt_dma_txchan txchan;
alt_dma_rxchan rxchan;
void* tx_data = (void*) 0x901000; /* pointer to data to send */
void* rx_buffer = (void*) 0x902000; /* pointer to rx buffer */
/* Create the transmit channel */
if ((txchan = alt_dma_txchan_open("/dev/dma_0")) == NULL)
{
printf ("Failed to open transmit channel\n");
exit (1);
}
/* Create the receive channel */
if ((rxchan = alt_dma_rxchan_open("/dev/dma_0")) == NULL)
{
printf ("Failed to open receive channel\n");
exit (1);
}
/* Post the transmit request */
```

```
if ((rc = alt _ dma _ txchan _ send (txchan,
tx _ data,
128,
NULL,
NULL)) < 0)
{
printf ("Failed to post transmit request, reason = %i\n", rc);
exit (1);
}
/ * Post the receive request */
if ((rc = alt _ dma _ rxchan _ prepare (rxchan,
rx _ buffer,
128,
done,
NULL)) < 0)
{
printf ("Failed to post read request, reason = %i\n", rc);
exit (1);
}
/ * wait for transfer to complete */
while (! rx _ done);
printf ("Transfer successful! \n");
return 0;
}
```

6.5.11　启动顺序和入口点

通常用户程序的入口点就是 main() 函数。这里还另有一个入口点 alt _ main() 函数，用户可以使用它来获得对启动顺序的更大的控制。程序的入口地址是 main() 还是 alt _ main() 的区别就是托管（hosted）应用和独立（free-standing）应用之间的区别。

ANSI C 标准定义托管应用是通过调用 main() 函数来开始执行的应用。在 main() 开始时，一个托管的应用运行环境和系统服务都已准备就绪。在 HAL 环境中就是这样的，如果是 Nios Ⅱ 开发的新手，HAL 的托管环境会帮助用户快速上手，因为用户不必考虑系统中包含什么样的设备，以及怎样初始化它们。HAL 会初始化整个系统。

ANSI C 标准也提供了一个可选的程序入口，可以避免自动初始化。它须 Nios Ⅱ 程序员手动初始化要使用的硬件。alt _ main() 提供了一个独立的环境，使用户获得对系统初始化的完全控制。在独立的环境下，初始化系统的任务由程序员手动完成。例如，在独立的环境下，对 printf( ) 的调用不能正常工作，除非 alt_main( ) 首先初始化字符型的设备，并且将 stdout 重定位到该设备。

1. 基于 HAL 程序的启动顺序

HAL 提供的系统的初始化代码启动顺序如下。

◇ 刷新指令和数据缓存。

◇ 配置堆栈指针。

◇ 配置全局指针寄存器。

◇ 将 BSS 段清零。

◇ 如果系统没有 boot loader，将任何运行地址在 RAM 中的连接器段复制到 RAM 中，如读写数据（rwdata）、只读数据（rodata）和异常向量表。

◇ 调用 alt_main( ) 函数。

HAL 提供一个默认的 alt_main( ) 函数的实现，该函数执行步骤如下。

◇ 调用 ALT_OS_INIT( ) 函数，执行任何必要的操作系统的初始化，如果系统不包含 OS 调度程序，它将不起作用。

◇ 如果用户的 HAL 包含操作系统，初始化 alt_fd_list_lock 信号，并由该信号控制对 HAL 文件系统的访问。

◇ 初始化中断控制器，使能中断。

◇ 调用 alt_sys_init( ) 函数，初始化系统中所有设备的驱动程序和软件组件，Nios Ⅱ IDE 为每一个 HAL 系统库创建和管理 alt_sys_init.c 文件。

◇ 重定位 C 标准 I/O 通道（stdin，stdout，stderr），以使用适当的设备。

◇ 使用_do_ctors( ) 函数调用 C++ 构造器。

◇ 注册 C++ 解构器，以供系统关闭时调用。

◇ 调用 main( ) 函数。

◇ 调用 exit( ) 函数。

alt_main.c 同 Nios Ⅱ EDS 一道安装，提供了默认的实现，用户可以在 <Nios Ⅱ EDS install path>/components/altera_hal/HAL/src 处找到。

2. 定制启动顺序

通过在用户的 Nios Ⅱ IDE 工程中定义 alt_main( ) 函数，可以实现用户自己定制的启动顺序。这给了用户对启动顺序完全的控制权，给了用户选择使能 HAL 服务的能力。如果用户的应用需要 alt_main( ) 函数入口点，可以复制 alt_main 函数的默认实现，并在此基础上根据自己的需要进行修改。

alt_main( ) 函数调用 main( ) 函数。当 main( ) 函数返回后，默认的 alt_main( ) 函数进入一个死循环。用户的定制 alt_main( ) 函数可以通过调用 exit( ) 函数来结束。

alt _ main（ ） 函数的原型是：

　　alt _ main（void）

在生成程序的时候，HAL 的所有源文件和包含的文件都位于一个搜索路径。生成系统先要搜索系统库工程的路径。这使用户的实现会覆盖默认的设备驱动和系统代码。例如，用户可以提供自己定制的 alt _ sys _ init.c，把它放到用户的系统工程目录中。用户的定制文件优先于自动生成的文件。

6.6　异常处理

本节讨论在 Nios Ⅱ 处理器体系结构下怎样编写处理异常的程序。重点放在怎样使用 HAL 注册用户定义的中断服务程序（interrupt service routine，ISR）来处理硬件中断请求。

Nios Ⅱ 异常处理是以经典的 RISC 方式实现的，即所有的异常类型都由一个异常处理程序处理。所以，所有的异常（硬件和软件）都由位于异常地址的程序处理。Nios Ⅱ 处理器提供如下的异常类型。

◇ 硬件中断。

◇ 软件异常，包括如下三种。

　　● 未实现的指令。

　　● 软件陷阱。

　　● 其他的异常。

6.6.1　异常处理概念

下面列出一些基本的异常处理的概念，还有与其相关的 HAL 术语。

◇ application context（应用语境）——在正常的程序执行过程中 Nios Ⅱ 处理器和 HAL 的状态，在异常处理程序之外。

◇ context switch（语境切换）——发生异常时保存 Nios Ⅱ 处理器寄存器的过程，在从中断服务程序返回时开始恢复。

◇ exception（异常）——任何中断正常程序执行的条件或是信号。

◇ exception handler（异常处理程序）——完整的软件程序系统，服务所有的异常，在必要的情况下将控制权交给 ISR。

◇ exception overhead（异常开销）——异常处理需要的附加的处理。一个程序的异常开销是被所有的语境切换占用的时间的总和。

◇ hardware interrupt（硬件中断）——由硬件设备的信号引起的异常。

◇ implementation-dependent instruction（与处理器实现相关的指令）——不被 Nios Ⅱ 内核所有实现支持的 Nios Ⅱ 处理器指令。例如，mul 和 div 指令就是和处理器实现相关的，因为在 Nios Ⅱ /e 内核中它们不被支持。

◇ interrupt context（中断语境）——当异常处理程序执行时 Nios Ⅱ 处理器和 HAL 的状态。

◇ interrupt request（中断请求）——来自外设的请求硬件中断的信号。

◇ interrupt service routine（中断服务程序）——处理一个单独的硬件中断的软件程序。

◇ invalid instruction（无效的指令）——在任何的 Nios Ⅱ 处理器的实现中都没有定义的指令。

◇ software exception（软件异常）——由软件条件引起的异常，包括未实现的指令和陷阱指令。

◇ unimplemented instruction（未实现的指令）——用户系统特定的 Nios Ⅱ 内核不支持的指令，且该指令是未实现的。例如，Nios Ⅱ /e 内核中，mul 和 div 指令是未实现的指令。

◇ other exception（其他异常）——非硬件中断或陷阱的异常。

6.6.2　硬件如何工作

Nios Ⅱ 处理器能够响应软件异常和硬件中断，可支持 32 个中断源。软件可以对这些中断信号进行优先级的排序，虽然这些中断信号自身本质上没有优先级的区别。当 Nios Ⅱ 处理器响应一个异常时，主要做如下的工作。

（1）保存状态寄存器到 estatus 寄存器。这意味着如果硬件中断被使能了，estatus 寄存器的 EPIE 位有效。

（2）禁止硬件中断。

（3）保存下一个执行地址到 ea（r29）寄存器。

（4）将控制权交到 Nios Ⅱ 处理器的异常地址处。

Nios Ⅱ 的异常和中断没有采用中断向量表的处理方式，所以由同一个异常地址来接收所有种类的中断和异常的控制。位于异常地址处的异常处理程序必须决定异常或中断的种类。

软件经常使用中断和外设进行通信，当外设发出中断请求 IRQ 时，会导致处理器的正常执行出现一个异常。当这样的 IRQ 发生时，一个相应的中断服务程序——ISR 必须处理该中断，并且在处理完成之后，返回到处理器中断之前的状态。

当使用 Nios Ⅱ IDE 创建系统库工程时，IDE 包含了所有需要的 ISR。用户不必去写 HAL ISR，除非用户要和定制的外设通信。作为参考，本节介绍了 HAL 系统库提供的处理硬件中断程序的框架。用户可参考已有的 Altera SOPC Builder 组件的中断处理的例子来获得编写

HAL ISR 的方法。

1. HAL 的 ISR API

HAL 系统库提供 API 来帮助用户简化 ISR 的创建和维护。API 适用于基于实时操作系统的程序，因为全部的 HAL API 对基于 RTOS 的程序都是可用的。HAL API 定义了如下的函数来管理硬件中断的处理：

　　　alt _ irq _ register( )

　　　alt _ irq _ disable( )

　　　alt _ irq _ enable( )

　　　alt _ irq _ disable _ all( )

　　　alt _ irq _ enable _ all( )

　　　alt _ irq _ interruptible( )

　　　alt _ irq _ non _ interruptible( )

　　　alt _ irq _ enabled( )

使用 HAL API 来实现 ISR 需要如下的步骤。

（1）编写处理特定设备中断的 ISR。

（2）用户程序必须通过调用 alt _ irq _ register( ) 函数来注册 ISR，调用 alt _ irq _ enable _ all( ) 函数来使使能中断。

2. 编写 ISR

用户编写的 ISR 必须符合 alt _ irq _ register( ) 函数的原型。ISR 函数的原型必须符合如下的形式：

　　　void isr（void ∗ context，alt _ u32 id）

context 和 id 参数的定义是和 alt _ irq _ register( ) 函数相同的。

从 HAL 异常处理系统的角度来看，ISR 最重要的功能是清除相关的外设的中断条件。清除中断条件的步骤是和外设有关的。要获得详细的信息，请参考 *Quartus II Handbook*，*Volume 5：Altera Embedded Peripherals*。

当 ISR 完成中断服务之后，必须返回到 HAL 异常处理程序。当完成恢复应用程序的现场之后，HAL 异常处理程序将发出 eret 指令。

ISR 在一个受限的环境中运行，许多 HAL API 调用是不可用的。例如，访问 HAL 文件系统是不允许的。作为一个普遍的规则，当编写用户自己的 ISR 时，不要包括可能妨碍中断等待的函数调用。*Nios II Software Developer's Handbook* 中的 HAL API Reference 章节给出了那些在 ISR 中不可用的 API 函数。

当 ISR 调用 ANSI C 标准库函数时，一定要小心。要避免使用 ANSI C 标准库中的 I/O API 函数，因为调用该函数会导致系统的死锁，即系统可能会永久地陷入 ISR。

特别地，在 ISR 中不要调用 printf( ) 函数，除非能够确定 stdout（标准输出）已经映射到一个非基于中断的设备驱动程序上。否则，printf( ) 函数可能使系统死锁，系统一直等待一个不会发生的中断，因为中断已经被禁止了。

3. 注册 ISR

在软件可以使用 ISR 之前，用户必须先注册该 ISR。注册 ISR 通过调用 alt_irq_register( ) 函数实现。alt_irq_register( ) 函数的原型为：

```
int alt_irq_register (alt_u32 id,
                      void * context,
                      void ( * isr)(void * , alt_u32));
```

函数原型具有如下的参数。
◇ id 是设备的硬件中断号，在 system.h 中定义。IRQ 优先级和 IRQ 号成反比，IRQ 号越低，优先级越高。因此，IRQ0 代表最高的优先级中断，而 IRQ31 代表最低的优先级的中断。
◇ context 是一个用来向 ISR 传递语境相关信息的指针，可以指向任意 ISR 相关的信息。context 的值对 HAL 是不透明的。context 完全是为了用户定义 ISR 方便而提供的。
◇ ISR 是为响应 IRQ 号而被调用的函数指针。该函数的两个参数为 context 指针和 id。注册 ISR 为 null 指针，将导致中断被禁止。

HAL 通过存储函数指针 ISR 在一个查找表中注册 ISR。如果注册成功，则 alt_irq_register( ) 函数返回零值；如失败，则返回非零值。如果 ISR 注册成功，在 alt_irq_register( ) 函数返回时，相关的 Nios Ⅱ 中断被使能。当特定的 IRQ（中断请求）发生时，HAL 先在查找表中查找 IRQ，然后再指派注册的 ISR。

4. 使能和禁止 ISR

HAL 提供函数 alt_irq_disable( )、alt_irq_enable( )、alt_irq_disable_all( )、alt_irq_enable_all( ) 和 alt_irq_enabled( )，允许程序来禁止中断和重新使能中断。alt_irq_disable( ) 和 alt_irq_enable( ) 允许用户禁止和使能单独中断。alt_irq_disable_all( ) 禁止所有的中断，并且返回一个 context 值。要重新使能中断，可调用 alt_irq_enable_all( )，传递给函数 context 参数。这样，中断被返回到调用 alt_irq_disable_all( ) 之前的状态。如果中断被使能，则 alt_irq_enabled( ) 返回非零值，程序能够检查中断的状态。禁止中断要在尽可能短的时间里完成。中断的最大延迟随着中断被禁止需要的时间量的增大而增大。

5. C 语言例子

下面的代码为按键 PIO IRQ 的 ISR。本例是基于具有 4 位的 PIO 外设的 Nios Ⅱ 系统，4 位的 PIO 外设同按键相连。当按键被按下时产生 IRQ。ISR 代码读 PIO 外设的边沿捕获寄存器，将读到的值存储到一个全局变量中。全局变量的地址通过 context 的指针最后传递给 ISR。

例 按键 PIO IRQ 的 ISR。

```
#include " system.h"
#include " altera _ avalon _ pio _ regs.h"
#include " alt _ types.h"
static void handle _ button _ interrupts( void *  context, alt _ u32 id)
{
/ *  cast the context pointer to an integer pointer. * /
volatile int *  edge _ capture _ ptr = ( volatile int * )  context;
/ *
 *  Read the edge capture register on the button PIO.
 *  Store value.
 * /
* edge _ capture _ ptr =
IORD _ ALTERA _ AVALON _ PIO _ EDGE _ CAP( BUTTON _ PIO _ BASE);
/ *  Write to the edge capture register to reset it. * /
IOWR _ ALTERA _ AVALON _ PIO _ EDGE _ CAP( BUTTON _ PIO _ BASE, 0);
/ *  reset interrupt capability for the Button PIO. * /
IOWR _ ALTERA _ AVALON _ PIO _ IRQ _ MASK( BUTTON _ PIO _ BASE, 0xf);
}
```

下面的代码显示的是在主程序中使用 HAL 注册按键 PIO ISR 的例子。

例 使用 HAL 注册按键 PIO ISR。

```
#include " sys/alt _ irq.h"
#include " system.h"
…
/ *  Declare a global variable to hold the edge capture value. * /
volatile int edge _ capture;
…

/ *  Initialize the button _ pio. * /
static void init _ button _ pio( )
{
```

```
/ * Recast the edge _ capture pointer to match the
alt _ irq _ register( ) function prototype. * /
void * edge _ capture _ ptr = ( void * ) &edge _ capture;
/ * Enable all 4 button interrupts. * /
IOWR _ ALTERA _ AVALON _ PIO _ IRQ _ MASK( BUTTON _ PIO _ BASE, 0xf) ;
/ * Reset the edge capture register. * /
IOWR _ ALTERA _ AVALON _ PIO _ EDGE _ CAP( BUTTON _ PIO _ BASE, 0x0) ;
/ * Register the ISR. * /
alt _ irq _ register( BUTTON _ PIO _ IRQ,
edge _ capture _ ptr,
handle _ button _ interrupts ) ;
}
```

基于以上的代码, 可以得到下面的执行流程。

(1) 按键被按下, 产生 IRQ。

(2) HAL 异常处理程序被激活, 指派 handle _ button _ interrupts( ) 函数服务 ISR。

(3) handle _ button _ interrupts( ) 服务按键 PIO 中断, 然后返回正常处理。

(4) 正常的程序继续运行, edge _ capture 的值被更新。

Nios Ⅱ EDS 中还有很多演示实现 ISR 的例子。

6.6.3　ISR 性能数据

本节提供在 Nios Ⅱ 处理器中和 ISR 处理相关的性能数据。下面的三个关键指标决定了 ISR 性能。

◇ 中断延迟——中断产生到处理器执行异常地址处的第一条指令的时间。

◇ 中断响应时间——中断产生到处理器执行 ISR 第一条指令的时间。

◇ 中断恢复时间——从 ISR 最后一条指令执行完毕到返回正常的处理的时间。

因为 Nios Ⅱ 处理器是高度可配置的, 每一个指标都没有典型的值。下面给出每种 Nios Ⅱ 内核在几种假设下的数据。

◇ 所有的代码和数据存储在片上存储器。

◇ ISR 代码不驻留在指令缓存中。

◇ 测试的软件基于 Altera 提供的 HAL 异常处理系统。

◇ 代码编译时使用编译器的优化水平为 "-O3" 或高级优化。

表 6-5 列出了每种内核的中断延迟、响应时间和恢复时间。用户在特定的应用中所看到的结果与该表数据可能会有很大的不同, 这是由于一些因素的影响, 这部分内容在后面介绍。

表 6-5　中断性能数据

单位：CPU 时钟周期

内　核	中断延迟	响应时间	恢复时间
Nios Ⅱ /f	10	105	62
Nios Ⅱ /s	10	128	130
Nios Ⅱ /e	15	485	222

注：时间以 CPU 时钟周期为单位。

改善 ISR 性能

如果用户的软件大量地使用中断，ISR 的性能则极可能是整体软件性能最关键的决定性因素。下面讨论改善 ISR 性能的硬件和软件策略。

1）软件性能改进

改进 ISR 性能，首先应该考虑软件。然而，在有些情况下，可能只对硬件做很少的改动就可能增加系统的效率。下面是软件设计中能够改进 ISR 性能的一些做法。

（1）将长的处理移到应用程序中。ISR 可对硬件状态提供快速、低延迟的响应。ISR 做最少的必要的工作来清除中断条件，然后即从 ISR 返回到正常处理。如果用户的 ISR 执行长的、非关键性的处理，将影响系统中关键任务的执行。如果需要长的处理，设计软件时将其放在中断语境之外执行。ISR 能够使用信息传递机制来通知应用程序代码执行长的处理任务。

在基于 RTOS（如 μC/OS-Ⅱ）的系统中，延迟一个任务是很简单的。在这种情况下，用户可以创建一个线程来处理处理器密集型的工作，ISR 使用 RTOS 的通信机制与这个线程进行通信，如事件标记或者消息队列。

用户可以在单线程的 HAL 系统中模仿这个方法。主程序通过轮询一个由 ISR 管理的全局变量来决定是否需要执行处理器密集的工作。

（2）将长的过程移到硬件。处理器使用密集的任务必定经常传输大量的数据到外设，并从外设读取大量的数据。通用的 CPU，如 Nios Ⅱ 处理器并不是最适合做这项工作的，如果可能的话，使用 DMA 硬件。

（3）增大缓冲器的容量。如果使用 DMA 传输大量的数据，缓冲器的大小会影响性能。小的缓冲器意味着频繁的 IRQ，这将导致高的开销，需要增加传输数据缓冲器的大小。

（4）使用双缓冲。使用 DMA 大的缓冲器可能不会使性能有很大的提升，因为 Nios Ⅱ 处理器必须等待 DMA 传输完成，才能执行下一项任务。当硬件在将数据从一个缓冲器传输到另一个缓冲器时，双缓冲允许 Nios Ⅱ 处理器来处理一个数据缓冲。

（5）保持中断使能。当中断被禁止时，Nios Ⅱ 处理器不能迅速地响应硬件的事件，此时缓冲器和队列可能处于满了或溢出状态，即使没有溢出，在禁止中断之后，最大的中断处理时间可能会增加，因为 ISR 必须处理大量的数据。

尽量不禁止中断，或尽可能短时间地禁止中断。不要禁止所有的中断，调用函数 call alt _ irq _ disable（ ）和 alt _ irq _ enable（ ）来使能和禁止单独的中断。

要保护共享的数据结构，使用 RTOS 结构，如旗语。

只在执行关键的系统操作时禁止所有的中断。在中断禁止的代码处，只执行最关键的操作，并且要立即重新使能中断。

（6）使用快速存储器。ISR 性能依赖于存储器的速度。为了最好的性能，将 ISR 和栈放入最快的存储器中；将栈放入片上存储器，如果可能的话，最好是紧耦合存储器。

如果不能将主栈放入快速存储器中，用户可以使用一个私有的异常栈，将其映射到一个快速存储器中。然而，私有的异常栈需要一些附加的上下文切换开销，所以只在能够将其放入一个快得很多的存储器中时才会这样做。用户能在 Nios Ⅱ IDE 的"System properties"标签页中指定私有的异常栈。

（7）使用嵌套的 ISR。当 HAL 系统库指派了一个 ISR 时，禁止中断。这意味着任何时刻只有一个 ISR 可以执行，并且 ISR 的执行遵循先到先服务的原则。这样将减少系统有关中断处理的开销，简化了 ISR 开发。然而，先到先服务的执行原则意味着 HAL 中断优先级只有当两个 IRQ 在同一个应用层次的指令周期上发出时才有作用。低优先级的中断在高优先级的中断之前发生能够阻止高优先级的 ISR 执行。这是优先级的倒置，会对频繁发生中断的系统的 ISR 性能有很大的影响。

软件系统通过使用嵌套的 ISR 能够获得完全的中断优先。使用嵌套的 ISR，高优先级的中断被允许中断低优先级的中断。这种技术可以改善高优先级 ISR 的中断延迟。

如果用户的 ISR 非常短，就不值得重新开放高优先级的中断开销。在一个短的 ISR 中使能嵌套中断实际上增加了高优先级中断的延迟。

如果使用了私有的异常栈，则不能使用嵌套中断。

要实现嵌套的中断，使用 alt _ irq _ interruptible（ ）和 alt _ irq _ non _ interruptible（ ）函数将处理器密集型 ISR 中的代码包围起来。调用 alt _ irq _ interruptible（ ）函数之后，高优先级的 IRQ 可以中断正在运行的 ISR。当用户的 ISR 调用 alt _ irq _ non _ interruptible（ ）函数时，就如调用 alt _ irq _ interruptible（ ）函数之前一样，中断被禁止。

如果用户的 ISR 调用 alt _ irq _ interruptible（ ）函数，在返回之前必须调用 alt _ irq _ non _ interruptible（ ）函数，否则，HAL 异常处理程序可能会死锁。

（8）使用编译器优化。在异常执行和正常应用的情况下，为了实现最好的性能，可采用编译器优化水平 Level-O3。Level-O2 也可以产生很好的结果。去掉优化会明显增加中断响应时间。

2）硬件性能改进

简单地改变硬件就可能极大地改进 ISR 的性能。这些改变包括编辑和重新生成 SOPC Builder 模块，以及重新编译 Quartus Ⅱ 的设计。在一些情况下，也需要软件架构或编程实现做出改变。

下面讨论为了改进 ISR 性能，用户可以进行的硬件设计的改变。

（1）添加快速存储器。增加用于数据缓冲的片上快速存储器的数量。理想情况是，采用紧耦合存储器，以供软件作为缓冲使用。

（2）添加 DMA 控制器。DMA 控制器执行大块的数据传输，从数据源读数据，然后写数据到一个不同的地址范围。通过添加 DMA 控制器可移动大的数据缓冲。这样数据缓冲在传输的时候，允许 Nios Ⅱ 处理器去执行其他的任务。

（3）将异常处理程序地址放入快速存储器中。为了使异常代码能尽快地执行，须将异常地址放入快速存储器中。例如，零等待周期的片上 RAM 要比慢速的 SDRAM 好。为了实现最好的性能，可将异常处理代码和数据存储在紧耦合存储器中。Nios Ⅱ EDS 内含一些简单的设计例子，演示了如何使用紧耦合存储器提升 ISR 性能。

（4）使用快速 Nios Ⅱ 内核。为了在中断和正常应用中都有好的性能，Nios Ⅱ /f 内核具有最高的性能，而 Nios Ⅱ /e 内核是最慢的。

（5）选择中断优先级。当为每一个外设选择 IRQ 时，要记住 HAL 硬件中断处理程序将 IRQ0 视为最高的优先级；要基于外设在整个系统中对快速服务的需求程度来分配每个外设的中断优先级；要避免将多个外设分配成具有相同的 IRQ。

（6）使用中断向量定制指令。Nios Ⅱ 处理器内核提供中断向量定制指令，可以加速 HAL 中断向量的指派。用户可以选择在软核中包含该定制指令来改善用户程序的中断响应时间。当 Nios Ⅱ 处理器中有中断向量定制指令时，HAL 在编译时会检测到该指令，并且使用该指令生成代码。要获得中断向量定制指令更多的相关信息，参考 *Nios Ⅱ Processor Reference Handbook* 中 Implementing the Nios Ⅱ Processor in SOPC Builder 章节中的 Interrupt Vector Custom Instruction 部分内容。

6.6.4　调试 ISR

通过在 ISR 内部设置断点，用户可以使用 Nios Ⅱ IDE 调试 ISR。在遇到断点时，调试器将暂停处理器，而系统中的其他硬件继续工作。因此，当处理器被暂停时，其他的 IRQ 被忽略。用户可以使用调试器来单步调试 ISR 代码，但是在处理器返回到正常的执行之前，其他中断驱动设备的状态通常是无效的。用户必须重置处理器以将系统返回到一个已知的状态。

在单步调试时，ipending 寄存器（ctl4）将被掩码成全零，这样可阻止处理器在单步调试 ISR 代码时服务其他的 IRQ。因此，如果用户单步调试异常处理程序的部分代码（如 alt_irq_entry() 或 alt_irq_handler()），这些代码会读 ipending 寄存器，并且不会检测到任何挂起的 IRQ。这个问题不会影响软件异常的调试。用户可以在 ISR 代码中设置断点并进行单步调试，因为异常处理程序已经使用 ipending 寄存器来判断是哪个 IRQ 导致了异常。

第 7 章　Nios Ⅱ 常用外设编程

在 Nios Ⅱ 嵌入式的系统中包含各种外设,用户的应用程序通过对这些外设进行控制和操作来实现各种功能。Altera 提供了很多外设的 IP,用户可以很方便地将所需的外设集成到 Nios Ⅱ 系统中去。很多第三方的公司也提供外设的 IP,用户也可以创建自己的外设,满足相应规范的第三方和用户自己创建的 IP 也可以很容易地集成到 Nios Ⅱ 系统中。

本章主要介绍一些常用的外设的硬件结构和软件编程,以使读者掌握 Nios Ⅱ 嵌入式系统的软硬件协同开发的技能。

7.1　并行输入/输出内核

并行输入/输出(PIO)内核提供了 Avalon 存储器映射从端口和通用 I/O 端口直接的接口。I/O 端口连接到片内的用户逻辑或是连接到与 FPGA 片外设备相连的引脚上。

PIO 内核提供对用户逻辑或外部设备简单的 I/O 访问,应用实例如下。

◇ 控制 LED。

◇ 获取开关数据。

◇ 控制显示设备。

◇ 配置并与片外设备通信,例如专用标准产品(ASSP)的设备。

PIO 内核可以基于输入信号而发出中断请求输出。SOPC Builder 中提供了现成的 PIO 内核,可以很容易地将 PIO 内核集成到 SOPC Builder 生成的系统中。

7.1.1　PIO 寄存器描述

每个 PIO 内核可提供多达 32 个 I/O 端口,用户可以添加一个或多个 PIO 内核。CPU 通过读/写 PIO 接口的映射寄存器来控制 PIO 端口。在 CPU 的控制下,PIO 内核在输入端口捕获数据,驱动数据到输出端口。当 PIO 端口直接连到 I/O 管脚时,通过写控制寄存器,CPU 能够将管脚置成三态。图 7-1 是一个 PIO 应用实例,本例使用了多个 PIO 内核。

当集成到 SOPC Builder 生成的系统中时,PIO 内核有两个特性对用户是可见的。

◇ 具有 4 个寄存器的存储器映射的寄存器空间,4 个寄存器分别是 data、direction、interruptmask 和 edgecapture。

◇ 1~32 个的 I/O 端口。

有些寄存器在某些硬件配置下不是必需的,这时相应的寄存器就不存在了。对一个不存在的寄存器进行读操作，则将返回一个未定义的值；对一个不存在的寄存器进行写操作则没有任何结果。表 7-1 给出了 PIO 寄存器的描述。

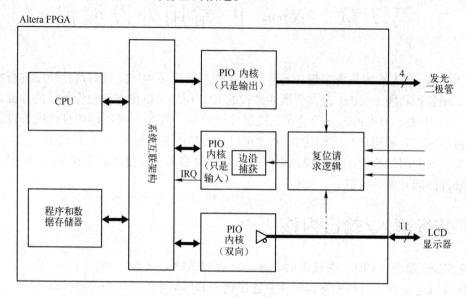

图 7-1　PIO 应用实例

表 7-1　PIO 寄存器

偏移量	寄存器名		读/写	$(n-1)$	...	2	1	0
0	数据寄存器（data）	读访问	读	PIO 输入端口当前的数据值				
		写访问	写	PIO 输出端口输出的新的数据值				
1	方向寄存器 direction[1]		读/写	控制每个 I/O 端口的输入输出方向。0 值为输入，1 值为输出				
2	中断掩码寄存器 interruptmask[1]		读/写	每个输入端口的 IRQ 使能或禁止。将某位设为 1，则使能相应的端口中断				
3	边沿捕获寄存器 edgecapture[1][2]		读/写	每个输入端口的边沿检测				

注：① 该寄存器可能不存在，这取决于硬件的配置。
　　② 写任意值到 edgecapture，将所有位清零。

1. 数据寄存器

　　PIO 内核 I/O 端口可以连接到片上或片外的逻辑。内核可以配置成仅有输入端口，或仅有输出端口，或两者都有。如果内核用于控制设备上的双向 I/O 管脚，则内核提供具有三态控制的双向模式。

　　读数据寄存器返回输入端口上的数据，写数据寄存器则提供驱动到输出端口的数据。这些端口是独立的，读数据寄存器不会返回之前写入的数据。

2. 方向寄存器

如果端口是双向的，则方向寄存器控制每个 PIO 端口的数据方向。当方向寄存器的第 n 位被置为 1 时，由端口 n 驱动数据寄存器中相应位的值。

方向寄存器只有当 PIO 内核配置为双向模式时才存在，模式（输入、输出或双向）在系统生成时指定，在运行时无法更改。在 input-only 或 output-only 模式下，方向寄存器不存在。这种情况下，读方向寄存器返回一个未定义的值，写方向寄存器则没有结果。

复位之后，方向寄存器的所有位都是 0，即所有双向的 I/O 端口配置为输入。如果 PIO 端口连接到设备的管脚，则管脚保持高阻状态。

3. 中断掩码寄存器

设置中断掩码寄存器某位为 1，则将相应的 PIO 输入端口中断使能。中断的行为依赖 PIO 内核的硬件的配置。

中断掩码寄存器只有当硬件配置产生中断请求时才存在。如果内核不能产生中断请求，读指定掩码寄存器将返回一个未定义的值，而写中断掩码寄存器则没有任何结果。

复位之后，所有的中断掩码寄存器位都为 0，即所有 PIO 端口中断被禁止。

4. 边沿捕获寄存器

可配置 PIO 内核在输入端口上捕获脉冲边沿，可捕获由低到高的跳变、由高到低的跳变，或两种跳变。当输入端口检测到一个脉冲的边沿时，边沿捕获寄存器会作出相应的反应。检测的边沿种类在系统生成时指定，并且不能通过写寄存器来改变。

5. 中断请求产生

PIO 内核可以配置成在某个输入的情况下产生中断请求。产生中断请求的条件如下。

◇ 电平触发——PIO 内核硬件检测到高电平则产生中断请求。通过在内核外部加一个非门来实现对低电平的敏感。

◇ 边沿触发——内核的边沿捕获配置决定哪种边沿会导致中断请求。

每个端口的中断可以被屏蔽，中断掩码可以决定哪个端口可以产生中断。有关 PIO 硬件配置的内容请看第 2 章电子钟的硬件设计，其中用到了 PIO。

7.1.2　软件编程

这部分讨论 PIO 内核的软件编程模型。Altera 提供了定义 PIO 内核寄存器的 HAL 系统库头文件。PIO 内核不属于 HAL 支持的通用设备模型的种类，所以不能通过 HAL API 或者 ANSI C 标准库来访问它。

Nios Ⅱ EDS 提供了几个演示 PIO 内核的例子。count_binary.c 例子中使用 PIO 内核来驱动 LED，使用 PIO 内核边沿检测中断来检测按钮按下情况。

软件文件

Altera 提供了 PIO 内核的寄存器头文件 altera_avalon_pio_regs.h。该文件定义了内核的寄存器映射，提供了对底层硬件的符号化访问。下面的代码是为 Altera 提供的寄存器头文件。

```
#ifndef __ALTERA_AVALON_PIO_REGS_H__
#define __ALTERA_AVALON_PIO_REGS_H__
#include <io.h>

#define IOADDR_ALTERA_AVALON_PIO_DATA(base)            __IO_CALC_ADDRESS_
                                                        NATIVE(base,0)
#define IORD_ALTERA_AVALON_PIO_DATA(base)          IORD(base,0)
#define IOWR_ALTERA_AVALON_PIO_DATA(base,data)     IOWR(base,0,data)

#define IOADDR_ALTERA_AVALON_PIO_DIRECTION(base)       __IO_CALC_ADDRESS_
                                                        NATIVE(base,1)
#define IORD_ALTERA_AVALON_PIO_DIRECTION(base)     IORD(base,1)
#define IOWR_ALTERA_AVALON_PIO_DIRECTION(base,data) IOWR(base,1,data)

#define IOADDR_ALTERA_AVALON_PIO_IRQ_MASK(base)        __IO_CALC_ADDRESS_
                                                        NATIVE(base,2)
#define IORD_ALTERA_AVALON_PIO_IRQ_MASK(base)      IORD(base,2)
#define IOWR_ALTERA_AVALON_PIO_IRQ_MASK(base,data)   IOWR(base,2,data)

#define IOADDR_ALTERA_AVALON_PIO_EDGE_CAP(base)        __IO_CALC_ADDRESS_
                                                        NATIVE(base,3)
#define IORD_ALTERA_AVALON_PIO_EDGE_CAP(base)      IORD(base,3)
#define IOWR_ALTERA_AVALON_PIO_EDGE_CAP(base,data)   IOWR(base,3,data)

#endif /* __ALTERA_AVALON_PIO_REGS_H__ */
```

一个 Nios Ⅱ 嵌入式系统中可能有多个用 PIO 内核的设备，这些设备的配置、基地址中断优先级等信息在 system.h 头文件中定义。在第 2 章的电子钟设计中用到了 Button_PIO，在 system.h 头文件中关于 Button_PIO 定义的代码，代码如下：

```
#define BUTTON_PIO_NAME "/dev/button_pio"
#define BUTTON_PIO_TYPE "altera_avalon_pio"
#define BUTTON_PIO_BASE 0x00000860
#define BUTTON_PIO_SPAN 16
```

```
#define BUTTON _ PIO _ IRQ 2
#define BUTTON _ PIO _ DO _ TEST _ BENCH _ WIRING 0
#define BUTTON _ PIO _ DRIVEN _ SIM _ VALUE 0x0000
#define BUTTON _ PIO _ HAS _ TRI 0
#define BUTTON _ PIO _ HAS _ OUT 0
#define BUTTON _ PIO _ HAS _ IN 1
#define BUTTON _ PIO _ CAPTURE 1
#define BUTTON _ PIO _ EDGE _ TYPE " ANY"
#define BUTTON _ PIO _ IRQ _ TYPE " EDGE"
#define BUTTON _ PIO _ FREQ 50000000
#define ALT _ MODULE _ CLASS _ button _ pio altera _ avalon _ pio
```

寄存器头文件定义了通用的 PIO 内核硬件结构。所有用到 PIO 内核的设备的个性信息都在 system. h 文件中定义。对 Button _ PIO 的读访问可以使用下面两个函数：

IORD _ ALTERA _ AVALON _ PIO _ DATA(BUTTON _ PIO _ BASE)

IORD(BUTTON _ PIO _ BASE,0)

用 BUTTON _ PIO _ BASE 来代替函数中的参数，对其他的设备的访问使用相应设备的基地址的宏定义即可，不要使用硬件的二进制地址。

7.2　定时器

具有 Avalon 接口的定时器内核是 32 位的间隔定时器，可用于基于 Avalon 总线的处理器系统，比如 Nios Ⅱ 处理器系统。

定时器提供如下的特性。

◇ 可控制何时启动、停止和复位定时器。

◇ 两种计数模式：一次递减和连续递减。

◇ 递减周期寄存器。

◇ 当递减到零时，可屏蔽中断请求。

◇ 可选的看门狗定时器特性——当定时器计时到零时，复位系统。

◇ 可选的周期脉冲产生器特性——当定时器计时到零时，输出一个脉冲。

◇ 兼容 32 位和 16 位的处理器。

HAL 系统库中提供了 Nios Ⅱ 处理器的定时器的驱动程序。定时器内核在 SOPC Builder 中有现成的 IP，而且很容易集成到任何 SOPC Builder 生成的系统。

图 7-2 显示了定时器内核结构。定时器内核对用户可见的特性如下。

◇ 提供对 6 个 16 位寄存器访问的 Avalon 存储器映射接口。

◇ 可用作脉冲产生器的可选的脉冲输出。

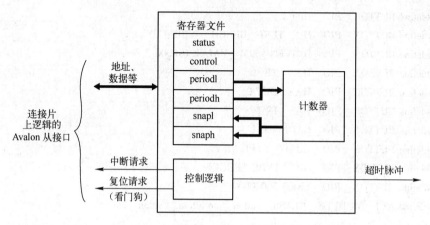

图 7-2　定时器内核结构

所有的寄存器都是 16 位的，这使定时器能够兼容 16 位和 32 位的处理器。某些寄存器只有在特定的配置下才在硬件上存在。例如，如果定时器配置成具有一个固定的周期，那么硬件上就没有周期寄存器了。

7.2.1　定时器寄存器描述

如果使用 Nios Ⅱ 处理器 HAL 系统库提供的标准的特性，程序开发人员可以不必通过寄存器来直接访问定时器。通常，寄存器映射只对开发驱动程序的人员有用。定时器具有可供 6 个用户访问的 16 位的寄存器。表 7-2 给出了定时器寄存器的映射。

表 7-2　定时器寄存器映射

偏移量	名　称	读/写	位　描　述						
			15	…	4	3	2	1	0
0	status	读/写	未定义					RUN	TO
1	control	读/写	未定义			STOP	START	CONT	ITO
2	periodl	读/写	超时周期-1（位 15..0）						
3	periodh	读/写	超时周期-1（位 31..16）						
4	snapl	读/写	计数器快照（位 15..0）						
5	snaph	读/写	计数器快照（位 31..0）						

1. 状态寄存器

状态寄存器有两个定义位，见表 7-3。

表 7-3　状态寄存器位

位	名称	读/写/清除	描　　　述
0	TO	读/清除	当内部的计数器减到 0 时，TO 位被置为 1。一旦被超时事件设置，TO 位将保持该状态，直到被主外设清除。向状态寄存器写入 0 即可清除 TO
1	RUN	读	当内部计数器运行时，RUN 位为 1；否则为 0。向 RUN 位写操作无效

2. 控制寄存器

控制寄存器有 4 个控制位，见表 7-4。

表 7-4　控制寄存器位

位	名称	读/写/清除	描　　　述
0	ITO	读/写	如果 ITO 位为 1，当状态寄存器 TO 是 1 时，定时器内核产生一个中断请求。当 ITO 位为 0 时，定时器不产生中断请求
1	CONT	读/写	CONT（continuous）位决定内部计数器达到 0 时的行为。如果 CONT 位为 1，计数器继续运行，直到它被 STOP 位停止。如果 CONT 为 0，计数器在达到零之后，停止运行。不管 CONT 位为何值，当计数器到 0 时，计数器重新装载 periodl 和 periodh 寄存器中存储的 32 位的计数器的初值
2	START	写	写 1 到 START 位启动内部计数器的运行（减 1 计数）。START 位是计数器使能位。如果定时器被停止了，写 1 到 START 位，则重启定时器计数，计数从计数器保存的当前值开始。如果定时器正在运行，写 1 到 START 位没有任何作用。写 0 到 START 位没有任何作用
3	STOP	写	写 1 到 STOP 位停止内部的计数器，STOP 位是使计数器停止工作的位。如果已经被停止了，写 1 到 STOP 位没有任何作用。写 0 到 STOP 位没有任何作用。如果定时器硬件配置没有 Start/Stop 控制位，写 STOP 位没有任何作用

7.2.2　软件编程

下面讨论定时器内核的编程模型，包括寄存器的映射和软件声明。定时器内核属于 HAL 支持的通用设备类型中的种类。Altera 为 Nios Ⅱ 处理器的用户提供了硬件抽象层（HAL）系统库驱动程序，使用户可以使用 HAL API（应用程序接口）来访问定时器内核。

1. HAL 系统库支持

Altera 提供的驱动程序将被集成到 HAL 系统库中。可能的话，HAL 用户应该使用 HAL

API 访问定时器，而不是访问定时器的寄存器。

Altera 为两种 HAL 定时器设备模型（系统时钟定时器和时间戳定时器）提供了驱动程序。

1）系统时钟驱动程序

当配置为系统时钟时，定时器以周期方式连续运行，周期使用的是 SOPC Builder 的设置值。系统时钟服务将作为这个定时器中断服务的一部分。驱动程序是中断驱动的，因此在系统硬件上，定时器必须连接有中断信号。

Nios Ⅱ IDE 允许用户在系统库属性中指定哪个定时器设备被用作系统时钟定时器。参看第 6 章相关内容。

2）时间戳驱动程序

如果定时器内核满足如下的条件，可用作时间戳设备。

◇ 定时器具有一个可写的周期寄存器，这可在 SOPC Builder 中配置。

◇ 定时器没有被设置成系统时钟。

Nios Ⅱ IDE 允许用户在系统库属性中指定哪个定时器设备用作时间戳定时器。如果定时器硬件没有被设置成具有可写的周期寄存器，则调用 alt_timestamp_start() API 函数不会复位时间戳计数器，但其他的 HAL API 调用则如预期的一样。Nios Ⅱ（EDS）提供了几个使用定时器内核的设计实例。

2. 软件文件

定时器内核提供了下面的软件文件。这些文件定义了访问底层硬件的接口，提供了 HAL 驱动程序。应用程序开发者不应该修改这些文件。

altera_avalon_timer_regs.h——定义了内核寄存器的映射，提供了对底层硬件的符号化的访问。

altera_avalon_timer.h、altera_avalon_timer_sc.c、altera_avalon_timer_ts.c 和 altera_avalon_timer_vars.c——实现了定时器设备的驱动程序。

应用程序开发者使用 HAL API 来访问定时器设备。HAL API 中的参数要用到定时器设备的信息，这些信息在 system.h 中定义。下面的代码是电子钟设计中的 system.h 文件中有关定时器的预定义。

```
#define SYS_CLK_TIMER_NAME "/dev/sys_clk_timer"
#define SYS_CLK_TIMER_TYPE "altera_avalon_timer"
#define SYS_CLK_TIMER_BASE 0x00000820
#define SYS_CLK_TIMER_SPAN 32
#define SYS_CLK_TIMER_IRQ 1
#define SYS_CLK_TIMER_ALWAYS_RUN 0
#define SYS_CLK_TIMER_FIXED_PERIOD 0
```

```
#define SYS _ CLK _ TIMER _ SNAPSHOT 1
#define SYS _ CLK _ TIMER _ PERIOD 10
#define SYS _ CLK _ TIMER _ PERIOD _ UNITS "ms"
#define SYS _ CLK _ TIMER _ RESET _ OUTPUT 0
#define SYS _ CLK _ TIMER _ TIMEOUT _ PULSE _ OUTPUT 0
#define SYS _ CLK _ TIMER _ MULT 0. 001
#define SYS _ CLK _ TIMER _ FREQ 85000000
#define ALT _ MODULE _ CLASS _ sys _ clk _ timer altera _ avalon _ timer
```

7.3　异步串口 UART

具有 Avalon 接口的通用异步收发机（universal asynchronous receiver/transmitter，UART）内核实现了 Altera FPGA 片上的嵌入式系统和片外设备之间的串行的字符流的传输。UART 内核实现了 RS-232 协议的定时，并且提供了可调的波特率、奇偶校验位、停止和数据位，以及可选的 RTS/CTS 流控制信号。

特性集是可配置的，允许设计者只实现特定系统的必要的功能。UART 内核提供了寄存器映射的 Avalon 从接口，这样就允许 Avalon 主外设（如 Nios Ⅱ 处理器）通过读/写数据控制寄存器和 UART 内核通信。

UART 内核是 SOPC Builder 提供的，它可以很容易地集成到任意的 SOPC Builder 生成的系统中。

7.3.1　UART 内核功能描述

一个典型系统的 UART 内核构成如图 7-3 所示。

UART 内核有两个部分对用户是可见的。

◇ 寄存器文件，通过 Avalon 从端口进行访问。

◇ RS-232 信号，RXD、CTS、TXD 和 RTS。

1. Avalon 从端口和寄存器

UART 内核为寄存器提供了一个 Avalon 从端口。UART 内核的用户接口包含 6 个 16 位的寄存器：control、status、rxdata、txdata、divisor 和 endofpacket。主外设（如 Nios Ⅱ 处理器）通过访问寄存器来控制内核，在串行的连接通道上传输数据。

UART 内核提供一个高电平有效的中断请求输出，当接收到新数据时或 UART 内核准备发送一个新的字符时，请求一个中断。

Avalon 从端口能进行具有流控制的传输。UART 内核可以和具有 Avalon 流控制的 DMA

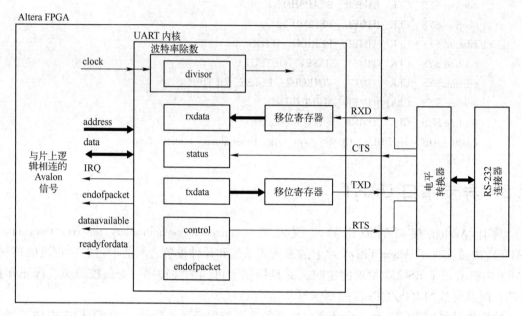

图 7-3   一个典型系统的 UART 内核构成框图

外设联合使用，以实现自动连续的数据传输，例如内核和存储器之间的传输。

2. RS-232 接口

UART 内核可实现 RS-232 异步发送和接收逻辑。UART 内核通过 TXD 和 RXD 端口发送和接收串行数据。大多数 Altera FPGA 系列的 I/O 缓存和 RS-232 电平不相匹配，如果直接被来自 RS-232 连接器的信号驱动，可能会对 UART 内核造成损坏。为了和 RS-232 电压信令规范匹配，须在 FPGA I/O 管脚和外部的 RS-232 连接器之间加入一个外部的电压转换缓冲器，比如 Maxim MAX3237。UART 内核使用负逻辑，FPGA 内的变极器可以用来翻转任何 RS-232 信号的极性。

3. 发送器逻辑

UART 发送器包含一个 7、8 或 9 位的 txdata 保持寄存器，以及一个相应的 7、8 或 9 位的发送移位寄存器。Avalon 主外设通过 Avalon 从端口写 txdata 保持寄存器。当没有串行的发送移位操作在进行时，发送移位寄存器自动装载 txdata 保持寄存器。发送移位寄存器直接提供 TXD 输出，数据最低有效位最先移出到 TXD。

以上的两个寄存器提供双重的缓冲。当主外设之前写入的数据正在从发送移位寄存器移出时，主外设可以写入 txdata 保持寄存器一个新的数据。通过读状态寄存器的发送器就绪位（trdy）、发送器移位寄存器空位（tmt）和发送器溢出错误位（toe），发送器主外设可以监控发送器的状态。

发送器逻辑按照 RS-232 规范的要求，在串行的 TXD 数据流中自动插入正确的开始位、停止位和奇偶校验位。

4. 接收器逻辑

UART 接收器包含一个 7、8 或 9 位的接收器移位寄存器，以及一个相应的 7、8 或 9 位的保持寄存器 rxdata。Avalon 主外设通过 Avalon 从端口读 rxdata 保持寄存器。每当一个新字符被完整接收，rxdata 保持寄存器自动装载移位寄存器的内容。

以上的两个寄存器提供双重的缓冲。当后续的字符正在移入接收器移位寄存器时，rxdata 寄存器可以保存之前接收到的字符。

主外设通过读状态寄存器的读就绪位（rrdy）、接收器溢出错误位（roe）、间断检测位（brk）、奇偶校验错误位（pe）和帧错误位（fe），来监控接收器状态。接收器逻辑按照 RS-232 的规范要求，在串行的 RXD 数据流中自动检测正确的开始、停止和奇偶校验。接收器逻辑检查接收数据中的 4 种异常情况（帧错误、奇偶校验错误、接收器溢出错误和间断），并且设置相应的状态寄存器位（fe，pe，roe，brk）。

5. 波特率生成

UART 内核内部波特率时钟来自 Avalon 时钟输入，内部波特率时钟通过时钟分频器产生。除数值来自下面两个值。

◇ 在系统生成时指定的一个常数值。

◇ 在 divisor 寄存器中存储的 16 位值。

divisor 寄存器是一个可选的硬件特性，如果在系统生成时，没有使能 divisor 寄存器，除数值则是固定的，波特率就不能被改变了。

7.3.2　在 SOPC Builder 中实例化 UART

实例化 UART 在硬件上会产生至少两个 I/O 端口，即 RXD 输入和 TXD 输出。硬件也可能包括流控制信号，即 CTS 输入和 RTS 输出。

下面来讲述 UART 的配置。

1. 波特率选项

UART 内核可以实现 RS-232 连接的任何标准的波特率。波特率可以通过下面的两种方法进行配置。

◇ 固定的波特率——波特率在系统生成时被固定，并且不能通过 Avalon 从端口进行改变。

◇ 可变的波特率——基于存储在 divisor 寄存器中的时钟分频值，波特率可以改变。主外设通过写入 divisor 寄存器新值来改变波特率。

波特率设置决定着复位之后默认的波特率。波特率选项提供标准的预置值（如 9 600 bps，57 600 bps，115 200 bps），用户也可以手动输入任何的波特率值。

波特率的值用来计算适合的时钟除数值。波特率和除数值之间的关系如下：

$$除数 = int((时钟频率)/(波特率) + 0.5)$$

$$波特率 = (时钟频率)/(除数 + 1)$$

在 SOPC Builder 中实例化 UART 时，如果选中了波特率可以通过软件改变的选项，则 UART 内核硬件会包含有一个 16 位 divisor 寄存器，该寄存器的地址偏移量为 4。divisor 寄存器是可写的，所以波特率可以通过写入该寄存器一个新值来进行改变。

如果不选择这个选项，UART 硬件则不包含 divisor 寄存器。UART 硬件可实现一个不变的波特率除数，这个值在系统生成之后就不能被改变了。此时，对地址偏移量为 4 的地址写操作没有任何结果，对该地址读操作则将返回一个未定义的结果。

2. 数据位、停止位、奇偶校验位

UART 内核的数据位、停止位和奇偶校验位是可配置的。这些设置在系统生成时被确定，不能通过寄存器文件进行修改。表 7-5 中的 UART 内核数据位设置是可用的。

表 7-5　UART 内核数据位设置

设　　置	允许的值	描　　述
数据位（data bits）	7、8、9	这项设置决定 txdata、rxdata 和 endofpacket 寄存器的宽度
停止位（stop bits）	1、2	这项设置决定 UART 内核每个字符是传输 1 个还是 2 个停止位，UART 内核总是在第一个停止位终止接收，并忽略所有后续的停止位，而不管停止位的设置
奇偶校验位（parity）	None、Even、Odd	这项设置决定 UART 是否发送带有奇偶校验的字符，是否期望接收的字符具有奇偶校验位

当奇偶校验位设置为 None 时，发送逻辑发送没有奇偶校验位的数据，并且接收逻辑认为输入的数据也不含奇偶校验位。当奇偶校验位设置为 None 时，状态寄存器 pe（parity error）位没有实现。

当奇偶校验设置为 Odd 或 Even 时，发送逻辑计算和插入需要的奇偶校验位到输出的 TXD 比特流中，接收逻辑检查输入的 RXD 比特流中的奇偶校验位。如果接收器发现数据具有错误的奇偶校验，则设置状态寄存器的 pe 位为 1。当奇偶校验位被设置为 Even 时，如果字符具有偶数个 1，奇偶校验位为 0，否则奇偶校验位为 1。类似地，当奇偶校验位被设置为 Odd 时，如果字符具有奇数个 1，则奇偶校验位为 0。

3. 流控制

UART 内核的设置中有"Include CTS/RTS pins & control register bits"选项。如果选中这个选项，则 UART 内核硬件如下。

◇ CTS_N（负逻辑 CTS）输入端口。

◇ RTS_N（负逻辑 RTS）输出端口。

◇ status 寄存器的 cts 位。

◇ status 寄存器的 dcts 位。

◇ control 寄存器的 rts 位。

◇ control 寄存器的 idcts 位。

基于这些硬件，Avalon 主外设能够检测 cts 位和发送 RTS 流控制信号。CTS 输入端口和 RTS 输出端口直接连接到状态寄存器和控制寄存器的相应位上，对 UART 内核的其他部分没有直接的影响。

当"Include CTS/RTS pins & control register bits"选项没有选中时，UART 内核就不包括上面所列的硬件。控制/状态位 cts、dcts、idcts 和 rts 都不进行实现。它们读总是 0。

4. Avalon 流控制传输

UART 内核可选择实现具有流控制的 Avalon 传输。这样，只有当 UART 内核准备好接收新的字符时，Avalon 主外设才进行写数据；只有当内核有可用的数据时，主外设才进行读数据。UART 内核也可以选择是否包含 end of packet 寄存器。

当选中"Include end-of-packet register"选项时，UART 内核包括如下内容。

◇ 偏移量为 5 的地址，一个 7、8 或 9 位的 endofpacket 寄存器。数据宽度由 Data Bits 设置决定。

◇ 状态寄存器的 eop 位。

◇ 控制寄存器的 ieop 位。

◇ Avalon 接口中的 endofpacket 信号，以支持来自和去往系统中主外设的具有流控制的数据传输。

end-of-packet（EOP）检测允许 UART 内核终止同具有流控制的主外设之间的数据传输，且 EOP 检测可同 DMA 控制器一起使用，如可实现 UART 自动将接收到的字符写入存储器，直到在 RXD 数据流中遇到一个指定的字符。包终止（end-of-packet）字符值由 end of packet 寄存器决定。当 end of packet 寄存器没有使能时，UART 内核不包括上面所列的资源。此时，写 endofpacket 寄存器没有结果，读则返回一个未定义的值。

7.3.3　UART 寄存器描述

应用程序使用 HAL API 访问 UART 内核，而不通过直接访问 UART 内核寄存器的方式。通常，寄存器映射只是对编写内核的驱动程序才有用。

表 7-6 显示了 HAL 内核的寄存器映射，设备驱动通过存储器映射寄存器控制内核并与内核通信。

表 7-6　UART 内核寄存器映射

偏移量	寄存器名	读/写	15~13	12	11	10	9	8	7	6	5	4	3	2	1	0
			描述/寄存器位													
0	rxdata	读	①					②	②	接收数据						
1	txdata	写	①					②	②	发送数据						
2	status③	读/写	①	eop	cts	dcts	①	e	rrdy	trdy	tmt	toe	roe	brk	fe	pe
3	control④	读/写	①	ieop	rts	idcts	trbk	ie	irrdy	itrdy	itmt	itoe	iroe	ibrk	ife	ipe
4	divisor	读/写	波特率除数													
5	endofpacket	读/写	①					②	②	end-of-packet 值						

注：① 这些位保留。对其读操作返回未定义的值，写操作清零。

② 这些位可能存在，也可能不存在，取决于 Data Width 硬件选项。如果不存在，读返回 0，写没有任何结果。

③ 写 0 到状态寄存器，将 dcts、e、toe、roe、brk、fe 和 pe 位清零。

④ 该寄存器可能存在也可能不存在，取决于硬件配置选项。如果不存在，读返回一个未定义的值，写则没有任何结果。

有些寄存器和寄存器位是可选的，这些寄存器和寄存器位只有在系统生成时使能了，才能在硬件中存在。

1. rxdata 寄存器

rxdata 寄存器保存由 RXD 输入接收到的数据。当一个新的字符由 RXD 输入完全接收时，就会被传输进入 rxdata 寄存器。status 寄存器的 rrdy（receive character ready）位被置为 1。当 rxdata 寄存器中的字符被读出后，status 寄存器的 rrdy 位被置为 0。当 rrdy 位为 1（前面的数据还没有读出），且又有字符输入 rxdata 寄存器时，将发生接收溢出错误，status 寄存器的 roe（receiver overrun error）位被置为 1。不管前一个字符是否已经被读出，新的字符总是被传输到 rxdata 寄存器。写 rxdata 寄存器无效。

2. txdata 寄存器

Avalon 主外设将要发送的字符写入 txdata 寄存器，且直到发送器准备好发送一个新的字符时，字符才被写入 txdata 寄存器。当字符写入 txdata 寄存器时，trdy 位被置为 0。当字符由 txdata 寄存器传输到发生器移位寄存器之后，trdy 位被置为 1。当 trdy 位置为 0 时，写入字符到 txdata 寄存器，结果是未定义的，而读 txdata 寄存器，将返回一个未定义的值。

3. status 寄存器

status 寄存器的每个单独的位反映 UART 内核的特定状态，见表 7-7。每个状态位是和 control 寄存器中相应的中断使能位相联系的。可以在任何时候读 status 寄存器。读不会改变任何位的值。写 0 到 status 寄存器，将对 dcts、e、toe、roe、brk、fe 和 pe 位清零。

表 7-7　status 寄存器位

位	位名称	读/写/清零	描　　述
0	pe[①]	读/清零	parity error。当接收的校验位有不期望的逻辑值发生时，奇偶校验错误发生。当内核接收到的字符奇偶校验不正确时，置 pe 位为 1。pe 位为 1 且保持不变，直到通过写状态寄存器将其清零。当 pe 位置为 1 时，从 rxdata 寄存器读数据，返回一个未定义的值。如取 parity 硬件选项没被使能，则 UART 内核不执行奇偶校验，读 pe 位总是 0
1	fe	读/清零	framing error。当接收器没能检测到正确的停止位时，将发生帧错误。帧错误发生时，fe 位设为 1。fe 位为 1 时，需要通过写状态寄存器将其清零。当 fe 位为 1 时，读 rxdata 寄存器，返回未定义的值
2	brk	读/清零	break detect。当 RXD 引脚保持低电平的时间大于一个完整的字符（data bits 加上 start、stop 和 parity 位）时间时，接收逻辑将检测到间断。当检测到间断时，brk 位设为 1。brk 位为 1 时，需要写状态寄存器将其清零
3	roe	读/清零	receive overrun error。当新接收的字符传输到 rxdata 寄存器，而前一个字符还没有读取（rrdy 为 1）时，将发生接收溢出错误。此时，roe 位置为 1，且接收数据寄存器中前一个字符被改写。roe 为 1 时，需要写状态寄存器将其清零
4	toe	读/清零	transmit overrun error。当前一个字符从 txdata 寄存器传输到移位寄存器前，对 txdata 写入新的字符，将发生发送溢出错误。此时，toe 位为 1。toe 位为 1 时，需要写状态寄存器将其清零
5	tmt	读	transmit empty。tmt 位指示发送移位寄存器的当前状态。当发送移位寄存器正将字符从 TXD 引脚输出时，tmt 位为 0。当发送移位寄存器空闲时（没有字符发送），tmt 位为 1。Avalon 主控制器可以通过检查 tmt 位确定发送是否完成（并在串行连接的另一端接收）
6	trdy	读	transmit ready。trdy 位指示发送数据寄存器的当前状态。当发送数据寄存器为空时，须准备好接收新字符且 trdy 为 1。当发送数据寄存器为满时，trdy 位为 0。Avalon 主外设必须等到 trdy 位变为 1 时，才可以写入新数据到发送数据寄存器
7	rrdy	读	receive character ready。rrdy 位指示接收数据寄存器的当前状态。当接收数据寄存器为空时，没有准备好读的数据，rrdy 位为 0。当新接收的值传输到接收数据寄存器时，rrdy 位为 1。读接收数据寄存器将 rrdy 位清零。Avalon 主外设必须等到 rrdy 位为 1 时，才可以读接收数据寄存器

续表

位	位名称	读/写/清零	描 述
8	e	读/清零	exception。e 位指示异常情况的发生。e 位是 toe、roe、brk、fe 和 pe 位的逻辑或。e 位与控制寄存器中对应的 ie 位一起提供了一种方便的允许/禁止所有错误中断的方法。 写状态寄存器的操作将 e 位置为 0
10①	dcts	读/清零	change in clear to send signal。只要在 CTS_N 输入端口上检测到逻辑电平的跳变（采样与 Avalon 时钟同步），dcts 位置为 1。该位通过 CTS_N 的上升沿和下降沿跳变设置。dcts 位为 1 且保持不变，直到写状态寄存器将其清零。如果 Flow Control 硬件选项没有被使能，那么 DCTS 位总为 0
11①	cts	读	clear to send singnal。cts 位反映 CTS_N 输入的瞬时值（采样与 Avalon 时钟同步）。CTS_N 引脚为负逻辑，因此当 CTS_N 输入为 0 电平时，cts 位为 1。CTS_N 输入对发送或接收逻辑没影响。CTS_N 输入仅影响 cts 和 dcts 位状态，且当控制寄存器的 idcts 位使能时，有可能产生中断。 如果 Flow Control 的硬件选项没有使能，那么 cts 位总为 0
12①	eop	读	end of packet。以下事件发生时，eop 位为 1： ◇ 向发送数据寄存器写入 eop 字符； ◇ 从接收数据寄存器接收 eop 字符。 　eop 字符由数据包结束符寄存器的内容确定。eop 位为 1 且保持不变，直到写状态寄存器将其清零。 如果不使能 Include End-of-Packet 硬件选项，那么 eop 位总为 0

注：①该位可选，但可能在硬件上不存在。

4. control 寄存器

control 寄存器包含控制 UART 内核操作的位，每一位控制 UART 内核的一个方面。control 寄存器的值可以在任何时刻读取。control 寄存器的每一位使能状态寄存器中相应位的中断。当状态位和它的相应的中断使能位都为 1 时，内核将产生一个中断请求。例如，状态寄存器的 pe 位为 0，控制寄存器的 ipe 位为 0，当 pe 位和 ipe 位都为 1 时将产生中断。表 7-8 为控制寄存器的位。

表 7-8　控制寄存器位

位	位名称	读/写	描 述
0	ipe	读/写	使能奇偶校验错误中断
1	ife	读/写	使能帧错误中断
2	ibrk	读/写	使能间断检测中断
3	iroe	读/写	使能接收溢出错误中断
4	itoe	读/写	使能发送溢出错误中断
5	itmt	读/写	使能发送移位寄存器为空时中断

位	位名称	读/写	描　　述
6	itrdy	读/写	使能发送准备就绪中断
7	irrdy	读/写	使能读准备就绪中断
8	ie	读/写	使能异常中断
9	trbk	读/写	发送间断。trbk 位允许 Avalon 主外设在 TXD 输出引脚上发送间断字符。当 trbk 位被置为 1 时，TXD 信号被强迫置为 0。trbk 位相对于发送器其他逻辑对 txd 有高的控制权。trbk 位干扰正在进行的传输。当间断期过去之后，Avalon 主外设必须重新将 trbk 位置回 0
10	idcts	读/写	使能 CTS 信号，改变中断
11①	rts	读/写	请求发送信号。rts 位直接提供给 RTS＿N 端口输出。Avalon 主外设可以在任何时刻写 rts 位。rts 位的值只影响 RTS＿N 端口输出，不会影响发生器和接收器的逻辑。RTS＿N 输出是负逻辑，当 rts 位为 1 时，低电平逻辑（0）被驱动到 RTS＿N 输出端口。 如果 Flow Control 硬件选项没有使能，读 rts 位总为 0，写则没有任何的结果
12	ieop	R/W	使能包结束符中断

注：① 该位是可选的，硬件上可能不存在。

5. divisor 寄存器（可选）

divisor 寄存器用来产生波特率时钟，采用的波特率由下面的公式决定：

$$波特率 = (时钟频率) / (除数 + 1)$$

divisor 寄存器是一个可选的硬件特性，如果 Baud Rate Can Be Changed By Software 硬件选项没有使能，divisor 寄存器就不存在。这种情况下，写 divisor 寄存器没有任何结果，读 divisor 寄存器将返回一个未定义的值。

6. end of packet 寄存器（可选 I）

end of packet 寄存器的值决定可变长度的 DMA 传输的包结束字符。复位之后，end of packet 寄存器默认的值是 0，即 ASCII 的 null 字符（＼0）。

end of packet 寄存器是一个可选的硬件特性。如果 Include end-of-packet register 硬件选项没有使能，则 end of packet 寄存器不存在。这种情况下，写 end of packet 寄存器没有任何结果，读则会返回一个未定义的值。

7.3.4　中断行为

UART 内核输出一个单独的中断请求信号给 Avalon 接口，这样就可以连接到系统中的主外设，如 Nios Ⅱ 处理器。主外设必须读 status 寄存器以确定中断的原因。每一种中断情况，都与 status 寄存器中的一位和 control 寄存器中的一个中断使能位相联系。当任何一种中断情况发生时，与之相关的状态位将被置为 1，直到中断请求被确认。当状态位和其相应的中断使能位为 1 时，将产生 IRQ 输出。主外设可以通过清除状态寄存器来确认 IRQ。

复位时，所有的中断使能位都设成 0，所以，UART 内核不能产生中断请求，直到主外设设置一个或多个中断使能位为 1。

7.3.5　软件编程

对于 Nios Ⅱ 处理器的使用者，Altera 提供 HAL 系统库驱动程序，用户可以使用 ANSI C 标准库函数来访问 UART 内核，例如使用 printf( ) 和 getchar( ) 函数。

1. HAL 系统库支持

Altera 提供的驱动程序实现了 HAL 字符模式设备驱动程序，并将字符模式设备的驱动程序集成到 Nios Ⅱ 系统的 HAL 系统库中。HAL 用户应该使用熟悉的 HAL API 和 ANSI C 标准库函数来访问 UART，而不是通过访问 UART 寄存器的方式。HAL 用户可以使用 ioctl( ) 函数来控制 UART 硬件的相关方面。

对于 Nios Ⅱ 处理器的用户，HAL 系统库 API 提供完整的 UART 内核特性访问。Nios Ⅱ 编程将 UART 内核当成一个字符模式设备处理，使用 ANSI C 标准库函数进行发送和接收数据。驱动程序支持 CTS/RTS 控制信号。

下面的代码演示使用 printf( ) 函数打印一条消息到标准输出设备。本例中，SOPC Builder 系统包含一个 UART 内核，HAL 系统库使用 UART 作为标准输出设备。

例　打印字符到作为标准输出设备的 UART 内核。

```
#include <stdio. h>
int main( )
{
printf( "Hello world.\n" );
return 0;
}
```

下面的代码演示了使用 ANSI C 标准库函数从 UART 设备读字符和向 UART 设备发送消息。本例中，SOPC Builder 系统包含一个 UART 内核 uart1，该设备没有必要配置成标准输出设备。这种情况下，程序处理该设备就像处理 HAL 文件系统中的其他节点一样。

例　接收和发送字符。

```
/* A simple program that recognizes the characters 't' and 'v' */
#include <stdio. h>
```

```
#include <string. h>
int main( )
{
char * msg = "Detected the character 't'. \n";
FILE * fp;
char prompt = 0;
fp = fopen ("/dev/uart1","r+") ; //Open file for reading and writing
if (fp)
{
while (prompt != 'v')
{ // Loop until we receive a 'v'.
prompt = getc(fp) ; // Get a character from the UART.
if (prompt == 't')
{ // Print a message if character is 't'.
fwrite (msg,strlen (msg),1,fp);
}
}
fprintf(fp,"Closing the UART file. \n") ;
fclose (fp);
}
return 0;
}
```

2. 驱动程序选项

为了满足不同类型系统的需求，UART 驱动程序提供了两个版本：快速版本（fast version）和小型版本（small version）。默认使用快速版本。快速和小型版本驱动程序都完全支持 ANSI C 标准库函数和 HAL API。

快速驱动程序采用中断驱动的实现方法，这样当设备没有准备好发送或接收数据时，允许处理器执行其他的任务。UART 数据速率比处理器要慢，因此采用快速驱动程序可以提高系统的性能。

小型版本驱动程序采用的是查询实现方法，在发送和接收每一个字符之前，要等待 UART 硬件。有两种方法来使能小型驱动程序。

第一种方法是在 HAL 系统库工程属性中使能小型版本，这会影响系统中所有的设备驱动程序。第二种方法是指定预处理器选项 DALTERA _ AVALON _ UART _ SMALL。如果用户要使用小型、查询版本的 UART 驱动程序，使用这个选项，不会影响系统中其他设备的驱动程序。

如果在硬件上使能了 CTS/RTS 流控制信号，快速版本将自动使用这些信号，而小型版本会忽略这些信号。

3. ioctl( ) 操作

UART 驱动程序支持 ioctl( ) 函数，允许基于 HAL 程序请求设备相关的操作。表 7-9 定义了 UART 驱动程序支持的操作请求。

表 7-9　UART 支持的操作请求

请　　求	意　　义
TIOCEXCL	锁定设备为独占的访问。此时，调用 open( ) 函数来打开该设备会失败，直到该文件描述符关闭或者通过使用 TIOCNXCL ioctl 请求释放锁定。本请求成功，则设备的文件描述符就不存在。ioctl 的 arg 参数被忽略
TIOCNXCL	释放先前的独占访问锁定。ioctl 的 arg 参数被忽略

附加操作请求仅对快速驱动程序是可选的，见表 7-10。要在用户程序中使能这些操作，用户必须设置预处理器选项 DALTERA ＿ AVALON ＿ UART ＿ USE ＿ IOCTL。

表 7-10　快速驱动可选的 UART 的 iotcl( ) 操作

请　　求	意　　义
TIOCMGET	通过输入 termios①结构内容，返回当前的设备配置。该结构的指针被提供给 ioctl 作为 opt 参数
TIOCMSET	根据输入 termios 结构①的值，设置设备的配置。该结构的指针被提供给 ioctl 作为 arg 参数

注：① termios 结构由 Newlib C 标准库定义，用户可以在文件<Nios Ⅱ EDS installpath>/components/altera＿hal/HAL/inc/sys/termios. h 中找到其定义。

4. 软件文件

系统库中提供了 UART 内核底层硬件接口和 HAL 驱动程序。应用程序开发人员不应该修改这些文件。

◇ altera＿avalon＿uart＿regs. h——定义了内核的寄存器映射，提供了符号常数来访问底层硬件。文件中的常数只能被设备驱动程序函数使用。

◇ altera＿avalon＿uart. h, altera＿avalon＿uart. c——这些文件实现了 HAL 系统库的 UART 内核设备驱动程序。

7.4　Optrex 16207 LCD 控制器内核

具有 Avalon 接口的 Optrex 16207 LCD 控制器内核提供给 Nios Ⅱ 处理器在 Optrex 16207（或相当的）16x2-字符型 LCD 屏显示字符所需要的硬件接口和软件驱动程序。在 HAL 系统库中，设备驱动程序被提供给 Nios Ⅱ 处理器。Nios Ⅱ 程序使用 ANSI C 标准库函数访问 LCD 控制器（属于字符型设备），如 printf( ) 函数。LCD 控制器由 SOPC Builder 提供，它很容易集成到 SOPC Builder 生成的系统中。Nios Ⅱ EDS 包含 Optrex LCD 模块，并且提供了几个现成的设计例子。通过 LCD 控制器，可在 Optrex 16207 上显示文本。

7.4.1　功能描述

LCD 控制器硬件包含两个用户可见的部分，如图 7-4 所示。

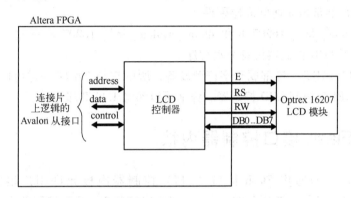

图 7-4　LCD 控制器的结构图

◇ 连接到 Optrex 16207 LCD 屏引脚的 11 个信号，这些信号在 Optrex 16207 数据手册中定义。
- E——输出使能。
- RS——寄存器选择（输出）。
- R/W——读或写（输出）。
- DB0～DB7——数据总线（双向）。

◇ Avalon 从接口，提供对 4 个寄存器的访问——HAL 设备驱动程序使用户不必直接访问寄存器，因此，Altera 不提供寄存器使用的细节。

LCD 控制器硬件支持所有的 Altera FPGA 系列。LCD 控制器驱动程序支持 Nios Ⅱ 处理器。驱动程序不支持第一代 Nios 处理器。

7.4.2　软件编程

1. HAL 系统库支持

Altera 为 Nios Ⅱ 处理器提供 HAL 系统库驱动程序，使用户可以使用 ANSI C 标准库函数访问 LCD 控制器。Altera 提供的驱动程序将集成到 HAL 系统库。LCD 驱动程序是标准的字符型设备，因此使用 printf( ) 函数是最简单的显示字符的方法。

LCD 驱动程序要求 HAL 系统库包含系统时钟驱动程序。

2. 软件文件

LCD 控制器提供了下面的软件文件。这些文件定义了硬件的底层接口，并且提供了 HAL 驱动程序。应用程序开发人员不应该修改这些文件。

◇ altera _ avalon _ lcd _ 16207 _ regs. h——该文件定义了控制器内核的寄存器映射，提供了符号化的常数来访问底层硬件。

◇ altera _ avalon _ lcd _ 16207. h 和 altera _ avalon _ lcd _ 16207. c——这些文件为 HAL 系统库实现了 LCD 控制器设备驱动程序。

LCD 控制器和 UART 一样都属于字符型设备，所以它与 UART 一样可以使用 ANSI C 标准库函数和 HALAPI 来访问 LCD 控制器。详情可以参考 UART 部分。

7.5　通用 Flash 接口控制器内核

具有 Avalon 接口的通用 Flash 接口（CFI）控制器内核允许用户很容易地将 SOPC Builder 系统同外部的遵循 CFI 规范的 Flash 存储器连接起来。CFI 控制器由 SOPC Builder 提供，很容易集成到 SOPC Builder 生成的系统中去。

对于 Nios Ⅱ 处理器，Altera 为 CFI 控制器提供了 HAL 驱动函数。驱动程序提供了通用的访问遵循 CFI 规范的 Flash 存储器函数，因此用户不需要写任何额外的代码。HAL 驱动程序利用 HAL 通用设备模型，允许用户使用熟悉的 HAL API 或 ANSI C 标准库 I/O 函数来访问 Flash 存储器。

7.5.1　功能描述

Nios Ⅱ EDS 提供了基于 Nios Ⅱ 处理器和 CFI 控制器的 Flash Programmer 工具，Flash Programmer 工具可以用于编程任何遵循 CFI 规范的连接到 Altera FPGA 的 Flash 存储器。图 7-5 为典型系统配置中 CFI 控制器的原理图。Flash 设备的 Avalon 接口是通过 Avalon 三态桥进行连接的。三态桥生成一个片外存储器总线，允许 Flash 芯片同其他的存储器芯片共享地址和数据管脚。

Avalon 三态桥为每个连接到存储器总线的芯片提供了独立的 chipselect、read _ n 和 write _ n 管脚。最小化的 CFI 控制器的硬件，只是配置有适合 Flash 芯片的等待周期、建立时间和保持时间的 Avalon 三态从端口。从端口能够进行 Avalon 三态读传输和写传输。Avalon 主端口能够直接对 CFI 控制器的 Avalon 从 0 端口执行读传输。

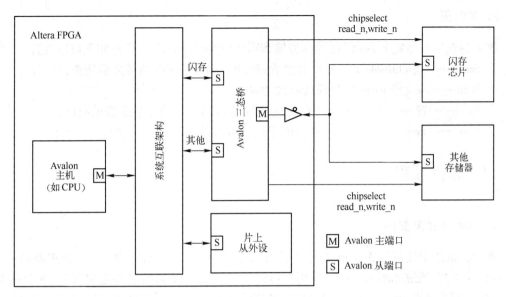

图 7-5　CFI 控制器原理图

7.5.2　在 SOPC Builder 中实例化 CFI 控制器内核

硬件设计者使用 SOPC Builder 中 CFI 的 MegaWizard 来设定 CFI 控制器内核的特性。MegaWizard 包含有以下的设置页面。

1. 属性页

该页中的选项可控制 CFI 控制器的基本硬件配置。

1）Presets 设置

Presets 下拉菜单中提供了已经预先配置好使用 CFI 控制器的 Flash 芯片。用户选择 Presets 下拉菜单中的一个芯片，MegaWizard 会更新两个页面的所有设置为指定的 Flash 芯片的设置。如果用户目标板上的 Flash 芯片在 Presets 下拉菜单中不存在，用户必须手动配置其他的设置。

2）size 设置

size 设置用于设定 Flash 设备的容量，这里有两种配置。

◇ Address Width——Flash 芯片地址总线的宽度。

◇ Data Width——Flash 芯片数据总线的宽度。

size 设置可使得 SOPC Builder 分配正确数量的地址空间给 Flash 设备。SOPC Builder 会自动生成动态总线对齐逻辑，以使得 Flash 芯片能够正确地与具有不同数据宽度的 Avalon 主端口进行连接。

2. 定时页

该页的选项可指定 Flash 设备的读传输和写传输的时序要求,具有如下可用设置。

◇ Setup——置 chipselect 信号有效之后到发出 read 或 write 信号之前所需的时间。

◇ Wait——read 或 write 信号保持有效的时间。

◇ Hold——置 write 信号无效之后到置 chipselect 信号无效之前所需的时间。

◇ Units——Setup、Wait 和 Hold 值的单位。可以是 ns、μs、ms 和时钟周期。

7.5.3 软件编程

1. HAL 系统库支持

通常,系统中任何的 Avalon 主外设都可以读 Flash 芯片。对于 Nios Ⅱ 处理器的用户,Altera 提供 HAL 系统库驱动程序,使用户可以使用 HAL API 函数来擦除和写 Flash 存储器。

Altera 提供的驱动程序实现了 HAL Flash 设备的驱动程序,并且集成到了 Nios Ⅱ 系统的 HAL 系统库中。应用程序调用熟悉的 HAL API 函数来对遵循 CFI 规范的 Flash 存储器进行编程。用户不必知道底层驱动的细节。

Nios Ⅱ EDS 提供了参考设计——Flash Tests,演示了如何擦除、写和读 Flash 存储器。目前,Altera 提供的 CFI 控制器的驱动只支持 AMD 和 Intel 的 Flash 芯片。

2. 软件文件

CFI 控制器提供如下的软件文件,这些文件定义了对硬件的底层访问,并且提供了 HAL Flash 设备的驱动程序。应用程序开发人员不可修改这些文件。

altera _ avalon _ cfi _ Flash. h,altera _ avalon _ cfi _ Flash. c——将驱动程序集成到 HAL 系统库中所需要的函数和变量的头文件和源代码。

altera _ avalon _ cfi _ Flash _ funcs. h,altera _ avalon _ cfi _ Flash _ table. c——和访问 CFI 表有关的函数的头文件和源代码。

altera _ avalon _ cfi _ Flash _ amd _ funcs. h、altera _ avalon _ cfi _ Flash _ amd. c——对 AMD Flash 芯片编程的头文件和源代码。

altera _ avalon _ cfi _ Flash _ intel _ funcs. h、altera _ avalon _ cfi _ Flash _ intel. c——对 Intel Flash 芯片编程的头文件和源代码。

7.6 DMA 控制器内核

具有 Avalon 接口的 DMA 控制器内核可执行大块的数据传输,从一个源地址范围读数

据，然后写数据到不同的地址范围。Avalon 主外设（如 CPU），能够将存储器传输任务下放
给 DMA 控制器。DMA 控制器在执行存储器传输时，主外设能够并行地执行其他的任务。

DMA 控制器能尽可能高效地传输数据，以源存储器和目的存储器所能允许的最大速率
读和写数据。DMA 控制器能执行具有流控制的 Avalon 传输，使其能自动地以外设允许的最
大速率，向/从一个具有流控制的低速外设传输数据。

DMA 控制器由 SOPC Builder 提供，并且很容易集成到系统中去。

7.6.1 功能描述

DMA 控制器用于执行从源地址空间到目的地址空间的直接存储器访问数据传输。源和
目的可以是 Avalon 从外设（固定的地址）或是存储器内的一段地址范围。DMA 控制器可以
同具有流控制的外设联合使用，可以进行有固定长度和可变长度的数据处理。当 DMA 传输
结束后，DMA 控制器可以发一个中断请求信号。DMA 数据传输可定义为一个或多个由 DMA
控制器内核发起的 Avalon 传输的序列。DMA 控制器具有两个 Avalon 主端口，一个读主端口
和一个写主端口，还有一个 Avalon 从端口用于控制 DMA 控制器，如图 7-6 所示。

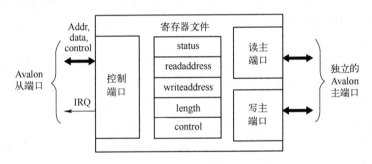

图 7-6 DMA 控制器内核原理图

典型的 DMA 处理过程如下。

（1）CPU 通过写控制端口来使 DMA 控制器为一次处理做好准备。

（2）CPU 使能 DMA 控制器。DMA 控制器可以不受 CPU 的干预进行数据传输。DMA 控
制器的主端口从源地址读数据，源地址可以是存储器或外设。写主端口写数据到目的地址，
目的地址也可以是存储器或外设。读主端口和写主端口之间由 FIFO 来缓存数据。

（3）当传输了设定的数目比特（固定长度的 DMA 数据传输），或者 end of packet 信号
被发送器或接收器置为有效（可变长度的 DMA 数据传输）时，DMA 数据传输结束。在
DMA 传输结束时，DMA 控制器将产生一个中断请求（如果 CPU 设置 DMA 控制器为可以
产生中断）。

（4）在 DMA 数据传输期间或之后，通过检查 DMA 控制器的状态寄存器，CPU 可以判

断一个 DMA 数据传输是否正在进行或已经完成。

Avalon 主外设通过控制端口写寄存器来建立和发起 DMA 传输。Avalon 主外设使用字节对齐的地址设置 DMA 引擎。主外设配置如下。

◇ 读（源）地址位置。

◇ 写（目的）地址位置。

◇ 传输的宽度：字节（1 B）、半字（2 B）、字（4 B）、双字（8 B）或四字（16 B）。

◇ DMA 传输完成后使能中断。

◇ 使能源外设或目的外设使用 end of packet 信号来结束 DMA 传输。

◇ 指定源外设或目的是外设还是存储器。

然后主外设设置控制寄存器的一位来发起 DMA 传输。

DMA 控制器通过主读端口从源地址读数据，然后通过主写端口写数据到目的地址。DMA 控制器使用字节地址编程。读和写的起始地址应该和传输宽度对齐。例如，要传输数据字，如果起始地址为 0，地址应该增加到 4、8 和 12。对于具有很多不同数据宽度的从设备的系统，读或写主设备匹配的数据宽度为被读或写主外设寻址的从地址中最宽的数据宽度。对于突发传输，突发传输长度要设置成 DMA 传输长度，突发计数端口则要经过单位的转换。例如，32 位数据宽度的 DMA 字传输若要传输 64 字节数据，则长度寄存器为 64，突发计数端口为 16。如果 64 位数据宽度的 DMA 双字若要传输 8 字节的数据，则长度寄存器为 8，突发计数端口为 1。

在主读端口和写端口之间有短的 FIFO 缓冲，默认长度为 2，这样使得写操作依赖于 FIFO 的 dataavailable 状态，而不是主读端口的状态。读和写主端口都能执行具有流控制的 Avalon 传输，这就允许从外设控制数据流和终止 DMA 数据传输。

当访问存储器时，读/写地址根据数据的宽度，每次访问后，按照 1、2、4、8 或 16 增加。另一方面，典型的外设（如 UART）具有固定的寄存器地址，在这种情况下，读/写地址在 DMA 传输期间保持不变。

地址增加的规则如下。

◇ 如果设置了 control 寄存器的 RCON（或 WCON）位，则读/写的地址增量值为 0。

◇ 否则，读/写的地址增量值将根据 control 寄存器设置的传输宽度来设置，见表 7-11。

表 7-11 地址增量值

传输宽度	地址增量值
Byte	1
Halfword	2
Word	4
Doubleword	8
Quadword	16

7.6.2　在 SOPC Builder 中实例化 DMA 内核

设计者可以使用 SOPC Builder 中的 MegaWizrd 向导来加入和设置 DMA 内核。实例化 DMA 控制器会产生两个主端口和一个从端口。设计者需要指定哪个从外设能够被 DMA 内核的读和写主端口访问。同样，设计者必须指定哪个主外设能够访问 DMA 控制器的控制端口和发起 DMA 传输。DMA 控制器不输出任何的信号给系统顶层模块。

可配置的硬件选项如下。

1. 基本的 DMA 参数

1）DMA 长度寄存器的宽度

该选项设置 DMA 长度寄存器的最小宽度，可接受的值为 1～32。长度寄存器决定在一次 DMA 传输中可能包含的最大的传输数。默认情况下，长度寄存器的宽度足以包含从外设的地址空间。如果 DMA 访问的只是数据外设，如 UART，有必要修改长度寄存器的值，这种情况下，外设的地址范围很小，但是每一次的 DMA 传输可能会包含很多基本的传输。

2）由寄存器构建 FIFO 与由存储器模块构建 FIFO

该选项控制主读和写端口之间的 FIFO 缓冲器的实现。当选中 Construct FIFO from Registers 选项（默认）时，FIFO 的每一位由一个寄存器实现，这样当 DMA 控制器的数据宽度很大时，对逻辑的利用率有很大影响。当选中 Construct FIFO from Memory Blocks 选项时，FIFO 由 FPGA 中的嵌入式存储器模块实现。

2. 高级选项

允许的传输宽度

设计者可以选择 DMA 控制器支持的传输数据的宽度，下面的数据宽度选项可以使能或禁用。

◇ Byte；

◇ Halfword；

◇ Word；

◇ Doubleword；

◇ Quadword。

禁用不必要的传输宽度以减少 DMA 控制器对片上逻辑资源的使用。例如，如果一个系统具有 16 位和 32 位存储器，则 DMA 控制器可能只传输数据给 16 位宽度的存储器，那么 32 位的传输可以禁用以节省逻辑资源。

7.6.3 软件编程

对于 Nios Ⅱ 处理器用户，Altera 提供 HAL 系统库驱动程序，用户可以使用 HAL API 来访问 DMA 控制器内核。

1. HAL 系统库支持

Altera 提供的 HAL 设备驱动程序被集成到了 Nios Ⅱ HAL 系统库中。HAL 用户应该使用 HAL API 来访问 DMA 控制器，而不是直接访问寄存器。

HAL DMA 驱动程序提供 DMA 过程的两端。驱动程序将其自身注册为接收通道 alt_dma_rxchan 和发送通道 alt_dma_txchan。

接收通道和发送通道的 ioctl() 操作请求函数都有相应的定义，允许用户控制 DMA 控制器的硬件相关方面。为接收器驱动和发送器驱动定义了两个 ioctl() 函数：alt_dma_rxchan_ioctl() 和 alt_dma_txchan_ioctl()。表 7-12 列出了可用的操作。

表 7-12   alt_dma_rxchan_ioctl() 和 alt_dma_txchan_ioctl() 操作

请　　求	意　　义
ALT_DMA_SET_MODE_8	以 8 位为单位传输数据。arg 值忽略
ALT_DMA_SET_MODE_16	以 16 位为单位传输数据。arg 值忽略
ALT_DMA_SET_MODE_32	以 32 位为单位传输数据。arg 值忽略
ALT_DMA_SET_MODE_64	以 64 位为单位传输数据。arg 值忽略
ALT_DMA_SET_MODE_128	以 128 位为单位传输数据。arg 值忽略
ALT_DMA_RX_ONLY_ON[①]	设置 DMA 接收器为 streaming 模式，这种情况下，可连续地从一个位置读数据。arg 参数指定读数据的地址
ALT_DMA_RX_ONLY_OFF[①]	关闭接收通道的 streaming 模式，arg 参数被忽略
ALT_DMA_TX_ONLY_ON[①]	设置 DMA 发送器为 streaming 模式，这种情况下，可连续写数据到一个位置。arg 参数指定写数据的地址
ALT_DMA_TX_ONLY_OFF[①]	关闭发送通道的 streaming 模式，arg 参数可忽略

注：① 这些宏的名字在 Nios Ⅱ Embedded Design Suite（EDS）1.1 版本中开始使用，原来的名字（ALT_DMA_TX_STREAM_ON、ALT_DMA_TX_STREAM_OFF、ALT_DMA_RX_STREAM_ON、和 ALT_DMA_RX_STREAM_OFF）依然有效，但是新的设计应该使用新的名字。

目前 Altera 提供的驱动程序不支持 64 位和 128 位的 DMA 传输。该函数不是线程安全的，如果有多个线程访问 DMA 控制器内核，用户应该使用旗语（semaphore）或互斥（mutex）来保证任何时刻只有一个线程在该函数内执行。

2. 软件文件

Altera 为 DMA 控制器提供了如下的软件文件，这些文件定义了访问硬件的底层接口，应用程序开发人员不应该修改这些文件。

◇ altera _ avalon _ dma _ regs. h——该文件定义了内核的寄存器映射，提供了符号化的常数来访问底层硬件。文件中的符号只由设备驱动程序来使用。

◇ altera _ avalon _ dma. h 和 altera _ avalon _ dma. c——这些文件实现了 HAL 系统库的 DMA 控制器内核设备驱动程序。

第 8 章 Nios Ⅱ 系统高级开发

Nios Ⅱ处理器是软核处理器，具有可定制性、性能可配置性。可定制性在前面的章节已经接触到了，有三种类型的内核可供选择，参数化的外设也可以进行配置。性能的可配置性，包括使用用户定制的指令，以及采用硬件加速器提升性能。本章将介绍如何利用用户定制指令和用户定制外设来提高系统的性能。然后介绍 C2H（C-to-Hardware）编译器工具，使用它可以将 C 语言的程序转换成硬件加速器，并可集成到 SOPC Builder 的系统中。

8.1 用户定制指令

使用 Altera Nios Ⅱ嵌入式处理器，系统设计者可以通过添加定制指令到 Nios Ⅱ指令集中，来加速处理对时间要求苛刻的软件算法。使用定制指令，用户可以将一个包含多条标准指令的指令序列减少为硬件实现的一条指令。用户可以在很多的应用中使用这个特性，例如，优化数字信号处理的软件内部循环、信息包头的处理和计算密集的应用。Nios Ⅱ配置向导提供了图形化的用户界面，用来添加多达 256 条的定制指令到 Nios Ⅱ处理器。定制指令逻辑直接连接到 Nios Ⅱ算术逻辑单元（ALU），如图 8-1 所示。

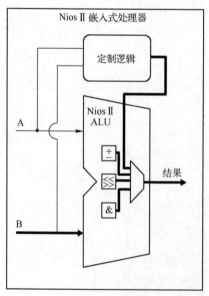

图 8-1 定制指令逻辑和 ALU 的连接

本节包括如下的内容。

◇ Nios Ⅱ 定制指令的特性。

◇ 实现定制指令的软硬件要求。

◇ 定制指令的体系结构类型的定义。

8.1.1　定制指令综述

使用 Nios Ⅱ 定制指令，用户可以利用 FPGA 的灵活性来满足系统性能的需要。定制指令允许用户添加定制功能到 Nios Ⅱ 处理器的 ALU。

Nios Ⅱ 定制指令是在处理器的数据路径上与 ALU 紧邻的定制逻辑模块。定制指令提供给用户通过裁剪 Nios Ⅱ 处理器内核来满足特定应用需求的能力，使用户具有将软件算法转化成定制的硬件逻辑模块来进行加速处理的能力。因为，很容易改变基于 FPGA 的 Nios Ⅱ 处理器的设计，在设计过程中定制指令提供了简单的方法来调整软硬件的比例。

图 8-2 是 Nios Ⅱ 定制指令的硬件结构图。Nios Ⅱ 定制指令逻辑的基本操作是从 dataa 和/或 datab 端口接收输入，在 result 端口驱动输出，输出是由用户生成的定制指令逻辑产生的。

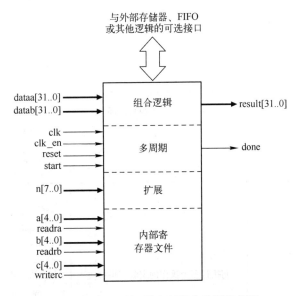

图 8-2　Nios Ⅱ 处理器定制指令的硬件框图

Nios Ⅱ 处理器支持不同的定制指令体系结构类型。图 8-2 给出了用于不同的体系结构类型的其他端口。不是所有端口都是需要的，有些端口只有在用于实现特定的定制指令时才存在。图 8-2 也显示了一个可选的与外部逻辑的接口。该接口允许用户与 Nios Ⅱ 处理器数据路径之外的系统资源相连接。

Nios Ⅱ 定制指令软件接口很简单，而且抽象了定制指令的细节。对于每一条定制指令，Nios Ⅱ IDE 都会在系统头文件 system. h 中产生一个宏。用户在 C 或 C++ 应用程序中如同调用一个函数一样调用宏。用户不需要编写汇编程序来访问定制指令。当然，在 Nios Ⅱ 处理器汇编语言程序中也可以调用定制指令。

8.1.2 定制指令体系结构的类型

Nios Ⅱ 支持不同的定制指令体系结构（从简单的、单时钟周期组合指令体系结构到扩展的可变长度的、多时钟周期定制指令体系结构），可满足不同应用的要求。选择的体系结构决定了硬件接口。表 8-1 给出了定制指令体系结构的类型、应用和硬件端口。

表 8-1　定制指令体系结构的类型、应用和硬件端口

体系结构类型	应　　用	硬 件 端 口
组合逻辑	单时钟周期定制逻辑模块	◇ dataa [31..0] ◇ datab [31..0] ◇ result [31..0]
多时钟周期	多时钟周期定制逻辑模块，固定或可变的执行时间	◇ dataa [31..0] ◇ datab [31..0] ◇ result [31..0] ◇ clk ◇ clk_en ◇ start ◇ reset ◇ done
扩展的	能执行多个操作的定制逻辑模块	◇ dataa [31..0] ◇ datab [31..0] ◇ result [31..0] ◇ clk ◇ clk_en ◇ start ◇ reset ◇ done ◇ n [7..0]

续表

体系结构类型	应　　用	硬 件 端 口
内部寄存器文件	访问内部寄存器作为输入和/或输出的定制逻辑模块	◇ dataa［31..0］ ◇ datab［31..0］ ◇ result［31..0］ ◇ clk ◇ clk_en ◇ start ◇ reset ◇ done ◇ n［7..0］ ◇ a［4..0］ ◇ readra ◇ b［4..0］ ◇ readrb ◇ c［4..0］ ◇ writerc
外部接口	同 Nios Ⅱ 处理器数据路径外部的逻辑相接口的定制逻辑模块	标准的定制指令端口加上用户定义的与外部逻辑的接口

1. 组合逻辑定制指令体系结构

组合逻辑定制指令体系结构包括一个能在一个时钟周期完成的逻辑模块。图 8-3 为组合逻辑定制指令体系结构的结构图。

图 8-3　组合逻辑定制指令体系结构图

图 8-3 组合逻辑定制指令体系结构图使用了 dataa 和 datab 端口作为输入，在 result 端口驱动输出结果。因为逻辑可以在一个时钟周期内完成，所以不需要控制端口。

组合逻辑必需的端口是 result 端口，而 dataa 和 datab 端口是可选的。在定制指令需要输入操作数时才有这两个端口。如果定制指令只需要一个输入端口，则使用 dataa。

2. 多时钟周期定制指令体系结构

多时钟周期的定制指令包括一个需要两个或更多时钟周期才能完成操作的逻辑模块。多时钟周期定制指令需要控制端口。图 8-4 为多时钟周期定制指令的结构图。

多时钟周期定制指令可以在固定或可变的时钟周期数内完成。

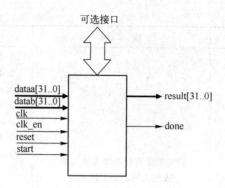

图 8-4　多时钟周期定制指令的结构图

◇ 固定长度：在系统生成时用户指定需要的时钟周期数。

◇ 可变长度：在握手方案中使用 start 和 done 端口来决定定制指令何时完成。

在表 8-2 中，对于多时钟周期的定制指令，clk、clk_en 和 reset 端口是必需的，而 start、done、dataa、datab 和 result 端口是可选的，只有定制指令的功能需要它们时它们才会存在。

表 8-2　多时钟周期定制指令的端口

端　口　名	方　　向	必　需	应　　　用
clk	输入	是	系统时钟
clk_en	输入	是	时钟使能
reset	输入	是	同步复位
start	输入	否	命令定制指令逻辑开始执行
done	输出	否	定制指令逻辑指示处理器执行完成
dataa [31..0]	输入	否	定制指令的操作数
datab [31..0]	输入	否	定制指令的操作数
result [31..0]	输出	否	定制指令的输出结果

下面描述多时钟周期定制指令硬件端口的操作细节。图 8-5 给出了多时钟周期定制指令的时序图。

◇ 在第一个时钟周期中，当 ALU 发出定制指令时，处理器置 start 端口为高电平有效，这时 dataa 和 datab 端口具有有效的值，而且在定制指令执行期间一直保持有效。

◇ 固定或可变长度的定制指令端口操作。

● 固定长度：处理器置 start 端口有效，等待一个指定的时钟周期数，然后读 result 端口。对于 n 个周期的操作，定制指令逻辑模块必须在 start 端口有效之后的第 $n-1$ 个时钟上升沿提供有效的数据。

● 可变长度：处理器一直等到 done 端口有效，done 端口为高电平有效。处理器在 done

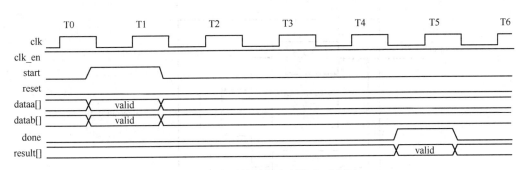

图 8-5　多时钟周期定制指令时序图

端口有效之后的时钟上升沿读 result 端口。定制指令逻辑模块必须在 done 端口为有效的同一个时钟周期向 result 端口提供数据。

◇ Nios Ⅱ 系统时钟提供给定制指令逻辑模块的 clk 端口，Nios Ⅱ 系统主 reset 提供给高电平有效的 reset 端口。reset 端口只有当整个 Nios Ⅱ 系统复位才有效。

◇ 定制指令模块必须将高电平有效的 clk_en 端口处理成传统的时钟使能信号，当 clk_en 无效时，忽略 clk。

◇ 定制指令模块的端口中除表 8-2 中的定制指令的端口外，都是和外部逻辑的接口。

◇ 通过实现扩展的内部寄存器文件定制指令，或者是创建有外部接口的定制指令，用户可以进一步优化多时钟周期指令。

3. 扩展定制指令体系结构

扩展定制指令体系结构允许一个定制指令实现几个不同的操作，扩展的定制指令通过使用 N 域来指定逻辑模块执行哪个操作。指令的 N 域的字宽度可达 8 比特，这使一个定制指令可以实现多达 256 种不同的操作。

图 8-6 是扩展定制指令的结构图，可以实现位交换、字节交换和半字交换的操作。图 8-6 的定制指令对从 dataa 端口接收到的数据进行交换操作，它使用 2 比特宽度的 n 端口来选择多路复用器的输出，决定提供给 result 端口哪个输出。n 端口的输入直接来自定制指令的 N 域字。这个例子中的逻辑是非常简单的，用户可以基于 N 域来实现任何想要的功能选择。

扩展定制指令可以是组合指令或多时钟周期指令，要实现扩展定制指令只需添加一个 n 端口到用户的定制指令逻辑即可。n 端口的宽度由定制指令逻辑能够执行的操作数目决定。

扩展定制指令占用多个定制指令索引。例如，图 8-6 中的定制指令占用 4 个索引，因此，当该指令在 Nios Ⅱ 系统中实现之后，Nios Ⅱ 系统还剩下 252（256−4＝252）个可用的索引。

n 端口的行为同 dataa 端口类似。当在时钟的上升沿，start 为有效时，处理器提供给 n 端口信号，n 端口在定制指令执行的期间保持稳定不变，所有其他的定制指令端口操作也保持不变。

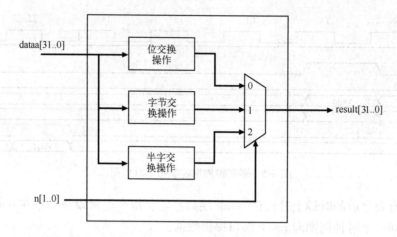

图 8-6　交换操作的扩展定制指令

4. 内部寄存器文件定制指令体系结构

Nios II 处理器允许定制指令逻辑访问其内部寄存器文件，这提供给用户指定定制指令从 Nios II 处理器寄存器文件或是从定制指令本身的寄存器文件读操作数的灵活性。而且，定制指令可以写结果到定制指令的本地寄存器文件而不是 Nios II 处理器寄存器文件。

内部寄存器访问定制指令时，使用 readra、readrb 和 writerc 来决定 I/O 访问是发生在 Nios II 处理器文件还是内部寄存器文件中。并且，端口 a、b 和 c 指定从哪个内部寄存器读数据，以及写数据到哪个寄存器。例如，如果 readra 是有效的，则 a 提供了内部寄存器文件的索引。更多的 Nios II 定制指令实现的信息参考 *Nios II Processor Reference Handbook* 中的 Instruction Set Reference 章节。图 8-7 显示了一个简单的乘加定制指令逻辑。

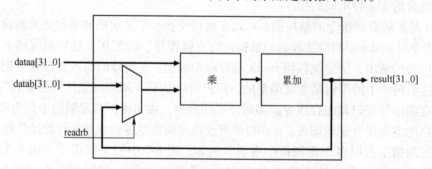

图 8-7　乘加定制指令逻辑

当 readrb 为无效时，定制指令逻辑执行 dataa 和 datab 的相乘运算，然后将结果存在累加寄存器中，Nios II 处理器可以将结果读出。通过将 readrb 置为有效，处理器可以将累加寄存器中的值读出来，作为乘法器的输入。

表 8-3 列出了内部寄存器文件定制指令的端口。只有当定制指令的功能被需要时，才使用这些可选的端口。

表 8-3　内部寄存器文件定制指令端口

端 口 名	方 向	必 需	应 用
readra	输入	否	如果 readra 为高电平，Nios Ⅱ 处理器提供 dataa 和 datab；如果 readra 为低电平，定制指令逻辑读由 a 索引的内部寄存器文件
readrb	输入	否	如果 readrb 为高电平，Nios Ⅱ 处理器提供 dataa 和 datab；如果 readrb 为低电平，定制指令逻辑读由 b 索引的内部寄存器文件
writerc	输入	否	定制指令写结果到 c 索引的定制指令内部寄存器文件
a	输入	否	定制指令内部寄存器文件索引
b	输入	否	定制指令内部寄存器文件索引
c	输入	否	定制指令内部寄存器文件索引

readra、readrb、writerc 和 a、b、c 端口的行为同 dataa 类似。当 start 端口有效时，处理器在时钟的上升沿提供 readra、readrb、writerc、a、b 和 c。所有的端口在定制指令执行的过程中都保持不变。为了确定如何处理寄存器文件 I/O，定制指令逻辑读高电平有效的 readra、readrb 和 writerc 端口。定制指令逻辑使用 a、b 和 c 端口作为寄存器文件索引。当 readra 或 readrb 无效时，定制指令逻辑忽略相应的 a 或 b 端口。当 writerc 无效时，处理器忽略 result 端口上的值。

5. 外部接口定制指令体系结构

图 8-8 所示的 Nios Ⅱ 定制指令允许用户添加一个与处理器数据路径之外的逻辑进行通信的接口。在系统生成时，任何的不被看作为定制指令端口的接口都会出现在 SOPC Builder 顶层模块中，外部逻辑可以对其访问。因为定制指令逻辑能够访问处理器外部的存储器，这样就可以扩展定制指令逻辑的功能。

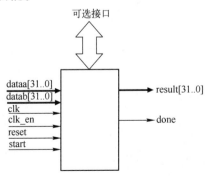

图 8-8　具有外部接口的定制指令

图 8-8 显示的是一个具有外部存储器接口的多时钟周期定制指令。

定制指令逻辑可以执行不同的任务，例如，存储中间结果，或者通过读存储器来控制定制指令操作。可选的外部接口也提供了一个数据流入和流出处理器的专用接口。例如，定制指令逻辑能够直接将处理器寄存器文件的数据传递给外部的 FIFO 存储器缓冲，而不需要通过处理器数据总线。

8.1.3　软件接口

Nios II 定制指令的软件接口从应用代码中抽象了逻辑的实现细节。在编译过程中，Nios II IDE 生成了允许应用代码访问定制指令的宏。这一节介绍定制指令软件接口的细节，包括如下的内容。

◇ 定制指令例子。

◇ 内嵌函数和用户定义的宏。

1. 定制指令例子

例 8-1 显示了 system. h 头文件中的一部分，定义了位交换定制指令的宏。这个例子使用了一个 32 位的输入，只执行一个功能。

例 8-1　位交换宏定义

```
#define ALT_CI_BSWAP_N 0x00
#define ALT_CI_BSWAP(A) _builtin_custom_ini(ALT_CI_BSWAP_N,(A))
```

ALT_CI_BSWAP_N 被定义为 0x0，作为定制指令的索引。ALT_CI_BSWAP（A）宏被映射到一个只需要一个参数的 gcc 内嵌函数中。

例 8-2 演示的是在应用代码中使用位交换定制指令。

例 8-2　位交换定制指令的使用

```
1. #include " system. h"
2.
3.
4. int main ( void )
5. {
6. int a = 0x12345678;
7. int a_swap = 0;
8.
9. a_swap = ALT_CI_BSWAP( a);
10. return 0;
11. }
```

在例 8-2 中，system. h 文件被包含，其中有宏的定义。该例声明了两个整数，a 和 a_swap。a 作为输入传递给位交换定制指令，并将结果赋给 a_swap。例 8-2 可以体现大部分应用使用定制指令的方法。

Nios Ⅱ IDE 在宏的定义中只使用了 C 的整数类型。有时，应用需要使用整数之外的其他输入类型，因此，需要传递期望整数之外的类型返回值。

用户能够为 Nios Ⅱ 定制指令定义定制的宏，允许其他的 32 位的输入类型与定制指令接口。

2. 内嵌函数和用户定义的宏

Nios Ⅱ 处理器使用 gcc 内嵌函数来映射定制指令。通过使用内嵌函数，软件可以使用非整数类型的定制指令。共有 52 个唯一定义的内嵌函数来提供支持类型的不同组合。内嵌函数名格式如下：

　　　　__builtin_custom_*<return type>*n*<parameter types>*

表 8-4 为定制指令支持的 32 位数据类型，以及其在内嵌函数中使用的缩写。

表 8-4　定制指令支持的 32 位数据类型

类　　　型	在内嵌函数中使用的缩写
int	i
float	f
void *	p

例 8-3　内嵌函数

　　void __builtin_custom_nf（int n, float dataa）;

　　float __builtin_custom_fnp（int n, void * dataa）;

在例 8-3 中，_builtin_custom_nf 函数需要一个整形（int）和一个浮点型（float）作为输入，不返回结果；相反，_builtin_custom_fnp 函数需要一个指针作为输入，返回一个浮点数。例 8-4 显示了应用中使用的用户定义的定制指令的宏。

例 8-4　定制指令宏的使用

　　1. / * define void udef_macro1(float data）; * /

　　2. #define UDEF_MACRO1_N 0x00

　　3. #define UDEF_MACRO1(A) __builtin_custom_nf(UDEF_MACRO1_N, (A));

　　4. / * define float udef_macro2(void * data); * /

　　5. #define UDEF_MACRO2_N 0x01

　　6. #define UDEF_MACRO2(B) __builtin_custom_fnp(UDEF_MACRO2_N, (B));

　　7.

　　8. int main （void）

9.　｛
10.　float a = 1. 789;
11.　float b = 0. 0;
12.　float ＊pt_a = &a;
13.
14.　UDEF_MACRO1(a);
15.　b = UDEF_MACRO2((void ＊) pt_a);
16.　return 0;
17.　｝

第 2 行到第 6 行，声明了用户定义的宏，并映射到相应的内嵌函数。宏 UDEF_MACRO1 需要一个浮点型的输入，不返回任何值。宏 UDEF_MACRO2 需要一个指针作为输入，返回一个浮点型的值。第 14 行和 15 行显示了这两个用户定义的宏的使用。

8.1.4　实现 Nios Ⅱ 定制指令

本节介绍使用 SOPC Builder 元件编辑器实现 Nios Ⅱ 定制指令的过程。元件编辑器使用户能够创建新的 SOPC Builder 元件，包括 Nios Ⅱ 定制指令。有关 SOPC Builder 元件编辑器的更多信息，参阅 *Quartus Ⅱ Handbook*，*Volume 4：SOPC Builder Component Editor*。

实现 Nios Ⅱ 定制指令的步骤如下。

（1）打开 Nios Ⅱ CPU 的定制指令设置窗口。

（2）添加定制指令的设计文件。

（3）配置定制指令的端口。

（4）设置元件组的名字。

（5）生成 SOPC Builder 系统，在 Quartus Ⅱ 软件中进行编译。

打开 Nios Ⅱ CPU 的定制指令设置窗口的步骤如下。

（1）打开 SOPC Builder 系统。

（2）在 "Altera SOPC Builder System Contents" 中选择 Nios Ⅱ 处理器。

（3）在 "Module" 菜单中选择 "Edit"，打开 Nios Ⅱ 配置向导窗口。

（4）单击 "Custom Instructions" 标签，出现如图 8-9 所示的窗口。

（5）在图 8-9 所示的窗口中单击 "Import" 按钮，出现如图 8-10 所示的窗口。

添加顶层设计文件的步骤如下。

（1）在图 8-10 所示的窗口中，单击 "Next" 按钮，出现图 8-11 所示窗口。

（2）在图 8-11 所示的窗口中单击 "Add" 按钮，出现图 8-12 所示窗口。

（3）切换到相应的目录，选择硬件设计的文件（该文件是可实现 CRC 编码的逻辑的 verilog 文件），如图 8-12 所示，单击 "打开" 按钮。

图 8-9　定制指令页面

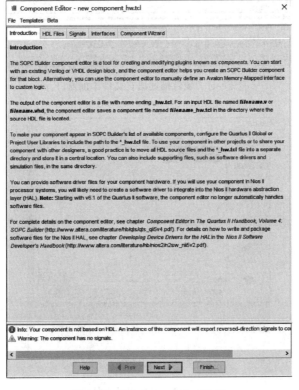

图 8-10　Component Editor 介绍

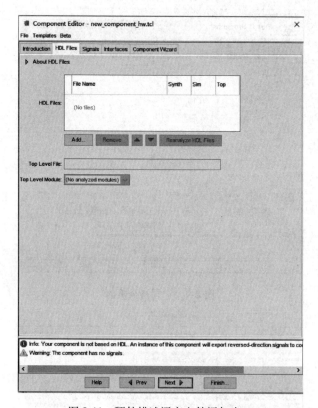

图 8-11　硬件描述语言文件添加窗口

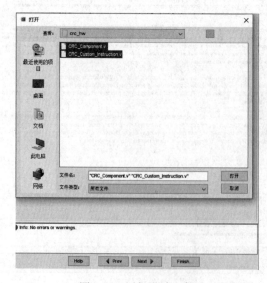

图 8-12　添加设计文件

（4）此时，设计文件会出现在如图 8-13 所示的窗口中，软件会自动对设计文件进行分析。软件有时不能正确识别顶层实体，分析的结果会出现错误，这时需要手动设置顶层实体，在图 8-13 中勾选顶层实体文件后面的"Top"复选框。

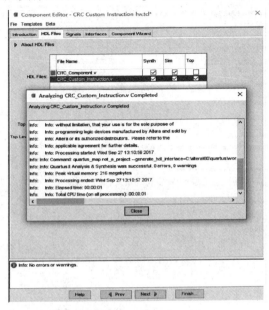

图 8-13　添加完硬件设计文件后的窗口

（5）在图 8-13 中单击"Close"按钮，关闭分析报告窗口，然后单击"Next"按钮，显示定制指令要用到的端口，如图 8-14 所示。

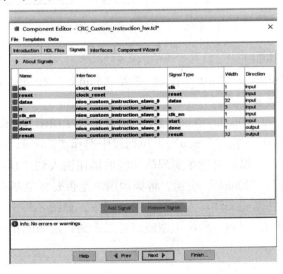

图 8-14　定制指令端口

（6）在图 8-14 中单击"Next"按钮，出现定制指令的接口窗口，如图 8-15 所示。

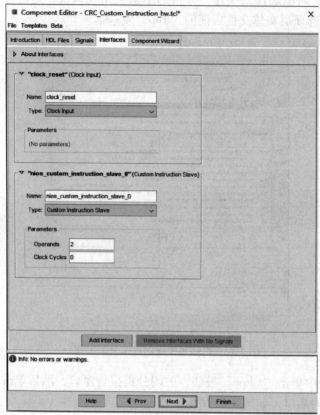

图 8-15　定制指令的接口窗口

发布定制指令的步骤如下。

（1）在图 8-15 中单击"Next"按钮或者"Finish"按钮，出现图 8-16 所示的"Component Wizard"标签页。

（2）"Class Name"和"Display Name"中自动显示为"CRC_Custom_Instruction"，"Version"中自动显示为"1.0"，在"Group"下拉列表中选择"Custom Instruction Modules"。这些都是必须填写的信息，可以将对指令实现的功能的描述输入到"Discription"文本框中。

（3）单击窗口底部的"Finish"按钮，将提示用户是否要将定制指令逻辑添加到工程所在的目录中，并且将元件描述文件写入到元件的目录中，如图 8-17 所示。

（4）在图 8-17 中单击"Yes, Save"按钮，可以看到，定制的指令出现在了定制指令库中，如图 8-18 所示。

将定制指令加入系统的步骤如下。

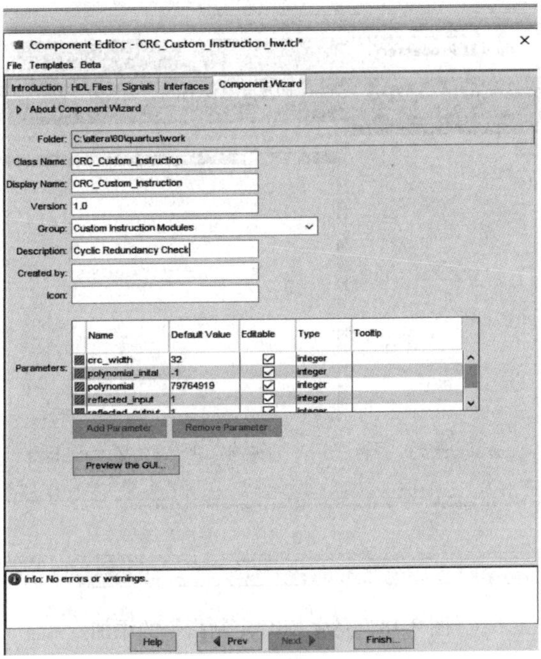

图 8-16　“Component Wizard” 标签页

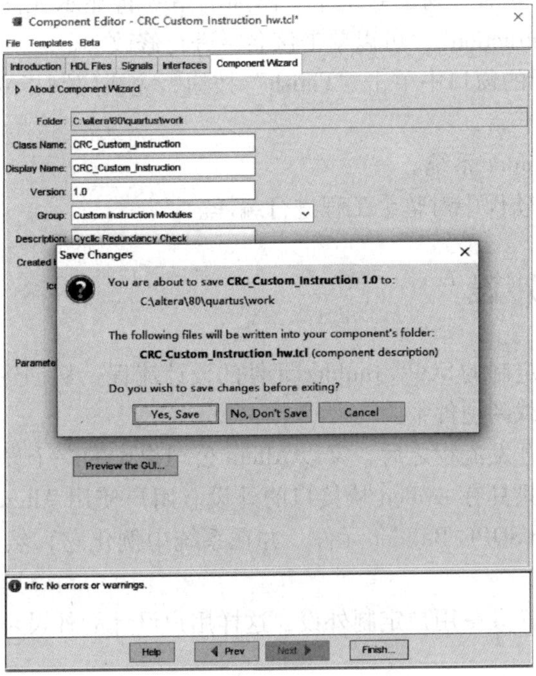

图 8-17　保存 CRC 定制指令

图 8-18　完成 CRC 定制指令的添加

（1）在图 8-18 所示的窗口中，选中"CRC_Custom_Instruction"定制指令，然后单击"Add"按钮，即成功将其加入到了系统中。添加的指令将显示在图 8-18 所示窗口的右侧，指令默认的名字是"Instruction"，可以单击该名字进行修改。

（2）在图 8-18 所示的窗口中单击"Finish"按钮，完成定制指令的添加。

生成系统的步骤如下。

（1）生成 SOPC Builder 系统。

（2）在 Quartus Ⅱ 软件中对整个工程进行编译。

8.2　用户定制外设

本节讲述开发一个定制的 SOPC Builder 元件的设计流程：从创建定制外设、集成外设到系统中，到最后将其下载到硬件中。

讲述完定制外设的开发流程之后，又以 Altera 公司提供的一个设计实例进行练习。该实例展示了如何开发一个只具有 Avalon 从接口的外设。用户使用 Altera 提供的 HDL 设计，并将 HDL 文件打包成一个 SOPC Builder 元件，并在系统中例化它，然后将工程编译下载到开发板上。

另外，还介绍了怎样共享用户定制外设，这样用户设计的外设可以为其他的系统和设计者使用。

SOPC Builder 提供元件编辑器，使用户可以创建和编辑自己的 SOPC Builder 元件。

典型地，一个元件由下面的部分构成。

◇ 硬件文件：描述元件硬件的 HDL 模块。

◇ 软件文件：定义元件寄存器映射的 C 语言的头文件，元件的驱动程序。

◇ 元件描述文件（class. ptf）：定义元件的结构，为 SOPC Builder 提供将该元件集成到系统中的必要信息。元件编辑器根据用户提供的软件和硬件文件，以及用户在元件编辑器的图形用户界面中指定的参数自动产生这个元件描述文件。

在创建完元件描述的硬件和软件文件之后，用户使用元件编辑器将这些文件打包成一个 SOPC Builder 元件。如果用户更新了硬件或软件文件，还可以使用元件编辑器对这个元件进行再次编辑。

8. 2. 1　元件开发流程

本节介绍元件的开发流程（包括硬件和软件两方面），这里介绍只有一个 Avalon 从接口的元件设计流程，而其设计的流程可以很容易地推广到具有主端口的元件或者多个主端口和从端口的元件。

从外设典型的设计流程如下。

（1）指定硬件功能。

（2）如果微处理器要控制该元件，指定访问和控制该硬件的应用程序接口（API）。

（3）根据硬件和软件的要求，定义一个 Avalon 接口，该接口要提供：

① 正确的控制机制；

② 足够的吞吐量性能。

（4）采用 Verilog 或者 VHDL 编写硬件设计。

（5）单独测试元件的硬件，验证操作的正确性。

（6）编写 C 语言的头文件，为软件定义硬件层次的寄存器映射。

（7）使用元件编辑器将硬件和软件文件打包成一个元件。

（8）例化元件为一个 SOPC Builder 系统的模块。

（9）使用 Nios Ⅱ 处理器来测试对元件的寄存器级的访问，用户可以执行硬件的测试，或者进行 HDL 仿真。

（10）如果微处理器要控制该元件，编写元件的驱动程序。

（11）根据元件在系统中的行为，反复改进元件的设计：

① 硬件的改进和调整；

② 软件的改进和调整；

③ 使用元件编辑器更新元件。

（12）编译完整的含有一个或多个该元件的 SOPC Builder 系统。

（13）执行系统级的验证，如果有必要则进行进一步的反复改进。

（14）完成元件的设计，发布该元件，其他设计者可以重用该元件。

主外设的设计过程与之类似，只是软件开发方面有所差异。

8.2.2　硬件设计

同任何的逻辑设计过程一样，SOPC Builder 元件的硬件开发在需求分析阶段之后开始。当用户根据需求说明编写和验证 HDL 逻辑时，其过程是一个迭代的过程。

典型元件的结构包括下面的功能模块。

◇ 任务逻辑（task logic）——任务逻辑实现元件基本的功能。任务逻辑是和设计相关的。

◇ 寄存器文件（register file）——寄存器文件为任务逻辑内部的信号与外部通信提供了一条通路。寄存器文件映射内部的节点为可寻址的地址偏移量，Avalon 接口可对其进行读写访问。

◇ Avalon 接口——Avalon 接口提供标准的寄存器文件的 Avalon 前端。接口可以使用任意的 Avalon 信号类型，以访问寄存器文件和支持任务逻辑所需要的传输。下面的因素会影响 Avalon 接口。

● 要传输的数据宽度是多少？

● 数据传输需要的吞吐量的要求是多少？

● 该接口主要是为了控制信号还是传输数据？即传输是零星的，还是连续的突发传输？

● 硬件相对系统中其他的元件是快速元件还是低速元件？

图 8-19 为一个具有一个 Avalon 从端口的典型元件的原理图。

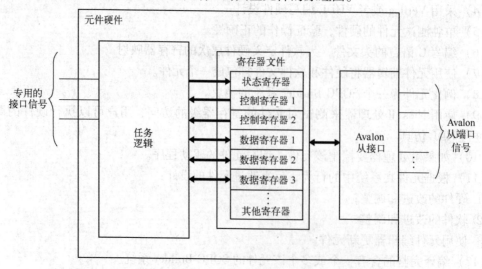

图 8-19　具有一个 Avalon 从端口的典型元件的原理图

8.2.3　软件设计

如果用户想要用微处理器来控制用户的元件，则必须提供软件文件（软件文件定义了该元件的软件视图）。在最小化的软件设计中，用户必须定义每个从端口的寄存器映射，以便使处理器可以访问。元件编辑器允许用户将 C 语言的头文件和元件打包在一起以定义硬件的软件视图。

典型情况下，头文件声明读和写元件寄存器的宏函数，寄存器的地址为相对于分配给元件的符号化的基地址。下面的例子是从 Altera 提供的用于 Nios Ⅱ 处理器的 UART 元件的寄存器映射中摘录的一部分。

例　元件的寄存器映射

```
#include <io. h>
#define IOADDR_ALTERA_AVALON_TIMER_STATUS(base)       _IO_CALC_ADDRESS_NATIVE
                                                       (base, 0)
#define IORD_ALTERA_AVALON_TIMER_STATUS(base)          IORD(base, 0)
#define IOWR_ALTERA_AVALON_TIMER_STATUS(base, data)    IOWR(base, 0, data)
#define ALTERA_AVALON_TIMER_STATUS_TO_MSK              (0x1)
#define ALTERA_AVALON_TIMER_STATUS_TO_OFST             (0)
#define ALTERA_AVALON_TIMER_STATUS_RUN_MSK             (0x2)
#define ALTERA_AVALON_TIMER_STATUS_RUN_OFST            (1)
#define IOADDR_ALTERA_AVALON_TIMER_CONTROL(base)       _IO_CALC_ADDRESS_NATIVE
                                                       (base, 1)
#define IORD_ALTERA_AVALON_TIMER_CONTROL(base)         IORD(base, 1)
#define IOWR_ALTERA_AVALON_TIMER_CONTROL(base, data)   IOWR(base, 1, data)
#define ALTERA_AVALON_TIMER_CONTROL_ITO_MSK            (0x1)
#define ALTERA_AVALON_TIMER_CONTROL_ITO_OFST           (0)
#define ALTERA_AVALON_TIMER_CONTROL_CONT_MSK           (0x2)
#define ALTERA_AVALON_TIMER_CONTROL_CONT_OFST          (1)
#define ALTERA_AVALON_TIMER_CONTROL_START_MSK          (0x4)
#define ALTERA_AVALON_TIMER_CONTROL_START_OFST         (2)
#define ALTERA_AVALON_TIMER_CONTROL_STOP_MSK           (0x8)
#define ALTERA_AVALON_TIMER_CONTROL_STOP_OFST          (3)
```

软件驱动程序抽象化了元件的硬件细节，所以软件可以在一个高的层次上访问元件。驱动函数提供给软件访问硬件的 API。软件的要求会因元件的需要而有所不同。最普遍的函数类型初始化为硬件、读数据和写数据。

驱动程序和目标处理器是相关的，元件编辑器允许用户方便地打包软件驱动程序到

HAL。提供驱动程序给其他的处理器，用户必须满足目标处理器开发工具的需求。

为 Nios Ⅱ HAL 编写驱动程序的更多信息，参阅 *Nios Ⅱ Software Developer's Handbook*。此外，查看 Altera 提供的元件的软件文件也是很有帮助的。Nios Ⅱ 开发包提供了很多元件，用户可以将其用作参考，路径为<Nios Ⅱ kit path>/components/。

8.2.4　验证元件

当用户完成越来越多的设计后，就可以以增量方式验证元件。通常，用户先以一个单元来验证硬件逻辑（这可能包括很多小的验证阶段），然后在系统中验证元件。

1. 单元验证

单独测试任务逻辑模块，用户可使用喜欢的验证方法，如行为级或寄存器传输级（RTL）的仿真工具。类似地，用户可使用自己擅长的验证工具来验证所有的元件逻辑，包括寄存器文件和 Avalon 接口。在使用元件编辑器将 HDL 文件打包成一个元件之后，Nios Ⅱ 开发包将提供一个易用的方法来仿真元件的读和写的操作。使用 Nios Ⅱ 处理器的强大的仿真环境，用户可以编写 C 代码让 Nios Ⅱ 处理器向用户的元件发起读写传输。结果可以在 ModelSim 仿真器或是硬件上看到，如 Nios 开发板。读者可以参阅 *AN351：Simulating Nios Ⅱ Embedded Processor Designs*，以获取更多的信息。

2. 系统级的验证

当用户将 HDL 文件打包成一个元件之后，用户可以在系统中例化该元件，并且验证整个系统模块的功能。SOPC Builder 可对 RTL 仿真器系统级的验证提供支持。当 SOPC Builder 为系统级验证产生一个测试平台时，仿真环境性能主要取决于系统中包含的元件。

8.2.5　设计实例：脉冲宽度调制器从外设

本节将通过脉冲宽度调制器（PWM）的设计实例，来介绍在系统中创建和例化元件的步骤。已知，该元件只有一个 Avalon 从端口。

1. 安装设计文件

先安装 Nios Ⅱ 开发工具，并且从 Altera 网站上下载 PWM 设计实例。本节所使用的硬件设计是基于 Nios Ⅱ 开发工具包中的 standard 硬件设计实例。

当安装设计文件时，不要在目录名中使用空格。如果路径中含有空格，则 SOPC Builder 可能无法访问设计文件。

建立设计环境要做如下的工作。

（1）解压 PWM 压缩文件到<PWM design files>目录。

（2）在用户的本地计算机文件系统中，进入目录：<Nios Ⅱ kit path>/examples/<verilog or vhdl>/<board version>/standard。每个开发板都有 VHDL 和 Verilog 版本的设计。

（3）拷贝 standard 目录到一个新的位置，这样可以避免破坏原始的设计。本节通过<Quartus Ⅱ project>目录来指代该目录。

2. 查看设计的说明

本部分讨论 PWM 设计实例的设计说明，给出了如下主题的细节。

◇ PWM 设计文件。

◇ 功能说明。

◇ PWM 任务逻辑。

◇ 寄存器文件。

◇ Avalon 接口。

◇ 软件 API。

典型的设计流程中，由设计者来制定元件的行为。

1）PWM 设计文件

表 8-5 列出了<PWM design files>目录提供的内容。

表 8-5　PWM 设计文件的内容

文件（夹）名	描　　述
pwm_hw	包含描述元件硬件的 HDL 文件
pwm_task_logic. v	包含 PWM 行为的内核
pwm_register_file. v	包含读写 PWM 寄存器的逻辑
pwm_avalon_interface. v	例化任务逻辑和寄存器文件，并提供一个 Avalon 从接口。该文件包含顶层模块
pwm_sw	包含描述元件软件接口的 C 文件
inc	包含定义底层硬件接口的头文件
avalon_slave_pwm_regs. h	定义访问 PWM 元件寄存器的宏函数
HAL	包含 HAL 驱动程序
inc	包含 HAL 驱动程序中的头文件
altera_avalon_pwm_routines. h	声明访问 PWM 的函数的原型
src	包含 HAL 驱动程序源代码文件
altera_avalon_pwm_routines. c	定义访问 PWM 的函数
test_software	包含测试元件硬件和软件的例程
hello_altera_avalon_pwm. c	main( )初始化 PWM 硬件，并且使用 PWM 来闪亮 LED

功能说明如下。

PWM 元件输出调制占空比的方波，基本的脉宽波形如图 8-20 所示。

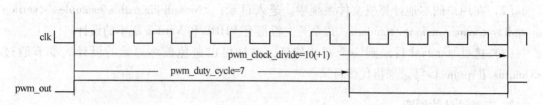

图 8-20　基本的脉宽波形

本例中，PWM 的功能要求如下。

◇ 任务逻辑按照一个单时钟同步工作。

◇ 任务逻辑使用 32 位的计数器提供 PWM 周期和占空比的一个合适的范围。

◇ 主处理器负责设置 PWM 周期和占空比的值，这就需要对控制逻辑有一个读/写接口。

◇ 寄存器单元保存 PWM 周期和占空比。

◇ 主处理器可以使用使能控制位来停止 PWM 的输出。

2) PWM 任务逻辑

PWM 的任务逻辑具有如下的特征。

◇ PWM 任务逻辑包含一个输入时钟（clk），一个输出信号（pwm_out），一个使能位，一个 32 位的模 n 计数器，一个 32 位的比较器。

◇ clk 驱动 32 位的模 n 计数器建立 pwm_out 信号的周期。

◇ 比较器通过比较模 n 计数器的当前值与占空比来决定 pwm_out 的输出。

◇ 当计数器的当前值小于或等于占空比值时，pwm_out 输出逻辑 0，否则输出逻辑 1。

图 8-21 给出了 PWM 任务逻辑的结构。

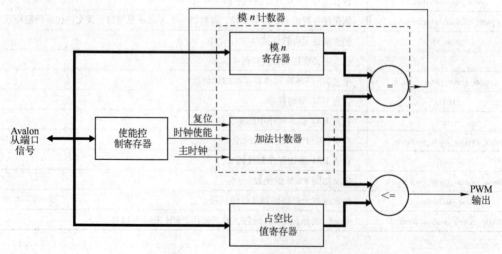

图 8-21　PWM 任务逻辑的结构

寄存器文件提供对使能位、模 n 的值和占空比的值的访问，如图 8-21 所示。设计将每个寄存器映射到一个 Avalon 从端口地址空间中唯一的偏移地址。

每个寄存器都具有读和写访问，这意味着软件可以读取之前写入寄存器中的值。这种选择是以牺牲硬件资源为代价来获得软件上的便利。用户也可以设计寄存器为只是可写的，这样会节省片上的逻辑资源，但是这时软件就不能读取寄存器的值了。

表 8-6 给出了寄存器文件和地址映射。支持 3 个寄存器，需要有 2 位的地址编码，这将导致第 4 个寄存器为保留状态。

表 8-6　寄存器文件和地址映射

寄存器名	地址偏移量	访　问	描　　述
clock_divide	00	读/写	PWM 输出一个周期中包含的时钟周期数
duty_cycle	01	读/写	PWM 输出一个周期为低电平时包含的时钟周期数
enable	10	读/写	使能/禁止 PWM 输出。将该比特设成 1，使能 PWM 输出
reserved	11	—	

要读写寄存器只需要一个时钟周期，这影响 Avalon 接口的等待周期。

3）Avalon 接口

PWM 元件的 Avalon 接口需要一个从端口，使用了 Avalon 信号中的一个小的信号集合来处理寄存器的读和写的传输。元件的 Avalon 从端口具有如下的特性。

◇ PWM 从端口是与 Avalon 从端口时钟同步的。

◇ PWM 的从端口是可读和可写的。

◇ PWM 从端口的读写传输具有零等待周期，因为寄存器能够在一个时钟周期内响应传输。

◇ PWM 的从端口读写传输没有建立时间和保持时间的要求。

◇ PWM 从端口没有读延迟的要求，因为所有的传输可以在一个时钟周期内完成。

◇ PWM 从端口使用本地地址对齐方式，因为从端口是连接到寄存器而不是存储设备。

表 8-7 列出了实现传输属性需要的信号类型，也列出了在 HDL 文件中定义的信号名。

表 8-7　HDL 中的信号名和 Avalon 信号类型

HDL 中的信号名	Avalon 信号类型	宽　度	方　　向	说　　明
clk	clk	1	输入	同步数据传输和任务逻辑的时钟
resetn	reset_n	1	输入	复位信号，低电平有效
avalon_chip_select	chipselect	1	输入	片选信号
address	address	2	输入	2 位地址，只有 3 个编码被使用
write	write	1	输入	写使能信号
write_data	writedata	32	输入	32 位写数据值

续表

HDL 中的信号名	Avalon 信号类型	宽　度	方　　向	说　　明
read	read	1	输入	读使能信号
read_data	readdata	32	输出	32 位读数据值

4）软件 API

PWM 设计实例提供了定义寄存器映射的头文件和 PWM 在 Nios Ⅱ 处理器系统中的驱动程序。表 8-5 列出了这些文件，表 8-8 给出了 PWM 驱动函数。

表 8-8　PWM 驱动函数①

函　数　原　型	描　　述
altera_avalon_pwm_init( )	初始化 PWM 硬件
altera_avalon_pwm_enable( )	激活 PWM 输出
altera_avalon_pwm_disable( )	禁止 PWM 输出
altera_avalon_pwm_change_duty_cycle( )	改变 PWM 输出的占空比

注：① 每一个函数都需要一个指定 PWM 元件实例的基地址参数。

3. 打包设计文件为 SOPC Builder 元件

这部分，用户使用 SOPC Builder 元件编辑器将设计文件打包成一个 SOPC Builder 元件。用户要执行如下的操作。

1）打开 Quartus Ⅱ 工程，启动元件编辑器

（1）启动 Quartus Ⅱ 软件。

（2）打开<Quartus Ⅱ project>目录中的 standard. qpf 文件。

（3）选择 "Tools" 菜单中的 "SOPC Builder"，打开 SOPC Builder 图形用户界面，界面中显示了一个现成的包含一个 Nios Ⅱ 处理器和一些元件的设计实例。

（4）选择 "File" 菜单中的 "New Component"，打开元件编辑器的图形用户界面，如图 8-10 所示，显示的是 "Introduction" 标签页。在 "Introduction" 标签页中，介绍了元件编辑器的工具，创建元件需要的文件，将元件用于其他工程的方法，以及获得元件编辑器更多细节的方法。

2）元件编辑器每个页面的设置

（1）"HDL Files" 标签页。

这部分是将 HDL 文件同元件联系起来，操作步骤如下。

① 在图 8-10 中单击 "Next" 按钮或 "HDL Files" 标签，将出现如图 8-11 所示的硬件文件添加窗口。在元件编辑器的每个标签页上都提供有相应的信息，介绍怎样使用每一个页面。单击标签页左上角的三角形可查看使用指导。

② 单击"Add"按钮，出现如图 8-22 所示的窗口。

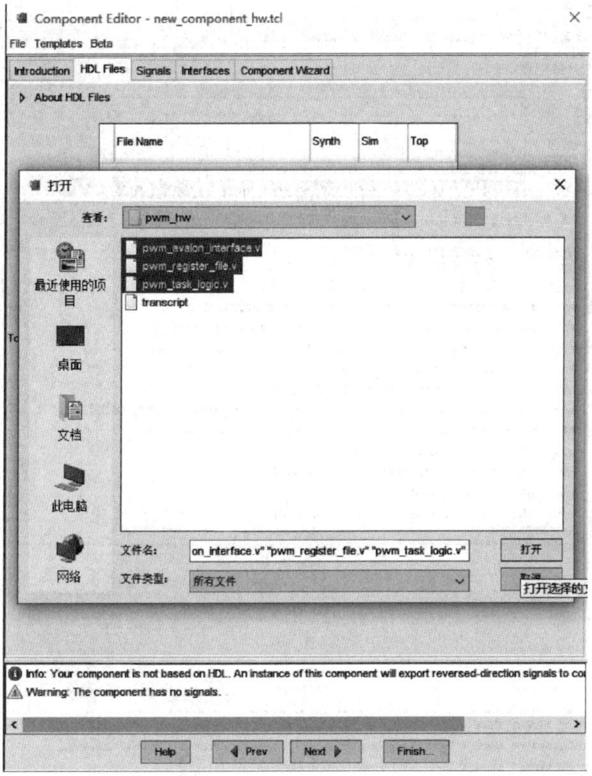

图 8-22　添加 HDL Files 的窗口

③ 切换到<PWM design files>/pwm_hw 目录将 3 个 Verilog 的 HDL 文件存放在这个目录中。

④ 选中这 3 个 HDL 文件，单击"打开"按钮，此时元件编辑器将立即分析每一个文件，并从每个文件中读取 I/O 信号和参数信息。

⑤ 分析的结果会在分析窗口中给出，如图 8-23 所示。元件的顶层实体需要手动指定，如果分析结果有错误，则顶层实体可能需要重新指定，勾选顶层实体文件对应的"Top"复选框。

（2）"Signals"标签页。

对于顶层 HDL 模块中的每个 I/O 信号，用户必须将其信号名映射到一个有效的 Avalon 信号类型，这些工作在"Signals"标签页中进行。元件编辑器会自动填写其在顶层 HDL 文件中发现的信号信息。如果一个信号名同 Avalon 信号类型同名（如 write、address），则元件编辑器将自动分配信号的类型。如果元件编辑器不能判断信号类型，则将信号分配成 export 类型。执行如下的步骤进行元件 I/O 信号的定义。

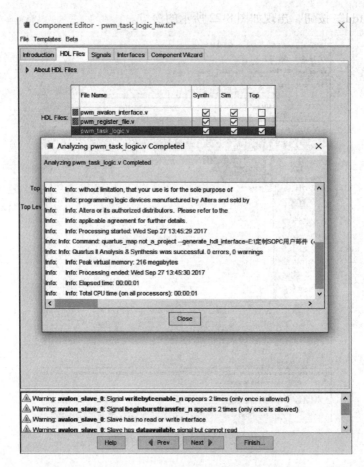

图 8-23   HDL Files 的分析结果

① 在图 8-23 所示页面中单击 "Close" 按钮，然后单击 "Next" 按钮或 "Signals" 标签，顶层 HDL 模块 pwm_avalon_interface 中的所有 I/O 信号将自动出现，如图 8-24 所示。

② 要改变某个信号类型，单击 "Signal Type" 列的相应单元格，将弹出一个下拉列表，在列表中选择一个新的信号类型即可。在图 8-24 中，将 pwm_out 信号分配为 export 类型，因为它不是 Avalon 信号，而是 SOPC Builder 系统的一个输出信号。

当正确地分配好每个信号类型之后，错误信息就都消失了。

（3）"Interfaces" 标签页。

"Interfaces" 标签页使用户能够配置元件上所有的 Avalon 接口的属性。PWM 元件只有一个 Avalon 接口。执行下面的步骤进行 Avalon 从端口的配置。

① 在图 8-24 中，单击 "Next" 按钮或者 "Interfaces" 标签页，打开如图 8-25 所示页面。元件编辑器显示的是一个默认的 Avalon 从端口，该端口是元件编辑器基于元件设计的顶层 I/O 信号创建的。

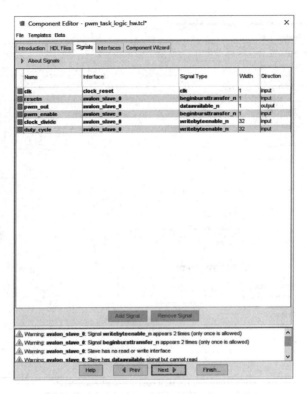

图 8-24　PWM 元件信号类型的设置

② 按表 8-9 修改 control_slave 接口的设置。

表 8-9　控制从接口设置

设　　置	值	描　　述
Slave addressing	Registers	该设置适用于访问地址映射寄存器的从端口
Read Wait	0	该设置表示从端口在一个时钟周期内响应读请求（不需要读等待周期）
Write Wait	0	该设置表示从端口在一个时钟周期内捕获写请求（不需要写等待周期）

（4）"Component Wizard" 标签页。

"Component Wizard" 标签页允许用户控制在 SOPC Builder 例化元件时，添加元件向导的样式。执行下面的步骤配置元件向导的样式。

① 单击 "Component Wizard" 标签，出现如图 8-26 所示的窗口。

② 本例中，不改变元件名、元件版本和元件组的默认值。

③ 单击 "Preview the GUI" 按钮，预览元件图形用户界面，如图 8-27 所示。

④ 在图 8-27 中单击 "Finish" 按钮，关闭预览窗口，返回 "Component Wizard" 标签页。

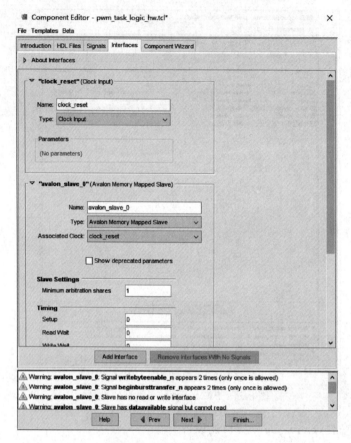

图 8-25　接口页面的设置

3）保存元件

执行下面的步骤保存元件，并且退出元件编辑器。

（1）在图 8-26 中单击"Finish"按钮，弹出如图 8-28 所示的对话框，提示为元件创建保存相应的文件，单击"Yes,Save"按钮，返回 SOPC Builder 主窗口，在"Peripherals"库中可以看到自定义的外设，如图 8-29 所示。

（2）选中"pwm_task_logic"新元件，用户可以在 SOPC Builder 系统中例化该元件。

4. 例化元件

此时，新的元件已经可以在 SOPC Builder 系统中例化了。元件的使用是和设计相关的，是基于系统需要的。下面的步骤演示例化和测试元件的一种可能的方法。

添加新的 PWM 元件到系统中，重新编译硬件设计，重新配置 FPGA。操作步骤如下。

（1）添加一个 PWM 硬件到 SOPC Builder 系统，重新生成系统。

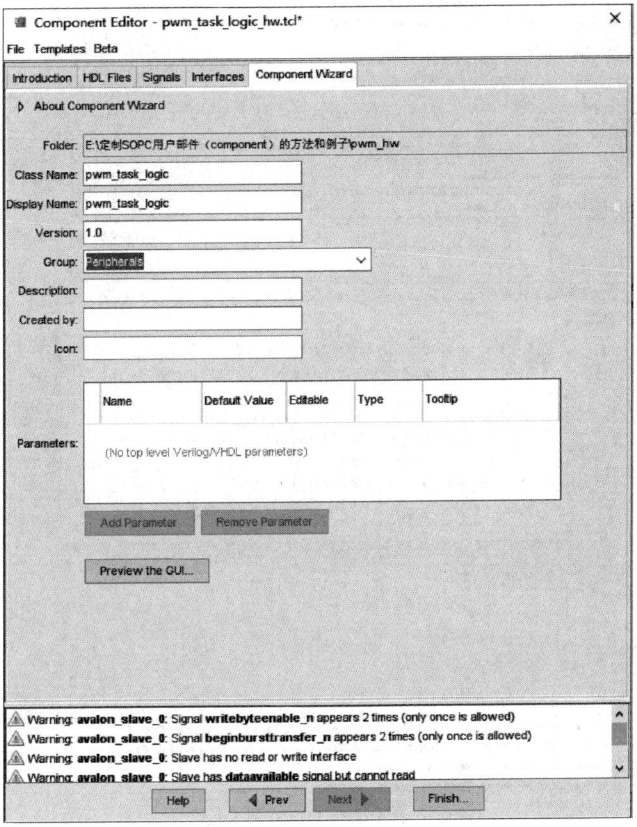

图 8-26　元件向导的配置

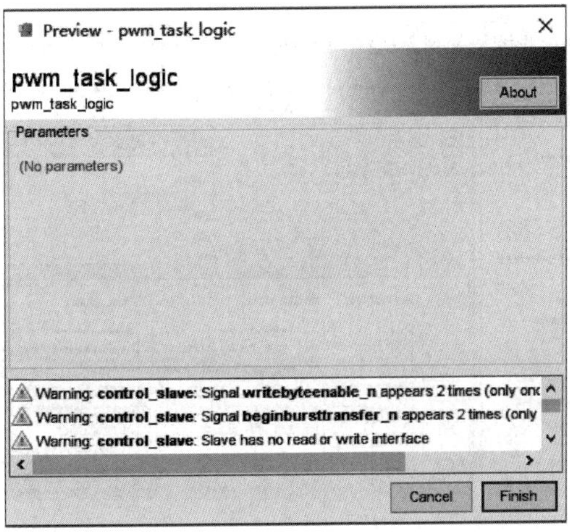

图 8-27　元件图形用户界面预览

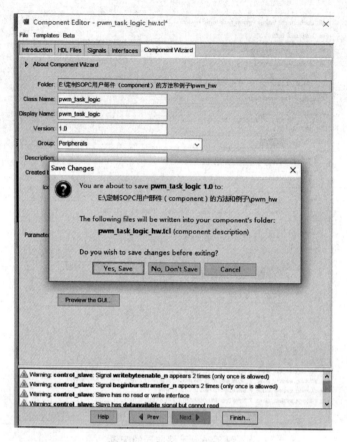

图 8-28　保存元件的文件

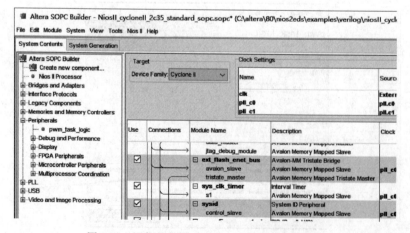

图 8-29　添加的外设出现在 "Peripherals" 库中

（2）修改 Quartus Ⅱ设计，连接 PWM 输出到 FPGA 的一个引脚。

（3）编译 Quartus Ⅱ设计，使用新的硬件镜像文件配置 FPGA。

添加 PWM 元件到 SOPC Builder 系统，执行下面的步骤建立 SOPC Builder 的元件搜索路径。

（1）在 SOPC Builder 图形用户界面中，选择"Tools"菜单中的"Opitons"。

（2）选择"Category"中的"IP Search Path"，在右侧文本框中输入自定义外设硬件文件所在目录的路径，如图 8-30 所示。

（3）单击"Finish"按钮，返回 SOPC Builder 图形用户界面。

上面的这些步骤使元件的软件文件对 Nios Ⅱ IDE 可见。这些步骤对 Quartus Ⅱ v4. 2 和 Nios Ⅱ IDE v1. 1 来讲，是必需的。

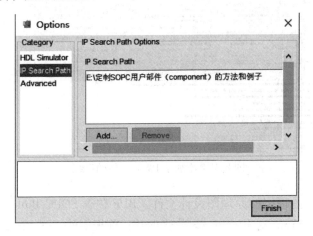

图 8-30　元件搜索路径的建立

执行下面的步骤将 PWM 元件添加到 SOPC Builder 系统。

（1）在"System Contents"标签页的"Peripherals"库中选择"pwm_task_logic"，然后单击"Add"按钮，将该元件添加到 SOPC 系统中去，该外设的名字为 logic，如图 8-31 所示。

（2）右键单击"logic"，在弹出的快捷菜单中选择"Rename"，在可编辑文本框中输入"z_pwm_0"的名字并按 Enter 键。

（3）单击"Generate"按钮，开始生成系统。

（4）系统生成成功之后，退出 SOPC Builder，返回到 Quartus Ⅱ用户界面。

5. 在 Quartus Ⅱ中编译硬件设计，然后下载设计到目标板上

此时，用户已经创建了一个使用 PWM 元件的 SOPC Builder 系统，用户必须更新 Quartus Ⅱ工程才能使用 PWM 的输出。

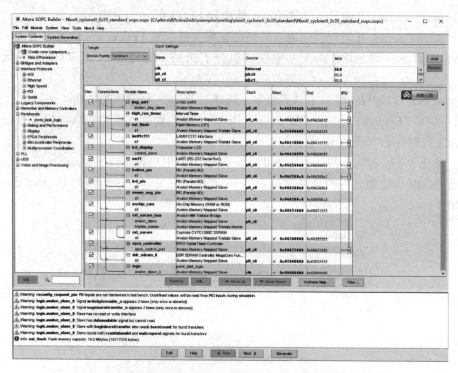

图 8-31　添加了 PWM 元件的系统

　　standard. bdf 文件是顶层的原理图设计文件。BDF 包含 SOPC Builder 系统模块的一个符号，名字为 std_<FPGA>，这里<FPGA> 代表的是目标板上的 FPGA，如 std_2C35。

　　在之前的步骤中，若用户添加 PWM 元件，则系统模块会产生新的输出，因此要更新系统模块的符号，并将 PWM 的输出连接到 FPGA 的一个引脚上，操作步骤如下。

　　（1）在 Quartus Ⅱ中，打开 standard. bdf 文件。

　　（2）在 standard. bdf 中右键单击符号 std_<FPGA>，然后在弹出的快捷菜单中选择 "Update Symbol or Block"，此时将弹出更新符号或模块的对话框。

　　（3）选中 "Selected symbol〔s〕or block〔s〕" 单选项，如图 8-32 所示。

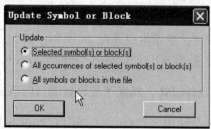

图 8-32　更新符号或模块的对话框

（4）单击 "OK" 按钮，关闭对话框。此时，std_<FPGA>符号已经被更新了，有了一个新的输出端口，名为 pwm_out_from_the_z_pwm_0。SOPC Builder 为所有系统模块上所有的 I/O 端口创建唯一的名字，名字是将元件设计文件中的信号名同系统模块中元件的实例名相加得到的。

（5）删除连接到 port out_port_from_the_led_pio ［7..0］端口的引脚。

（6）创建一个新的引脚，并将其命名为 LEDG ［0］。

（7）将新的引脚连接到 pwm_out_from_the_z_pwm_0 端口。

现在可以对硬件进行编译了。

编译硬件和下载到目标板的步骤在第二章已经讲解过，这里就不再赘述了。

6. 在 Nios Ⅱ 软件中使用硬件

PWM 设计实例是基于 Nios Ⅱ 处理器的，用户必须在 Nios Ⅱ 处理器中执行软件来验证 PWM 硬件。设计实例的设计文件提供了 C 语言的测试程序，该程序使用 PWM 的输出点亮 LED，并且会让 PWM 占空比渐变。测试程序访问硬件使用寄存器映射和调用驱动函数的方式。

关于软件工程的创建、源文件和头文件的引入，以及程序的调试和下载等内容在第六章已经介绍过了，这里就不再赘述了。程序的运行会使开发板上的 LED 重复亮灭，但是周期是渐变的。

8.2.6　共享元件

当用户使用元件编辑器创建了一个元件时，SOPC Builder 会在当前的 Quartus Ⅱ 工程目录中自动地保存该元件。为了促进设计的重用，用户可以在不同的工程中使用元件，也可以将自己的元件同其他设计者分享。

执行下面的步骤，可以分享一个元件。

（1）在用户的计算机文件系统中，将元件的目录移到一个 Quartus Ⅱ 工程目录之外的一个位置。例如，可以通过创建一个目录 c:\my_component_library 来保存用户的定制元件。注意，目录路径中不能包含空格。

（2）在 SOPC Builder 中，选择 "Tools" 菜单中的 "Options"，弹出 "Options" 对话框，在该对话框中用户可以指定 SOPC Builder 到哪去找元件的文件。

（3）在 "IP Search Path" 里添加包含元件目录的目录。单击 "Add" 按钮可以添加多个目录，如图 8-30 所示。

（4）单击 "Finish" 按钮，返回 SOPC 图形界面窗口。

8.3 C2H 编译器的使用

C2H 编译器使用户可以直接从 ANSI C 源代码创建定制外设加速器。硬件加速器是在硬件中实现 C 函数的逻辑模块，通常可以使执行效率提高一个数量级。使用 C2H 编译器，用户可以在以 Nios Ⅱ处理器为目标处理器的 C 程序中开发和调试一个算法，然后将 C 代码转化成在 FPGA 中实现的硬件加速器。

C2H 编译器通过将特定的 C 函数实现为硬件加速器，来改善 Nios Ⅱ程序的性能。C2H 编译器不是将 C 作为设计语言来产生任意的硬件系统的工具。

C2H 编译器建立在下面的前提之上。

◇ ANSI C 的语法足以描述计算密集或是存储器访问频繁的任务。

◇ C2H 工具一定不能打乱已有的软件和硬件开发流程。

基于以上的前提，C2H 编译器的设计方法提供下面的特性。

◇ 兼容 ANSI C——C2H 编译器可对 ANSI C 代码进行操作，支持大部分的 C 构造，包括指针、数组、结构、全局和局部变量、循环和子函数调用。C2H 编译器不需要特殊的语法或者库函数来指定硬件的结构。

◇ 直接的 C 到硬件映射——C2H 编译器可将 C 语法的每一个元素映射成一个定义的硬件结构，赋予用户对硬件加速器的结构的控制。

◇ 同 Nios Ⅱ IDE 集成——用户通过 Nios Ⅱ IDE 控制 C2H 编译器，不必去学习使用 C2H 编译器的环境。

◇ 基于 SOPC Builder 和 Avalon 交换架构——C2H 编译器使用 SOPC Builder 将硬件加速器连接到 Nios Ⅱ系统中。C2H 加速器将成为一个 Nios Ⅱ系统中的一个元件。SOPC Builder 自动地产生 Avalon 交换架构将加速器连接到系统中，省去了手动集成硬件加速器的时间。

◇ 报告生成的结果——C2H 编译器会产生一个详细的报告，包括硬件结构、资源使用和吞吐量。

C2H 编译器生成的硬件加速器有下面的特性。

◇ 并行时序——C2H 编译器认可并行发生的事件。独立的声明在硬件上是同时执行的。

◇ 直接存储器访问——加速器可以同时和 Nios Ⅱ处理器访问相同的存储器。

◇ 循环流水线——C2H 编译器基于存储器访问延迟和并行执行的代码大小，可将循环的逻辑实现流水线化。

◇ 存储器访问流水线——C2H 编译器采用流水线来访问存储器以降低持仓前延迟的效应。

8.3.1　C2H 概念

本节介绍一些 C2H 编译器的基本概念。这些概念可帮助读者更好地理解 C2H 编译器的工作原理，以及如何来获得更好的结果。

1. 简单和易于使用

C2H 编译器将对现有的设计流程的影响降到最小。生成硬件加速器与为加速器连接软件，都使用熟悉的 Nios Ⅱ IDE 和 SOPC Builder 设计工具。在 Nios Ⅱ IDE 中编译的时候，用户可以指定一个 C 函数是作为处理器的指令还是硬件加速器进行编译。C2H 编译器在后台通过调用其他的工具来处理硬件和软件的集成工作。特别地，C2H 编译器在后台自动执行下面的任务。

（1）调用 SOPC Builder，指定硬件加速器怎样连接到系统，然后生成系统硬件。

（2）调用 Quartus Ⅱ 编译硬件设计，生成 FPGA 配置文件。

2. 快速地反复设计以找到最优的软硬件分配比例

C2H 编译器允许用户在 C 代码中方便地更改硬件和软件的分界线，而不需要很多额外的设计工作。因此，用户可以很自由地进行重复的设计，实验多种结构。使用 HDL 文件来编写硬件加速器则需要很多的时间去创建逻辑设计和将加速器集成到系统中去。功能和性能需求的改变将会对设计实践产生很大的影响。

使用 C2H 编译器，用户可以加速必要的函数来获得需要的性能。用户可以通过简单地编辑 C 的源代码来平衡性能和资源的使用。

通过这些可用的工具，获得渴望的系统性能的过程经历了很大的改变。设计时间逐渐从创建、接口、调试硬件向完善算法实现和寻求最优的系统结构倾斜。

3. 加速对性能影响大的代码

C2H 编译器只转化用户指定的代码。典型的程序中包含对性能影响大的代码及其他的代码。对性能影响大的代码通常是重复和简单的，但是消耗了处理器执行的大部分时间。这些代码占用处理器来计算数值或移动数据，或进行以上的两种工作。硬件资源最好用来加速对性能影响大的函数，而不是将整个程序转换成硬件。

4. C2H 编译器工作在函数级

用户想要加速的代码必须是一个独立的 C 函数。C2H 编译器将选中的函数内部的所有代码转化成硬件加速器模块。如果加速的函数中调用了子函数，则 C2H 编译器也将子函数转化成硬件加速器。因此，用户必须确定，子函数是否也是适合 C2H 加速的。

　　如果用户想要加速的代码不在一个函数中，那么要将这些代码放到一个函数中去。转换成的硬件加速器只完成处理器密集的任务，而不涉及处理器可以高效实现的设置和控制等任务。

5. 系统结构

　　图 8-33 显示了一个简单的 Nios Ⅱ 处理器系统的结构，其中包含一个硬件加速器。

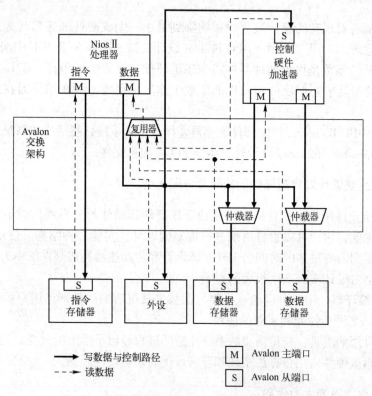

图 8-33　具有一个硬件加速器的系统拓扑

　　SOPC Builder 自动将加速器逻辑以 SOPC Builder 的元件集成到系统中。系统中可以有多个加速器。加速器是和 Nios Ⅱ 处理器分离的，但是可以访问 Nios Ⅱ 处理器可以访问的存储器。用户能够在 SOPC Builder 中手动配置加速器和系统的连接。

6. 硬件加速器的生成

　　C2H 编译流程同传统的 C 编译器有很多共同的特征，但是声明的时序、优化和对象生成是不同的。当生成硬件加速器时，C2H 编译器将做如下的工作。

（1）使用 GNU GCC 预处理器分析代码。

（2）创建数据关联图。

（3）执行相应优化。

（4）确定执行每项操作的最佳次序。

（5）生成硬件加速器的目标文件。该目标文件是可综合的 HDL 文件。

（6）生成 C 打包函数。该函数隐藏了 Nios Ⅱ 处理器同硬件加速器之间交互的细节。该函数在软件连接时将替换原来的 C 函数。

生成的加速器逻辑包含如下内容。

◇ 一个或多个状态机用来管理 C 函数定义的操作的执行顺序。在任何一个时钟周期，任意数目的计算和存储器访问可能同时发生，这时由状态机管理。

◇ 一个或多个 Avalon 主端口，用于读取和存储状态机需要的数据。

◇ 一个 Avalon 从端口和一组存储器映射寄存器，允许处理器设置、启动和停止硬件加速器。

7. 从 C 语法到硬件结构的一对一映射

C2H 编译器将 C 语法的每一个元素映射为一个对等的硬件结构。C2H 编译器使用直接翻译法则，基于输入的 C 代码直接例化硬件资源。一旦熟悉了 C2H 编译器的映射，用户可以通过改变 C 的源程序来控制生成的硬件结构。

下面是 C2H 编译器转换 C 代码到硬件的例子。

◇ 数学运算符（如+、−、∗、≫）转换成硬件的等效电路（如加法、减法、乘法和移位电路）。

◇ 循环（如 for、while、do-while）转换成重复循环中的操作的状态机，直到循环条件不满足。

◇ 指针和数组访问（如 ∗ p、array[i][j]）变成 Avalon 主端口，主端口和处理器访问相同的存储器。

◇ 不依赖之前的操作结果的声明，被尽可能向前调度，以允许最大程度的并行执行。

◇ 加速函数调用的子函数也使用相同的映射规则，被转换成硬件。C2H 编译器只创建一个子函数的实例，不管子函数被调用多少次。将被加速的 C 代码放到一个子函数中，提供了一个在加速器内部创建共享的硬件资源的方法。

当 C2H 编译器基于资源共享可以减少资源的使用时，C2H 编译器执行某些优化。参阅 *Nios Ⅱ C2H Compiler User Guide* 中的 C-to-Hardware Mapping Reference 章节获得更多的 C2H 编译器映射细节。

8. 性能依赖存储器访问时间

在处理器上运行的应用的性能瓶颈是处理器执行指令的速度。存储器访问时间影响执行时间，但是指令和数据缓存可最小化处理器等待存储器访问的时间。

借助 C2H 硬件加速器，性能瓶颈发生了很大的改变。应用的性能瓶颈主要取决于存储器延迟和带宽。硬件加速器逻辑要给每个并行操作提供数据，如果硬件不能快速访问存储器，则将暂停等待数据，从而降低性能和效率。

要从硬件加速器获得最高性能，通常需要检查系统存储器拓扑和数据流，然后进行修改以消除存储器瓶颈。例如，如果用户的 C 代码随机访问存储器在低速 SDRAM 中一个大的缓冲器中的数据，性能会因为在 SDRAM 中不断地进行地址切换而降低。用户可以避免这一情况的发生：首先将数据复制到片上 RAM，然后允许硬件加速器访问快速、低延迟的 RAM。注意，用户可以创建 DMA 硬件加速器来加速复制操作。

8.3.2　适合硬件加速的 C 代码

本节讨论判断 C 代码是否适合 C2H 编译器进行加速的指导方针。

1. 理想的加速候选

最小的代码量却消耗了 CPU 的大部分时间的 C 代码是最理想的加速候选。这些代码有如下特性。

◇ 包含相对小而简单的循环或是嵌套的循环。

◇ 对一组数据反复操作，每次对数据进行一个或多个操作，然后存储结果。

这种重复任务的例子包括存储器复制和修改、校验和计算、数据加密、解密和滤波操作。在以上的情形中，C 代码对一组数据会重复很多次操作，在每次重复过程中，要执行一个或多个存储器读或写操作。

下面的例子演示了一个执行校验和计算的函数，这段代码摘录自 TCP/IP 协议栈，校验和计算的数据范围是网络协议栈的数据。校验和计算是 IP 协议栈中典型的耗时部分，因为所有的接收和发送的数据必须要被验证，这要求处理器循环计算所有的字节。

例　校验和计算。

```
u16_t standard_chksum(void *dataptr, int len)
{
u32_t acc;
/* Checksum loop: iterate over all data in buffer */
for(acc = 0; len > 1; len -= 2) {
acc += *(u16_t *)dataptr;
dataptr = (void *)((u16_t *)dataptr + 1);
}
/* Handle odd buffer lengths */
if (len == 1) {
```

```
        acc += htons((u16_t)((*(u8_t*)dataptr)&0xff)<< 8);
    }
    /* Modify result for IP stack needs */
    acc = (acc >> 16) + (acc & 0xffffUL);
    if ((acc & 0xffff0000) != 0) {
        acc = (acc >> 16) + (acc & 0xffffUL);
    }
    return (u16_t)acc;
}
```

　　加速上面的函数会对计算时间产生很大的影响，尤其是花在循环上的时间。这段代码最有效的硬件加速器应是只替代 for 循环部分。想要只加速 for 循环，需要将循环部分定义成一个单独的函数。

2. 不理想的加速候选

　　加速某些代码会对性能产生负面的影响，或者不可接受地增加资源的使用，甚至以上两种情况同时发生。

　　使用下面的指导来确定不对其进行加速的函数。

◇ 包含很多顺序的操作及不能形成一个循环的代码，不是理想的加速候选。处理器可以高效地执行这样的操作。

◇ 如果代码包含 C2H 编译器不支持的语法，代码不能被加速，如浮点运算和递归函数。更多信息请参阅 *Nios Ⅱ C2H Compiler User Guide* 中的 ANSI C Compliance and Unsupported Constructs 章节。

　　调用系统和运行时库函数的代码不是理想的加速候选。例如，加速 printf( ) 或 malloc( ) 函数是没有意义的。这些函数的代码中包含一组复杂的顺序操作，但不包含对性能影响大的循环。

　　也有以下一些例外情况。

◇ 一些有经验的 C 程序员经常会将迭代的算法打开，并将其表示成一组连续的操作，只为了能更好地配合 C 编译器工作。如果用户能够重新组合代码并将其形成循环，那么将实现代码加速。

◇ 一个内部的循环可能包含很多复杂的顺序操作，如果对其加速会消耗很多逻辑资源。这就出现一个权衡，如果处理器在该循环中需要花费大量的时间，可能就值得使用硬件资源来加速整个循环。

◇ 一些运行时库函数本质上是迭代的。这样的函数包括普通的数据搬移和缓冲器集合函数，如 memcpy( ) 或 memset( )。

3. 理解代码以发现加速的良机

使用 C2H 编译器获得最优结果的最好的方法是理解自己的代码，以发现最关键的循环在哪里。如果用户从头自己编写代码，就很可能会知道代码的关键部分。如果用户从已有的代码开始，则使用 C2H 编译器获得性能提高的程度主要取决于用户分析和理解代码的程度。不管哪种情况，Nios Ⅱ IDE 的概况（profiling）特性可以帮助用户确定处理器在何处花费了大部分时间。

只是通过观察代码来确定关键的循环是很困难的，因为程序经常给出的是在几行代码上花费了大部分的时间。能够精确定位处理器在哪部分代码花费了大部分时间的唯一方法是对应用做概况分析，然后检查瓶颈函数。

可参阅 Altera 的文档 *AN 391*：*Profiling Nios Ⅱ Systems* 来获得更多信息。

8.3.3　C2H 编译器设计流程

本节讨论 Nios Ⅱ C2H 编译器设计流程。下面将结合一个设计实例，一步一步地介绍创建硬件加速器的过程。

设计实例的软件多次执行数据复制的函数。通过加速数据复制函数，可以提速 10 多倍。获得的硬件加速器是具有 DMA 的硬件模块，它可以在没有处理器干预的情况下复制数据。

C2H 编译器的设计流程从一个或多个成功编译的 C 文件开始。在开始使用 C2H 编译器加速函数之前，用户必须：

◇ 确认需要加速的函数；

◇ 以 Nios Ⅱ 处理器为目标处理器调试函数。

1. 典型的设计流程

使用 C2H 编译器来加速函数的典型设计流程如下。

（1）使用 C 语言开发和调试应用或算法。

（2）用概况代码来确认要加速的代码部分。

（3）将想要加速的代码形成一个单独的 C 函数。

（4）在 Nios Ⅱ IDE 中指定要加速的函数。

（5）在 Nios Ⅱ IDE 中重新编译工程。

（6）概况结果。

（7）如果结果没有达到设计要求，修改 C 源代码和系统结构（如存储器拓扑）。

（8）返回步骤 5，重复其后步骤。

典型的 C2H 编译器设计流程是一个反复迭代的过程，它比较性能是否达到设计要求，修改 C 代码来改进结果。如果 C 代码没有针对 C2H 编译器进行优化，则第一次加速迭代的结果不会很明显地改进性能。接下来的迭代，就是通过修改 C 代码以产生最优的硬件结构，通常最后的结果比第一次的结果有很大的改进。

2. 软件要求

C2H 编译器是 Nios Ⅱ Embedded Design Suite（EDS）的一部分。需要用户安装的软件有 Quartus Ⅱ，用户可以从 Altera 网站下载 Quartus Ⅱ 网络版和 Nios Ⅱ EDS 的试用版。

在设计过程中，会用到下面的工具。

◇ Nios Ⅱ（IDE）——控制函数加速的选项。加速的结果会在 Nios Ⅱ IDE 中产生，生成的文件是可执行的文件（.elf）。C2H 编译器在后台调用 SOPC Builder 和 Quartus Ⅱ，重新生成 Nios Ⅱ。系统和更新 FPGA 配置文件。

◇ SOPC Builder——SOPC Builder 管理 C2H 逻辑的生成和 Avalon 交换架构，将硬件加速器连接到处理器。在软件编译的过程中，Nios Ⅱ，IDE 能够在后台调用 SOPC Builder 来更新硬件加速器，并将其集成到 Nios Ⅱ 硬件设计中去。输出文件是一组硬件描述语言文件（.v 或 .vhd）和 SOPC Builder 系统文件（.ptf）。该系统文件定义了用户的系统：Nios Ⅱ 处理器内核、外设、加速器、片上存储器和片外存储器接口。

◇ Quartus Ⅱ software——Quartus Ⅱ 编译和综合由 C2H 编译器和 SOPC Builder 工具产生的 HDL 文件，还有 Quartus Ⅱ 工程中的其他定制逻辑。在软件编译过程中，Nios Ⅱ IDE 在后台调用 Quartus Ⅱ，编译 Quartus Ⅱ 工程，产生 FPGA 配置文件（.sof），其中包含具有硬件加速器的更新的 Nios Ⅱ 系统。

3. 设计实例

这部分通过设计实例来指导读者使用 C2H 编译器加速函数的过程。用户将使用提供的设计实例文件在 Nios Ⅱ IDE 中创建一个软件工程，加速一个函数，并观察性能改进。

从 C 的源文件开始，到包含加速的函数的应用运行结束，步骤如下。

（1）建立硬件工程的硬件。

（2）创建工程的软件。

（3）只以软件来运行工程。

（4）创建和配置硬件加速器。

（5）重新编译工程。

（6）观察报告文件中的结果。

（7）观察 SOPC Builder 中的硬件加速器。

建立硬件工程和软件工程的步骤在前面的章节已经讲过，在这里只是简单介绍。硬件的设计是基于 Nios Ⅱ EDS 提供的 standard 硬件的设计。软件设计文件是 C 文件，文件名为 dma_c2h_tutorial.c，该文件可以从 Altera 网站下载。用户可以在任何一款 Altera 提供的开发板上运行该设计。

dma_c2h_tutorial. c 文件包含如下两个函数。

◇ do _ dma( )——该函数是用户将要加速的函数，它执行大块存储器复制。do _ dma ( ) 需要一个源地址指针、一个目的地址指针和一个复制的比特数。当以硬件实现该函数时，do _ dma( )和 DMA 复制逻辑类似。

do _ dma( )的原型如下：

int do _ dma(int ＊ __ restrict __ dest _ ptr,int ＊ __ restrict __ source _ ptr,int length)

◇ main( ) ——main( )函数可用来调用 do _ dma( )函数并测量需要多少时间，以便用户可以比较软件实现和硬件加速器。

main( ) 函数执行下面的工作。

（1）在主存储器中分配两个 1 MB 缓冲。

（2）用递增的数值填充源缓冲。

（3）使用全 0x0 填充目的缓冲。

（4）调用 do _ dma( )函数 100 次。

（5）检查复制的数据，确认没有错误。

（6）释放以上分配的两个缓冲。

在调用 do _ dma( )函数的循环的前后通过定时器函数来测量完成复制操作所需要的时间。应用完成之后，在 IDE 的控制台会显示执行复制操作用了多少毫秒。

1) 建立工程硬件

建立工程硬件执行如下步骤。

（1）连接 Nios 开发板的电源，并且使用 Altera 的下载线将开发板与计算机相连。

（2）建立硬件工程的目录。

① 找到用户开发板的 standard 硬件设计实例，例如，Cyclone Ⅱ 的 Nios 开发板的 Verilog 文件，在<Nios Ⅱ EDS install path >/examples/verilog/ nios Ⅱ _ cyclone Ⅱ _ 2c35/standard 目录中。

② 复制 standard 目录，并且将复制的目录命名为 c2h _ tutorial _ hw。

（3）启动 Quartus Ⅱ。

（4）打开 c2h _ tutorial _ hw 目录中的 Quartus Ⅱ工程文件 standard. qpf。

（5）配置 Nios 开发板上的 FPGA。

① 选择 "Tools" 菜单中的 "Programmer"。

② 勾选 "Program/Configure" 复选框。

③ 单击 "Start" 按钮，下载配置文件到 FPGA。

2) 创建软件工程

建立软件工程执行如下步骤。

（1）启动 Nios Ⅱ IDE。

（2）创建一个新的 C/C++应用工程，工程名为 c2h_tutorial_sw，选择 Blank Project 工程模板，目标硬件选为 c2h_tutorial_hw 目录中的 SOPC Builder 系统文件。单击"Finish"按钮，此时 IDE 产生一个新的工程 c2h_tutorial_sw 和一个新的系统库工程 c2h_tutorial_sw_syslib。

（3）从 Altera 网站下载软件文件 dma_c2h_tutorial.c。

（4）引入 C 文件 dma_c2h_tutorial.c 到 c2h_tutorial_sw 工程中，最简单的方法就是采用外部的文件管理工具，如 Windows Explorer，将该文件移到"Nios Ⅱ C/C++Projict"视图中的"c2h_tutorial_sw"文件夹中。

3）只以软件运行该工程

运行该工程，执行如下步骤。

（1）在"Nios Ⅱ C/C++Project"视图中，右击"c2h_tutorial_sw"工程，然后选择"Run As"→"Nios Ⅱ Hardware"。Nios Ⅱ IDE 需要几分钟时间来编译和运行程序。

（2）在控制台视图中观察执行时间。在控制台试图中可以看到如下的信息：

This simple program copies 1048576 bytes of data from a source buffer to a destination buffer.

The program performs 100 iterations of the copy operation, and calculates the time spent.

Copy beginning

SUCCESS：Source and destination data match. Copy verified.

Total time：39330 ms

可以看到以软件来运行该工程需要 39 330 毫秒，这个数值因用户选用的开发板不同而不同。

4）创建和配置硬件加速器

为 do_dma()函数创建硬件加速器，执行下面的步骤。

（1）在 Nios Ⅱ IDE 编辑器中打开 dma_c2h_tutorial.c 文件。

（2）在源文件中，双击"do_dma()"函数名选中该函数。

（3）右击"do_dma"，并在弹出的右键快捷菜单中选择"Accelerate with the Nios Ⅱ C2H Compiler"，如图 8-34 所示。此时，C2H 视图将出现在 Nios Ⅱ IDE 窗口的底部，如图 8-35 所示。

本例中，为了简单化，do_dma()函数和应用的其他代码存在于同一个文件中。然而，一个好的做法是将要加速的函数单独形成一个文件。如果一个被加速的函数同其他未被加速的代码共存于一个文件，假设用户只编辑了未加速的代码，C2H 编译器也会浪费时间在重新编译加速器上。

（4）设置新的加速器的编译选项，如图 8-36 所示。

① 在图 8-35 中单击"+"图标，在"C2H"视图中展开"c2h_tutorial_sw（Debug）"。

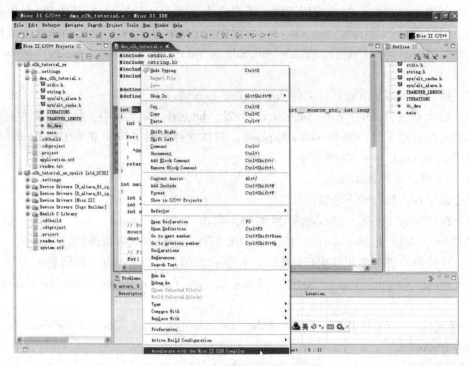

图 8-34　选择要加速的函数

图 8-35　"C2H" 视图

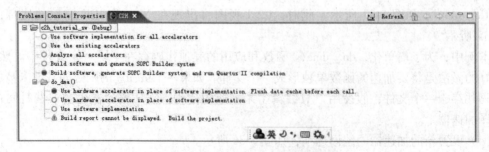

图 8-36　设置加速器的编译选项

②选中"Build software, generate SOPC Builder system, and run Quartus Ⅱ compilation"。当用户在 Nios Ⅱ IDE 中编译工程时,该选项会使 C2H 编译器在后台调用 SOPC Builder 和 Quartus Ⅱ,以生成新的 FPGA 配置文件。

③在"C2H"视图中展开"do_dma( )"。

④在"do_dma( )"下,选中"Use hardware accelerator in place of software implementation. Flush data cache before each call"。

在运行时,该选项会使程序激活 do_dma( ) 的加速器硬件。使用该选项,C2H 的 wrapper 函数在激活硬件加速器之前会刷新处理器数据缓存。wrapper 函数需要在激活硬件加速器之前刷新数据缓存,如果处理器具有数据缓存,并且处理器和加速的函数写相同的存储器,则不刷新缓存可能会出现一致性问题。

5) 重新编译工程

重新编译工程执行如下步骤。

在"Nios Ⅱ C/C++ Project"视图中,右击"c2h_tutorial_sw",然后在弹出的右键快捷菜单中选择"Build Project"。编译的过程一般需要 20 多分钟,这取决于用户的计算机性能和目标 FPGA。

在后台,Nios Ⅱ IDE 执行如下任务。

①启动 C2H 编译器分析 do_dma( ) 函数,生成硬件加速器,生成 wrapper 函数。

②调用 SOPC Builder,连接加速器到 SOPC Builder 系统。编译过程中,修改 SOPC Builder 系统文件 (. ptf),将新的加速器作为一个元件加入到系统中。

③调用 Quartus Ⅱ 编译硬件工程,生成 FPGA 配置文件。

④重新编译 C/C++ 应用工程,将加速器的 wrapper 函数连入应用。

进度信息在控制台视图中显示,编译过程创建下面的文件。

◇ accelerator_c2h_tutorial_sw_do_dma. v (or . vhd) ——该文件是被加速的函数的 HDL 代码。该文件保存在 Quartus Ⅱ 工程目录中,该文件名遵循格式:accelerator_< IDE project name>_<function name>。该文件在 Nios Ⅱ IDE 中不可见。

◇ alt_c2h_do_dma. c ——该文件是加速器的 wrapper 函数,保存在软件工程的 Debug 或 Release 目录中,名字遵循格式:alt_c2h_<function>. c。

6) 在报告文件中观察结果

C2H 编译器会在"C2H"视图中产生一个详细的编译报告。编译报告包含硬件加速器性能和资源使用的信息,用户可以使用这些信息来为 C2H 编译器优化 C 代码。

下面介绍报告文件的主要特性,查看报告执行如下步骤。

①在 Nios Ⅱ IDE 中打开"C2H"视图,用户可以双击"C2H"标签来在全屏模式下观看报告。

②在"C2H"视图中,展开"c2h_tutorial_sw"、"do_dma( )"和"Build report"。

对于有多个加速器的设计,在"C2H"视图中列出的每个函数下都会出现一个编译报告。

③ 展开 "Glossary" 文件夹。

④ 展开 "Resources" 文件夹和所有的子文件夹，如图 8-37 所示。"Resources" 中列出了硬件加速器所有的主端口，每个主端口对应源代码中的一个指针参照。本例中有两个主端口：一个对应读指针 * source _ ptr，一个对应写指针 * dest _ ptr。

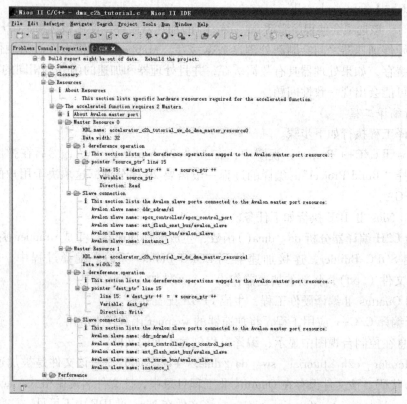

图 8-37   C2H 编译报告的 "Resources" 文件夹

⑤ 展开 "Performance" 文件夹和所有的子文件夹，如图 8-38 所示。

"Performance" 中显示了加速函数中的每个循环的性能特性。有两个标准来表征一个循环的性能：循环延迟和每个循环迭代的周期数 (cycles per loop-iteration, CPLI)。循环延迟是需要填充流水线的时钟周期数。CPLI 是假设流水线被填充并且没有延迟发生，要完成一次循环所需的时钟周期数。通常为了获得更好的加速器性能，须对应用进行优化以减少循环延迟和 CPLI。

参阅 *Accelerating Nios Ⅱ Systems with the C2H Compiler Tutorial* 来获得有关优化 C2H 编译器的更多信息。

图 8-38　C2H 编译报告的"Performance"文件夹

7) 在 SOPC Builder 中查看加速器

在 C2H 编译器中添加硬件加速器到用户的 SOPC Builder 系统之后，加速器会出现在 SOPC Builder 中。

要在 SOPC Builder 中查看新添加的加速器，执行如下的步骤。

① 返回到 Quartus Ⅱ 窗口。

② 选择"Tools"菜单中的"SOPC Builder"，打开 SOPC Builder。

③ 在"System Contents"标签页中出现新的元件"accelerator_c2h_tutorial_sw_do_dma"，位于活跃的元件的列表底部，如图 8-39 所示。

④ 关闭 SOPC Builder。

用户不能在 SOPC Builder 中修改加速器，而必须在 Nios Ⅱ IDE 中修改。当在 Nios Ⅱ IDE 中使用 C2H 编译工程时，要关闭 SOPC Builder。如果 SOPC Builder 没有关闭，在 SOPC Builder 窗口中显示的系统会过时，因为 C2H 编译器会在后台覆盖 SOPC Builder 系统文件（.ptf）。

8) 运行有加速器的工程

用户现在可以运行被加速的工程了，执行如下的步骤。

① 返回到 Quartus Ⅱ 窗口。

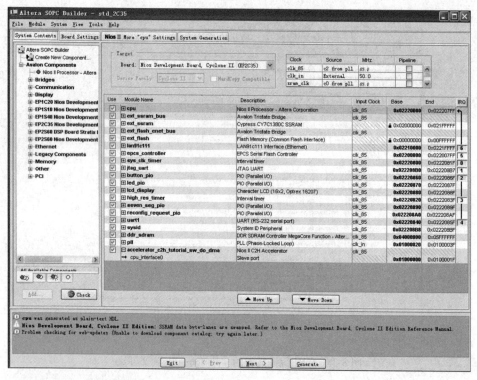

图 8-39　包含加速器的 SOPC Builder 系统的元件列表

② 使用新的 FPGA 配置文件配置 FPGA，该文件包含硬件加速器。

③ 返回到 Nios Ⅱ IDE 窗口。

④ 在 "Nios Ⅱ C/C++ Project" 视图中，右击 "c2h_tutorial_sw"，在弹出的快捷菜单中选择 "Run As" → "Nios Ⅱ Hardware"，便成功把 Nios Ⅱ IDE 程序下载到开发板运行。

⑤ 在控制台视图中观察执行时间。在控制台视图中可以看到如下的信息：

This simple program copies 1048576 bytes of data from a source buffer to a destination buffer.

The program performs 100 iterations of the copy operation，and calculates the time spent.

Copy beginning

SUCCESS：Source and destination data match. Copy verified.

Total time：5010 ms

可以看到，有硬件加速器后，工程运行时间大为减少了，该结果会因不同的开发板而有所不同。

9）移除加速器

用户可以从设计中移除加速器，在 Nios Ⅱ IDE 中执行如下的步骤。

① 在"C2H"视图中右击函数名，然后在弹出的快捷菜单中选择"Remove C2H Accelerator"，如图 8-40 所示。

② 在 Nios Ⅱ IDE 中重新编译工程。

移除加速器，即从 SOPC Builder 中移除加速器元件，并且用原来的未加速的函数替代 C2H 的 wrapper 函数。必须在 Nios Ⅱ IDE 中使用"Remove C2H Accelerator"命令来移除加速器，而不能在 SOPC Builder 中手动删除元件。

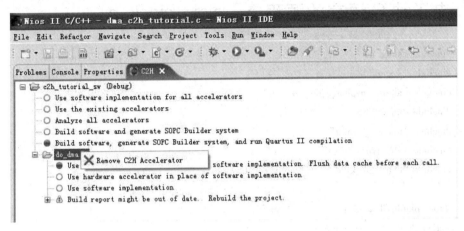

图 8-40　移除加速器

附录 A　电子钟 C 语言的源程序和头文件

A. 1　电子钟 C 语言的源程序：digi_clock. c

```c
#include <stdio. h>
#include " system. h"
#include " altera _ avalon _ pio _ regs. h"
#include <unistd. h>
#include " sys/alt _ irq. h"
#include " alt _ types. h"
#include " digi _ clock. h"

static volatile alt _ u8 hour;
static volatile alt _ u8 minute;
static volatile alt _ u8 second;
static volatile alt _ u16 year;
static volatile alt _ u8 month;
static volatile alt _ u8 day;
static volatile alt _ u8 max _ day;
static int flag;
static int begin;
static alt _ u8 str1[17];
static alt _ u8 str2[17];
volatile int edge _ capture;
alt _ u8 Tyear,Hyear,Dyear,Nyear;

static void last _ day( ) {
    if( month = = 4 || month = = 5 || month = = 9 || month = = 11)
      max _ day = 30;
    else if( month = = 2) {
      if( ( year% 4 = = 0&&year% 100! = 0) || year% 400 = = 0)
        max _ day = 29;
      else
```

```
        max _ day = 28;
    }
    else
        max _ day = 31;
}


static void handle _ button _ interrupts( void * context,alt _ u32 id){
    volatile int * edge _ capture _ ptr = ( volatile int * )context;
     * edge _ capture _ ptr = IORD _ ALTERA _ AVALON _ PIO _ EDGE _ CAP( BUTTON _ PIO _ BASE);
    IOWR _ ALTERA _ AVALON _ PIO _ EDGE _ CAP( BUTTON _ PIO _ BASE,0);
}


static void init _ button _ pio( ){
    void * edge _ capture _ ptr = ( void * )&edge _ capture;
    IOWR _ ALTERA _ AVALON _ PIO _ IRQ _ MASK( BUTTON _ PIO _ BASE,0xf);
    IOWR _ ALTERA _ AVALON _ PIO _ EDGE _ CAP( BUTTON _ PIO _ BASE,0x0);
    alt _ irq _ register( BUTTON _ PIO _ IRQ,edge _ capture _ ptr,handle _ button _ interrupts);
}



void LCD _ Init( )
{
    lcd _ write _ cmd( LCD _ DISPLAY _ BASE,0x38);
    usleep( 2000);
    lcd _ write _ cmd( LCD _ DISPLAY _ BASE,0x0C);
    usleep( 2000);
    lcd _ write _ cmd( LCD _ DISPLAY _ BASE,0x01);
    usleep( 2000);
    lcd _ write _ cmd( LCD _ DISPLAY _ BASE,0x06);
    usleep( 2000);
    lcd _ write _ cmd( LCD _ DISPLAY _ BASE,0x80);
    usleep( 2000);
}
//-------------------------------------------------------------------------
void LCD _ Show _ Text( char * Text)
{
    int i;
    for( i = 0;i<strlen( Text) ;i++)
```

```
        {
            lcd _ write _ data( LCD _ DISPLAY _ BASE,Text[ i ] ) ;
            usleep( 2000) ;
        }
}


//----------------------------------------------------------------------
void LCD _ Line2( )
{
    lcd _ write _ cmd( LCD _ DISPLAY _ BASE,0xC0) ;
    usleep( 2000) ;
}

static void initial _ time( ) {
    hour = 12;
    minute = 30;
    second = 0;
    year = 2004;
    month = 7;
    day = 28;
    flag = 0;
    begin = 0;
}

void timer _ set( ) {
    if( flag<5)
        flag++;
    else
        flag = 1;
    if( flag = = 1) {
        begin = 0;
        second = 0;
        edge _ capture = 0;
    }
    else if( flag = = 2) {
        begin = 0;
        second = 0;
        edge _ capture = 0;
```

```
        }
    else if( flag = = 3) {
        begin = 0;
        edge _ capture = 0;
    }
    else if( flag = = 4) {
      begin = 0;
      edge _ capture = 0;
      }
    else if( flag = = 5) {
        begin = 0;
        edge _ capture = 0;
      }
  }

static void display _ day( ) {
    alt _ u8 Tyear,Hyear,Dyear,Nyear;
    Tyear = ( alt _ u8)( year/1000);
    Hyear = ( alt _ u8)( ( year%( 1000 * Tyear))/100);
    Dyear = ( alt _ u8)( ( year%( 1000 * Tyear+100 * Hyear))/10);
    Nyear = ( alt _ u8)( year%( 1000 * Tyear+100 * Hyear+10 * Dyear));
    str1[0] = ' ';
    str1[1] = ' ';
    str1[2] = ' ';
    str1[3] = ( alt _ u8)( Tyear+0x30);
    str1[4] = ( alt _ u8)( Hyear+0x30);
    str1[5] = ( alt _ u8)( Dyear+0x30);
    str1[6] = ( alt _ u8)( Nyear+0x30);
    str1[7] = '-';
    str1[8] = ( alt _ u8)( month/10+0x30);
    str1[9] = ( alt _ u8)( month%10+0x30);
    str1[10] = '-';
    str1[11] = ( alt _ u8)( day/10+0x30);
    str1[12] = ( alt _ u8)( day%10+0x30);
    str1[13] = ' ';
    str1[14] = ' ';
    str1[15] = ' ';
    str1[16] = ' \0';
```

```
        LCD _ Line2( );
        LCD _ Show _ Text( str1);
    }
static void display _ day1( ) {
        str1[0] = ' ';
        str1[1] = ' ';
        str1[2] = ' ';
        str1[3] = ' ';
        str1[4] = ' ';
        str1[5] = ' ';
        str1[6] = ' ';
        str1[7] = ' - ';
        str1[8] = ( alt _ u8) ( month/10+0x30);
        str1[9] = ( alt _ u8) ( month%10+0x30);
        str1[10] = ' - ';
        str1[11] = ( alt _ u8) ( day/10+0x30);
        str1[12] = ( alt _ u8) ( day%10+0x30);
        str1[13] = ' ';
        str1[14] = ' ';
        str1[15] = ' ';
        str1[16] = ' \0';
        LCD _ Line2( );
        LCD _ Show _ Text( str1);
    }
static void display _ day2( ) {
        alt _ u8 Tyear, Hyear, Dyear, Nyear;
        Tyear = ( alt _ u8) ( year/1000);
        Hyear = ( alt _ u8) ( ( year%( 1000 * Tyear))/100);
        Dyear = ( alt _ u8) ( ( year%( 1000 * Tyear+100 * Hyear))/10);
        Nyear = ( alt _ u8) ( year%( 1000 * Tyear+100 * Hyear+10 * Dyear));
        str1[0] = ' ';
        str1[1] = ' ';
        str1[2] = ' ';
        str1[3] = ( alt _ u8) ( Tyear+0x30);
        str1[4] = ( alt _ u8) ( Hyear+0x30);
        str1[5] = ( alt _ u8) ( Dyear+0x30);
        str1[6] = ( alt _ u8) ( Nyear+0x30);
        str1[7] = ' - ';
```

```
        str1[8] = ' ';
        str1[9] = ' ';
        str1[10] = '-';
        str1[11] = (alt_u8)(day/10+0x30);
        str1[12] = (alt_u8)(day%10+0x30);
        str1[13] = ' ';
        str1[14] = ' ';
        str1[15] = ' ';
        str1[16] = '\0';
        LCD_Line2();
        LCD_Show_Text(str1);
}
static void display_day3() {
    alt_u8 Tyear, Hyear, Dyear, Nyear;
    Tyear = (alt_u8)(year/1000);
    Hyear = (alt_u8)((year%(1000 * Tyear))/100);
    Dyear = (alt_u8)((year%(1000 * Tyear+100 * Hyear))/10);
    Nyear = (alt_u8)(year%(1000 * Tyear+100 * Hyear+10 * Dyear));
    str1[0] = ' ';
    str1[1] = ' ';
    str1[2] = ' ';
    str1[3] = (alt_u8)(Tyear+0x30);
    str1[4] = (alt_u8)(Hyear+0x30);
    str1[5] = (alt_u8)(Dyear+0x30);
    str1[6] = (alt_u8)(Nyear+0x30);
    str1[7] = '-';
    str1[8] = (alt_u8)(month/10+0x30);
    str1[9] = (alt_u8)(month%10+0x30);
    str1[10] = '-';
    str1[11] = ' ';
    str1[12] = ' ';
    str1[13] = ' ';
    str1[14] = ' ';
    str1[15] = ' ';
    str1[16] = '\0';
    LCD_Line2();
    LCD_Show_Text(str1);
}
```

```
static void display _ time( ) {
    str2[ 0 ] = ' ';
    str2[ 1 ] = ' ';
    str2[ 2 ] = ' ';
    str2[ 3 ] = ' ';
    str2[ 4 ] = ( alt _ u8 ) ( hour/10+0x30 );
    str2[ 5 ] = ( alt _ u8 ) ( hour% 10+0x30 );
    str2[ 6 ] = ' :';
    str2[ 7 ] = ( alt _ u8 ) ( minute/10+0x30 );
    str2[ 8 ] = ( alt _ u8 ) ( minute% 10+0x30 );
    str2[ 9 ] = ' :';
    str2[ 10 ] = ( alt _ u8 ) ( second/10+0x30 );
    str2[ 11 ] = ( alt _ u8 ) ( second% 10+0x30 );
    str2[ 12 ] = ' ';
    str2[ 13 ] = ' ';
    str2[ 14 ] = ' ';
    str2[ 15 ] = ' ';
    str2[ 16 ] = ' \0';
    LCD _ Line2( );
    LCD _ Show _ Text( str2 );


}
static void display _ time1( ) {
    str2[ 0 ] = ' ';
    str2[ 1 ] = ' ';
    str2[ 2 ] = ' ';
    str2[ 3 ] = ' ';
    str2[ 4 ] = ' ';
    str2[ 5 ] = ' ';
    str2[ 6 ] = ' :';
    str2[ 7 ] = ( alt _ u8 ) ( minute/10+0x30 );
    str2[ 8 ] = ( alt _ u8 ) ( minute% 10+0x30 );
    str2[ 9 ] = ' :';
    str2[ 10 ] = ( alt _ u8 ) ( second/10+0x30 );
    str2[ 11 ] = ( alt _ u8 ) ( second% 10+0x30 );
    str2[ 12 ] = ' ';
    str2[ 13 ] = ' ';
    str2[ 14 ] = ' ';
```

```
        str2[15] = ' ' ;
        str2[16] = ' \0' ;
        LCD _ Line2( ) ;
        LCD _ Show _ Text( str2) ;


}
static void display _ time2( ) {
    str2[0] = ' ' ;
    str2[1] = ' ' ;
    str2[2] = ' ' ;
    str2[3] = ' ' ;
    str2[4] = ( alt _ u8) ( hour/10+0x30) ;
    str2[5] = ( alt _ u8) ( hour%10+0x30) ;
    str2[6] = ' :' ;
    str2[7] = ' ' ;
    str2[8] = ' ' ;
    str2[9] = ' :' ;
    str2[10] = ( alt _ u8) ( second/10+0x30) ;
    str2[11] = ( alt _ u8) ( second%10+0x30) ;
    str2[12] = ' ' ;
    str2[13] = ' ' ;
    str2[14] = ' ' ;
    str2[15] = ' ' ;
    str2[16] = ' \0' ;
    LCD _ Line2( ) ;
    LCD _ Show _ Text( str2) ;


}


static void exit _ set( ) {
    flag = 0 ;
    edge _ capture = 0 ;
    begin = 0 ;
}


static void set _ houri( ) {
    if( hour = = 23 )
        hour = 0 ;
```

```
    else
        hour=hour+1;
    edge _ capture=0;
}

static void set _ hourd( ) {
    if( hour= =0)
        hour=23;
    else
        hour=hour-1;
    edge _ capture=0;
}

static void set _ minutei( ) {
    if( minute= =59)
        minute=0;
    else
        minute=minute+1;
    edge _ capture=0;
}

static void set _ minuted( ) {
    if( minute= =0)
        minute=59;
    else
        minute=minute-1;
    edge _ capture=0;
}

static void set _ yeari( ) {
    if( year= =9999)
        year=1;
    else
        year=year+1;
    edge _ capture=0;
}

static void set _ yeard( ) {
```

```
       if( year = = 1 )
          year = 9999;
       else
          year = year−1;
       edge _ capture = 0;
   }

static void set _ monthi( ) {
   if( month = = 12 )
      month = 1;
   else
      month = month+1;
   edge _ capture = 0;
}

static void set _ monthd( ) {
   if( month = = 1 )
      month = 12;
   else
      month = month−1;
   edge _ capture = 0;
}

static void set _ dayi( ) {
   last _ day( );
   if( day = = max _ day )
      day = 1;
   else
      day = day+1;
   edge _ capture = 0;
}

static void set _ dayd( ) {
   if( day = = 1 )
      day = max _ day;
   else
      day = day−1;
   edge _ capture = 0;
```

```
}

static void handle_button_press( ) {
  if( flag = = 0) {
    switch( edge_capture) {
    case 0x1:
    timer_set( );
    display_time1( );
    usleep(500000);
    display_time( );
    break;
    case 0x2:
    display_day( );
    break;
    case 0x4:
    display_time( );
    break;
    default:
    display_time( );
    break;
    }
  }
  else if( flag = = 1) {
    switch( edge_capture) {
    case 0x1:
    timer_set( );
    display_time2( );
    usleep(500000);
    display_time( );
    break;
    case 0x2:
    set_houri( );
    // if ( edge_capture! = 0)
          display_time1( );
            usleep(500000);
            display_time( );
            usleep(500000);
    break;
```

```
      case 0x4:
      set_hourd();
// if (edge_capture! =0)
            display_time1();
            usleep(500000);
            display_time();
            usleep(500000);
      break;
//    end if;
      case 0x8:
      exit_set();
      display_time();
      default:
      display_time();
      break;
      }
}
else if(flag==2){
      switch(edge_capture){
      case 0x1:
      timer_set();
      display_day1();
      usleep(500000);
      display_day();
      break;
      case 0x2:
      set_minutei();
// if (edge_capture! =0)
            display_time2();
            usleep(500000);
            display_time();
            usleep(500000);
      break;
//end if;
      case 0x4:
      set_minuted();
//    if (edge_capture! =0)
            display_time2();
```

```
                    usleep(500000);
                    display_time();
                    usleep(500000);

                break;
//    end if;
        case 0x8:
        exit_set();
        display_time();
        default:
        display_time();
        break;
        }
    }
    else if(flag==3){
        switch(edge_capture){
        case 0x1:
        timer_set();
        display_day2();
        usleep(500000);
        display_day();
        break;
        case 0x2:
        set_yeari();
//      if(edge_capture!=0)
                display_day1();
                usleep(500000);
                display_day();
                usleep(500000);

        break;
//  end if;
        case 0x4:
        set_yeard();
//      if(edge_capture!=0)
                display_day1();
                usleep(500000);
                display_day();
```

```
            usleep(500000);

        break;
    // end if;
        case 0x8:
        exit _ set( );
        display _ time( );
        default:
        display _ day( );
        break;
        }
    }
else if(flag = = 4){
        switch(edge _ capture){
        case 0x1:
        timer _ set( );
        display _ day3( );
        usleep(500000);
        display _ day( );
        break;
        case 0x2:
        set _ monthi( );
    //      if (edge _ capture! = 0)
            display _ day2( );
            usleep(500000);
            display _ day( );
            usleep(500000);

        break;
        //end if;
        case 0x4:
    set _ monthd( );
    //      if (edge _ capture! = 0)
            display _ day2( );
            usleep(500000);
            display _ day( );
            usleep(500000);
```

```
        break;
    // end if;
        case 0x8:
        exit _ set( );
        display _ time( );
        default:
        display _ day( );
        break;
        }
    }
    else if( flag = = 5) {
        switch( edge _ capture) {
        case 0x1:
        timer _ set( );
        display _ time1( );
        usleep( 500000);
        display _ time( );
        break;
        case 0x2:
        set _ dayi( );
    //      if ( edge _ capture! = 0)
            display _ day3( );
            usleep( 500000);
            display _ day( );
            usleep( 500000);


        break;
    // end if;
        case 0x4:
        set _ dayd( );
    //      if ( edge _ capture! = 0)
            display _ day3( );
            usleep( 500000);
            display _ day( );
            usleep( 500000);
        break;
        //end if;
        case 0x8:
```

```
            exit _ set( ) ;
            display _ time( ) ;
            default :
            display _ day( ) ;
            break ;
              }
          }
      }

int main( )
{
    init _ button _ pio( ) ;
    LCD _ Init( ) ;
    initial _ time( ) ;
    while( 1 ) {
        if( begin = = 0 ) {
        usleep( 1000000 ) ;
        second++ ;
        if( second> = 60 ) {
            second = 0 ;
            minute++ ;
          }
        if( minute> = 60 ) {
            minute = 0 ;
            hour++ ;
          }
        if( hour> = 24 ) {
            hour = 0 ;
            day++ ;
          }
        last _ day( ) ;
        if( day>max _ day ) {
            day = 1 ;
            month++ ;
            last _ day( ) ;
          }
        if( month>12 ) {
            day = 1 ;
```

```
        year++;
      }
    }
    if( edge _ capture! = 0) {
      handle _ button _ press( );
    }
    else {
    if( flag = = 3 || flag = = 4 || flag = = 5 || flag = = 6)
        display _ day( );
    else
        display _ time( );
    }
  }
}
```

A.2　电子钟 C 语言的头文件：digi _ clock. h

```
#ifndef    _ LCD _ H _
#define    _ LCD _ H _


//   LCD Module 16 * 2
#define lcd _ write _ cmd( base, data)          IOWR( base, 0, data)
#define lcd _ read _ cmd( base)                 IORD( base, 1)
#define lcd _ write _ data( base, data)         IOWR( base, 2, data)
#define lcd _ read _ data( base)                IORD( base, 3)
//-----------------------------------------------------------------
void    LCD _ Init( );
void    LCD _ Show _ Text( char * Text);
void    LCD _ Line2( );
void    LCD _ Test( );
//-----------------------------------------------------------------


#endif
```

附录 B GX-SOC/SOPC 专业级创新开发实验平台硬件介绍

B.1 GX-SOC/SOPC-Dev-Lab 开发实验平台概述

B.1.1 GX-SOC/SOPC-Dev-Lab 设计理念与目的

我们培养的学生不但要具备系统设计的能力和对新系统、新模块组合方式的创新能力，还应该能够与当今国外最先进的全新嵌入式设计思想相接轨。所以，创新开发实验平台应该具有丰富的外围模块，如果能够通过我们已有的经验，建立尽可能多的"积木"，让初学 SOC/SOPC 技术的学生，能够充分发挥系统搭建和系统设计的长处，不为繁缛的细节所累，这样才是真正符合 SOC/SOPC 系统设计的原意和初衷，才能让学生通过实验学习逐步进入具备创新开发设计能力的境界，而不是总停留在搭线、写实验报告这样一个最初级的能力水平线上。

B.1.2 GX-SOC/SOPC-Dev-Lab 开发实验平台硬件构成图解

开发实验平台硬件构成如图 B-1 所示。

◇ GX-SOPC-EP2C35-M672/GX-SOPC-EP1C20-M400/ GX-SOPC-EP1C12-M324 核心开发板与开发实验平台无缝结合；开发实验平台提供丰富的硬件外扩资源。

◇ 提供 1 个 USB-Blaster 接口完成 Altera 的高速下载、调试与程序固化；也可通过开发实验平台所提供的 JTAG（Altera/Xilinx）或 AS（Altera）接口完成核心板设计的下载调试与程序固化。

◇ 两个串行接口。

◇ 1 个 USB 接口。

◇ 1 个 VGA 接口。

◇ 2 个 PS/2 接口。

◇ 1 个 Ethernet 10 M/100 M 高速接口。

◇ 1 路 CAN 总线接口。

◇ 1 路音频 CODEC 模块（立体声双通道输出）。

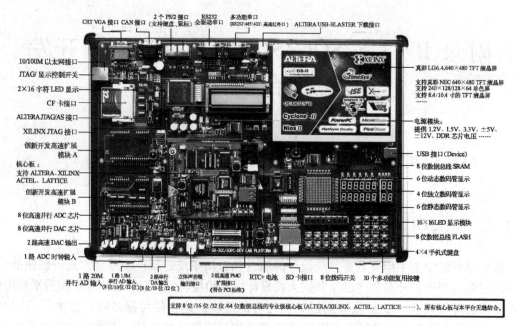

图 B-1　GX-SOC/SOPC-Dev-Lab Platform 开发实验平台硬件构成图解

◇ 1 路 8 位高速串行 SPI 总线 ADC 接口。

◇ 2 路 8 位高速串行 SPI 总线 DAC 接口。

◇ 1 路 8 位高速并行总线 ADC 接口。

◇ 1 路 8 位高速并行总线 DAC 接口。

◇ I^2C E^2PROM。

◇ I^2C RTC 实时时钟芯片。

◇ LCD（2×16）字符型液晶接口与模块。

◇ 3 个单色 LCD 字符/图形液晶屏接口。

◇ 1 个 640×480 TFT 彩色液晶 LCD 显示屏接口与模块。

◇ 1 个 640×480 TFT 彩色液晶 LCD 显示屏可扩展接口。

◇ 16 个 LED 指示灯显示。

◇ 8 个拨挡开关输入。

◇ 10 个按键输入。

◇ 1 个 4×4 键盘阵列。

◇ 2 个复位按钮。

◇ 16 个七段数码管显示。

◇ 16×16 矩阵 LED 显示模块。

◇ 1 路蜂鸣器。

◇ 存储器模块提供 512 KB 的 SRAM/1 MB 的 Flash ROM。

◇ 1 个 Compact Flash 卡接口。

◇ 1 个 SD 卡接口。

◇ 2 组各 8 个拨码开关组。

◇ 4 个 100pin 高速板对板接高速插件接口。

◇ 2 个 64pin 32 位 PCI 标准总线 PMC 高速接口。

◇ 2 组与 Altera 公司高档次开发板相兼容的扩展接口。

◇ 实验平台提供 100 MHz、75 MHz、50 MHz 、48 MHz、24 MHz 、12 MHz、1 MHz、100 kHz、10 kHz、1 kHz、100 Hz、10 Hz、2 Hz 和 1 Hz 等多个时钟源。

◇ 10 路电源输出（均带过流、过压保护）：VCC5V（5 A）；VCC5VF（5 A）；VCC3V3（5 A）；VCC12VP（5 A）；VCC5VT（3 A）；VCC12VT（3 A）；VCC5VA（3 A）；VCC-12VP；VCC-5VA；VCC3V3A（1.5 A）。

◇ 线路板工艺精良，频率范围宽，电路抗干扰性能好。

B.2　GX-SOPC 系列核心开发板硬件介绍

B.2.1　GX-SOPC-EP2C35-M672 Cyclone Ⅱ 核心开发板硬件资源

北京革新科技有限公司的 GX-SOPC-EP2C35-M672 核心开发板既可为独立使用的核心开发板开发套件，也可与 GX-SOC/SOPC-Dev-Lab 开发实验平台无缝结合。

1. 核心开发板简介

北京革新科技有限公司的 GX-SOPC-EP2C35-M672 核心开发板采用 Altera Nios Ⅱ 嵌入式处理器和低成本的 Cyclone EP2C35 芯片，该核心开发板为嵌入式的开发应用提供了理想的设计环境。

这款 Cyclone 系列的 Nios Ⅱ 核心开发板可以作为一个基于 Cyclone Ⅱ 芯片的嵌入式开发硬件平台使用，其中的 Cyclone EP2C35F672C8 芯片集成了最高达 33 216 个逻辑单元（约 165 万门）和 473 Kb 片上 RAM。

该核心开发板用 32 位 Nios Ⅱ 处理器的参考设计进行预配置，硬件设计者可以使用参考设计来了解该核心开发板的特性，软件设计者可以直接使用核心开发板上预配置的参考设计进行软件设计。

图 B-2 为 GX-SOPC-EP2C35-M672 核心开发板平面图。

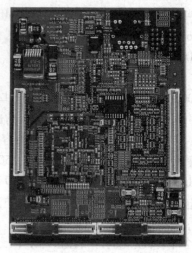

（a）正面　　　　　　　　　　　（b）背面

图 B-2　GX-SOPC-EP2C35-M672 核心开发板平面图

2. 核心开发板特点

◇ 采用 12 层板工业级标准精心设计。

◇ Cyclone Ⅱ™EP2C35F672 器件。

◇ 4 个按键式开关。

◇ 7 个 LED 指示灯。

◇ 上电复位电路。

◇ MAX EPM7256 CPLD 配置控制逻辑。

◇ 8MB 同步 SSRAM，速度为 167MHz（可选配为 250 MHz）。

◇ 128 MB DDR SDRAM，速度为 167 MHz。

◇ 128 MB Flash 闪存。

◇ 以太网连接器（RJ-45）。

◇ EPCS16 串行配置器件（16 MB）（可选配 EPCS64-64 MB）。

◇ 10/100 Mbps 以太网物理层/介质访问控制（PHY/MAC）。

◇ 提供高可靠、高稳定的板级及芯片级电压。

◇ 提供可以实现 FPGA 与 CPLD 配置的独立的 1 个 JTAG 接口和 1 个 AS 接口。

◇ 4 个扩展/原型插座（每个都有 100 个可用用户 I/O 引脚、超高速 BTB 插口），可选配扩展板或根据用户定制构成各种功能应用的核心开发板。

◇ GX-SOPC-EP2C35-M672 Cyclone Ⅱ版 Nios Ⅱ核心开发板模块，面向国内外开发型用户，可作为独立的开发板或用户量身定制开发板的底板灵活使用。

3. 核心开发板方框图

核心开发板方框图如图 B-3 所示。

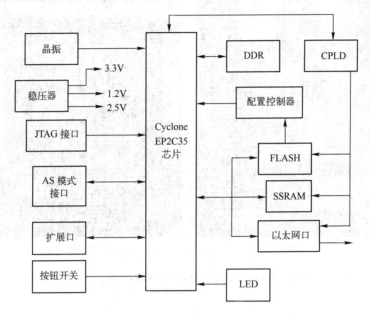

图 B-3　GX-SOPC-EP2C35-M672 核心开发板方框图

B. 2. 2　GX-SOPC-EP1C20-M400 核心开发板硬件资源

北京革新科技有限公司的 GX-SOPC-EP1C20-M400 核心开发板既可为独立使用的核心开发板开发套件，也可与 GX-SOC/SOPC-Dev-Lab 开发实验平台无缝结合。

1. 核心开发板简介

北京革新科技有限公司的 GX-SOPC-EP1C20-M400 核心开发板采用 Altera Nios Ⅱ 嵌入式处理器和低成本的 Cyclone EP1C20 芯片，所以该核心开发板为嵌入式的开发应用提供了理想的设计环境。

这款 Cyclone 系列的 Nios Ⅱ 核心开发板可以作为一个基于 Cyclone 芯片的嵌入式开发硬件平台使用，其中的 Cyclone EP1C20F400C8 芯片集成了最高达 20 060 个逻辑单元（约 130 万门）和 288 Kb 位的片上 RAM。

该核心开发板用 32 位 Nios Ⅱ 处理器的参考设计进行预配置，硬件设计者可以使用参考设计来了解该核心开发板的特性，软件设计者可以直接使用核心开发板上预配置的参考设计进行软件设计。

图 B-4 为 GX-SOPC-EP1C20-M400 核心开发板平面图。

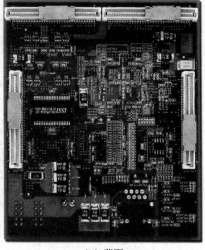

（a）正面　　　　　　　　　　　　　　（b）背面

图 B-4　GX-SOPC-EP1C20-M400 核心开发板平面图

2. 核心开发板特点

◇ 采用 8 层板工业级标准精心设计。

◇ Cyclone^{TM} EP1C1F400（可选配 EP1C4F400）器件。

◇ MAX EPM7128 CPLD 配置控制逻辑。

◇ 2 片 8-Mb SRAM，速度为 100 MHz（可选配为 125 MHz）。

◇ 128 MB SDRAM，速度为 143 MHz（可选配为 166 MHz）。

◇ 64 MB Flash 闪存和 EPCS4 串行配置器件（4 MB）。

◇ 10/100 Mbps 以太网物理层/介质访问控制（PHY/MAC）。

◇ 以太网连接器（RJ-45）。

◇ 4 个扩展/原型插座（每个都有 100 个用户 I/O 引脚、超高速 BTB 插口），可选配扩展板或根据用户定制构成各种功能应用的核心开发板。

◇ 提供可以实现 FPGA 与 CPLD 配置的独立的 1 个 JTAG 接口和 1 个 AS 接口。

◇ 4 个按键式开关。

◇ 5 个 LED 指示灯。

◇ 上电复位电路。

◇ 提供高可靠、高稳定的板级及芯片级电压。

◇ GX-SOPC-EP1C20-M400 Cyclone 版 Nios Ⅱ 核心开发板模块，面向国内外开发型用户，可独立/或用户量身定制底板，灵活使用。

3. 核心开发板方框图

B-5 为 GX-SOPC-EP1C20-M400 核心开发板方框图。

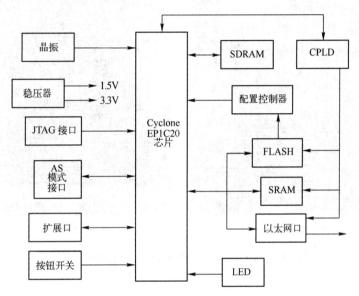

图 B-5　GX-SOPC-EP1C20-M400 核心开发板方框图

B2.3　GX-SOPC-EP1C12-M324 核心开发板硬件资源

北京革新科技有限公司的 GX-SOPC-EP1C12-M324 核心开发板既可为独立使用的核心开发板开发套件，也可与 GX-SOC/SOPC-Dev-Lab 开发实验平台无缝结合，核心开发板包括开发 Nios Ⅱ 处理器系统需要的嵌入式的硬件周边和软件开发工具、技术文档和附件。

1. 核心开发板简介

GX-SOPC-EP1C12-M324 核心开发板采用 Altera Nios Ⅱ 嵌入式处理器和低成本的 Cyclone EP1C12 芯片，核心开发板为嵌入式的开发应用提供了理想的设计环境。

这款 Cyclone 系列的 Nios Ⅱ 核心开发板可以作为一个基于 Cyclone 芯片的嵌入式开发硬件平台使用，其中的 Cyclone EP1C12F324C8 芯片集成了最高达 12 060 个逻辑单元（约 65 万门）和 234 Kb 的片上 RAM。

该核心开发板采用 32 位 Nios Ⅱ 处理器的参考设计进行预配置，硬件设计者可以使用参考设计来了解该核心开发板的特性，软件设计者可以直接使用核心开发板上预配置的参考设计行软件设计。

图 B-6 为 GX-SOPC-EP1C12-M324 核心开发板平面图。

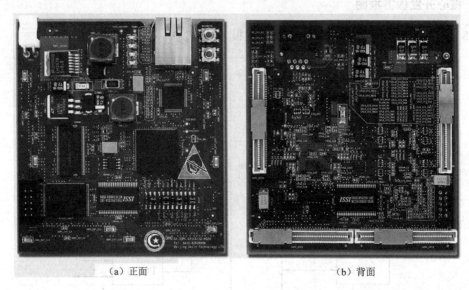

(a) 正面   (b) 背面

图 B-6   GX-SOPC-EP1C12-M324 核心开发板平面图

2. 核心开发板特点

◇ 采用 6 层板工业级标准精心设计。

◇ Cyclone EP1C12F324（可选配 EP1C20F324）器件。

◇ 2 片 8-Mb SRAM，速度为 100 MHz（可选配为 125 MHz）。

◇ 128 MB SDRAM，速度为 143 MHz（可选配为 166 MHz）。

◇ 64 MB Flash 闪存。

◇ EPCS4 串行配置器件（4 MB）。

◇ 10/100 Mbps 以太网物理层/介质访问控制（PHY/MAC）。

◇ 以太网连接器（RJ-45）。

◇ 4 个扩展/原型插座（每个都有 100 个用户 I/O 引脚、超高速 BTB 插口），可选配扩展板或根据用户定制构成各种功能应用的开发板。

◇ 提供 1 个独立的 FPGA JTAG/AS 接口连接器。

◇ 2 个按键式开关。

◇ 4 个 LED 指示灯。

◇ 上电复位电路。

◇ 提供高可靠、高稳定的板级及芯片级电压。

◇ GX-SOPC-EP1C12-M324 Cyclone 版 Nios Ⅱ 核心开发板模块，面向国内外开发型用户，可作为独立的开发板，或作为用户定制开发板的底板灵活使用。

3. 核心开发板方框图

B-7 为 GX-SOPC-EP1C12-M324 核心开发板方框图。

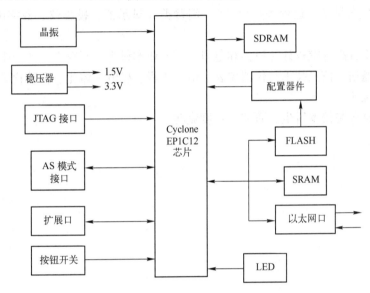

图 B-7　GX-SOPC-EP1C12-M324 核心开发板的方框图

B.3　GX-SOC/SOPC-Dev-Lab 开发实验平台及 GX-SOPC 系列核心开发板应用范围

北京革新科技有限公司推出的 SOPC 开发实验平台性能卓越，可选用各种 FPGA 与 Nios Ⅱ 处理器，先进的模块化设计、丰富的人机交互方式使得平台具有无与伦比的灵活性。从简单用户逻辑电路设计到系统级多处理器系统，从多媒体与计算机通信到高速数字信号与图像处理，从 IP 核创新设计到 ASIC 系统级设计，从嵌入 ARM 应用到创新设计，SOPC 开发实验平台可真正让用户实现软硬件协同设计与创新，给用户以更为广阔的自由空间，充分发挥创造力和想象力，完成系统的仿真、验证和优化设计。SOPC 开发实验平台的最终目的是实现高性能的系统级设计产品化，以及实现知识产权保护与增值。

北京革新科技有限公司的 SOPC 实验开发平台包含基础实验、综合实验、创新实验，可满足各高等院校、科研院所等近几年内各类市场所流行的应用需求。

　　GX-SOC/SOPC-Dev-Lab 开发实验平台与 GX-SOPC 系列核心开发板应用范围非常广泛，列举如下。

　　（1）IC 集成电路设计、IP 核设计验证和应用、广播通信类（如视频图像传输）创新开发设计、军事和航空航天（如安全通信、雷达和声呐、电子战）、汽车电子类市场（汽车网关控制器、车用 PC、汽车远程信息处理系统、汽车远程信息处理控制器）、无线通信（蜂窝基础设施、宽带无线通信、软件无线电）、有线通信（宽带接入、宽带联网、宽带传输）、医疗（电疗、生命科学、远程医疗仪器）、消费类（显示器、投影仪、数字电视、机顶盒、家庭网络）……

　　（2）适用于各高等院校计算机类和电科类等专业本科生、研究生、博士生，如计算机科学、微电子、通信、信息技术与仪器仪表、电子工程、机电一体化、自动化等相关专业及全国相关各科研院所。

　　（3）全国高等院校本科生、研究生年度竞赛。

附录 C　SOPC 实验

实验一　hello world

一、实验前的准备

（1）该实验未使用 7 个模块组中的各个功能单元。当 3 个拨码开关 MODEL_SEL1～MODEL_SEL3 拨下处于 OFF 状态时，可使用实验仪上的固定连接。

（2）当 4 个拨码开关 MODEL_SEL5～MODEL_SEL8 全置于 ON 状态时，可通过 USB BLASTER 接口下载。当开关全部拨下处于 OFF 状态时，可使用开发平台上的 LAB_JTAG_PS_AS 接口下载或者核心开发板上的 JTAG 接口下载。

可根据自己所用的下载线来选择适当的下载方式和相应的 MODEL_SEL5～MODEL_SEL8 开关的状态。

二、实验目的

熟悉 Nios Ⅱ IDE 使用环境，通过编写程序测试硬件平台、Jtag uart 通信是否正常。

三、实验原理

通过标准 C 函数在屏幕打印 hello world。

四、实验内容

本程序的实验平台可以直接采用 Altera 公司的 Nios Ⅱ 软件中自带的标准工程，如果使用 GX-SOC/SOPC-EP2C35-M672 核心板，那么路径为 C：\ altera \ kits \ nios2 \ examples \ verilog \ Nios Ⅱ_cyclone Ⅱ_2c35 \ standard；如果使用 GX-SOC/SOPC-EP1C20-M400 核心板，那么路径为 C：\ altera \ kits \ nios2 \ examples \ verilog \ nios Ⅱ_cyclone_1c20 \ standard。运行 standard 工程，下载 SOF 文件，并且在 Nios Ⅱ IDE 软件环境中运行 hello world 工程。

五、硬件配置图和系统原理图

系统原理图如图 C-1 所示。

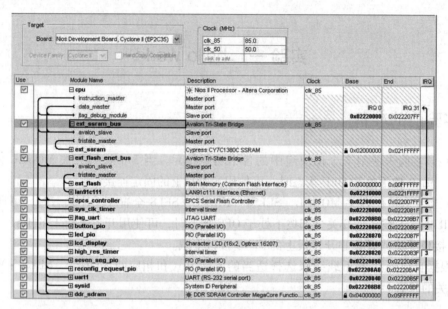

图 C-1　系统原理图

本实验未使用与实验仪模块的 I/O 连接。核心板上的 EP2C35-M672 芯片或 EP1C20-M400 芯片与 FLASH、SDRAM、SRAM 等已经固定连接。这些连接在所有的 SOPC 实验程序中定义分配一致，在本实验中不再描述，具体连接定义见核心板原理图。

实验步骤如下。

（1）在 Quartus Ⅱ 软件中，打开 standard 工程并且下载 standard _ time _ limited. sof 文件。

（2）在 Nios Ⅱ IDE 软件环境中运行 hello world 工程，字符 hello world 显示在 Nios Ⅱ IDE console 控制窗口中。

六、源程序代码

软件程序如下：

```
hello _ world. c 文件
#include <stdio. h>
```

```
int main( )
{
    printf( "Hello from Nios Ⅱ !\n" ) ;
    return 0 ;
}
```

实验二　定时器中断实验

一、实验前的准备

（1）该实验未使用 7 个模块组中的各个功能单元。当 3 个拨码开关 MODEL_SEL1～MODEL_SEL3 拨下处于 OFF 状态时，可使用实验仪上的固定连接。

（2）当 4 个拨码开关 MODEL_SEL5～MODEL_SEL8 全置于 ON 状态时，可通过 USB BLASTER 接口下载。当开关全部拨下处于 OFF 状态时，可使用开发平台上的 LAB_JTAG_PS_AS 接口下载或者核心开发板上的 JTAG 接口下载。

可根据自己所用的下载线来选择适当的下载方式和相应的 MODEL_SEL5～MODEL_SEL8 开关的状态。

二、实验目的

了解定时器的工作原理，熟悉 Nios Ⅱ IDE 中关于定时器的各种操作函数和寄存器的定义。

三、实验原理

Nios Ⅱ 定时器是 32 位定时器，能被用作周期性脉冲发生器或系统监视定时器。软件可以通过写寄存器控制定时器，也可以读取内部计数器的值。定时器能产生可以被内部控制位屏蔽的中断请求输出。

因为定时器在 16 位系统中运行，所以所有嵌入式处理器可存取的寄存器都是 16 位的。32 位 Nios Ⅱ CPU 通过对 2 个 16 位寄存器（periodl 和 periodh）执行 2 个单独的写操作来设置 32 位递减计数初始值。

软件可以通过写 snapl 或 snaph 寄存器获得当前内部计数器的值。写这两个寄存器的任何一个都会将内部计数器的当前值同时装入两个寄存器中。

定时器也可配置为系统监视定时器。监视定时器可产生 SOPC Builder 可以自动识别的复位输出信号，用作系统复位逻辑的输入。

四、实验内容

在 SOPC 中添加一个 interval timer，作为定时器；在 Nios Ⅱ IDE 中写出中断测试代码，通过 LED 来观察结果。

五、系统原理图

系统原理图如图 C-2 所示。

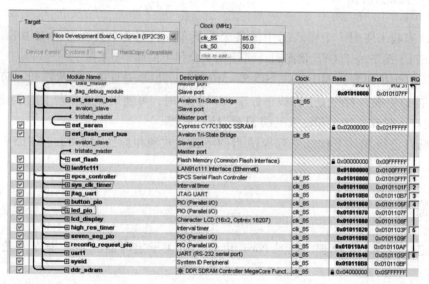

图 C-2　系统原理图

其中 sys＿clk＿timer 为定时器，设置其初始化定时周期为 500ms，Full featured，3 个寄存器设置全选，2 个输出信号设置都不选；led＿pio 是点亮 LED 的 I/O 端口，宽度为 8 位。以上配置可通过对 Nios Ⅱ 文件夹下 example 中的 standard 工程文件进行修改得到，删除不必要的器件模块即可，这样引脚分配也可以借用该工程的分配情况。

六、软件流程图

软件流程图如图 C-3 所示。

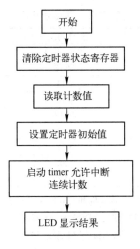

图 C-3   软件流程图

七、引脚分配情况

表 C-1 为 GX-SOC/SOPC-EP1C20-M400 创新开发实验平台引脚分配表。

表 C-1   引脚分配表

设 计 端 口	芯 片 引 脚	开发平台模块
out_port_from_the_led_pio［0］	E14	LED0
out_port_from_the_led_pio［1］	E13	LED1
out_port_from_the_led_pio［2］	C14	LED2
out_port_from_the_led_pio［3］	D14	LED3
out_port_from_the_led_pio［4］	E12	LED4
out_port_from_the_led_pio［5］	F12	LED5
out_port_from_the_led_pio［6］	B3	LED6
out_port_from_the_led_pio［7］	B14	LED7

注：以上分配的 I/O 是针对 EP1C20-M400 核心板和实验仪模块的连接。

核心板上的 EP1C20-M400 芯片与 FLASH、SDRAM、SRAM 等已经固定连接，这些连接在所有的 SOPC 实验程序中定义一致，本实验不再赘述，具体连接定义见核心板原理图。

表 C-2 为 GX-SOC/SOPC-EP2C35-M672 创新开发实验平台引脚分配表。

表 C-2　引脚分配表

设 计 端 口	芯 片 引 脚	开发平台模块
Clk	PIN _ B13	
led _ pio［0］	AC10	LED0
led _ pio［1］	W11	LED1
led _ pio［2］	W12	LED2
led _ pio［3］	AE18	LED3
led _ pio［4］	AF8	LED4
led _ pio［5］	AE7	LED5
led _ pio［6］	AF8	LED6
led _ pio［7］	AF7	LED7

注：1. 以上分配的 I/O 是针对 EP2C35-M672 核心板和实验仪模块的连接；

　　2. 核心板上的 EP2C35-M672 芯片与 FLASH、SDRAM、SRAM 等已经固定连接，这些连接在所有的 SOPC 实验程序中定义一致，本实验不再赘述，具体连接定义见核心板原理图。

八、结果分析

定时器工作过程如下：将两个 16 位寄存器（periodl 和 periodh）的值调入 32 位计数器，并根据 CPU 的时钟，逐步递减计数器的值，直到减到 0 为止，然后触发中断，并且再次从预制寄存器中将预制值调入 32 位计数器中；再次重复"递减→到 0→中断→重新装载初值"的过程，同时可以看见 LED 以设置的时钟周期频率跑动起来。

九、源程序代码

定时器中断测试程序（C 语言）：

```
#include " system. h"
#include " altera _ avalon _ pio _ regs. h"
#include " altera _ avalon _ timer _ regs. h"
#include " alt _ types. h"
volatile alt _ u16 count;
static void handle _ Timer0 _ interrupts( void * context, alt _ u32 id)
    {alt _ u16 a;
    alt _ u16 b;
    volatile alt _ u16 * countptr = ( volatile alt _ u16 * )context;
    IOWR _ ALTERA _ AVALON _ TIMER _ STATUS(TIMER _ 0 _ BASE,0);
                                    //清 TO 标志
    a = * countptr;                 //取出 count 中的值
    a=a≪1;                          //左移一位
```

```
        if ( a == 0x100 ) a = 1;                    //让 LED 循环闪烁
         * countptr = a;                            //重新赋值给 count
        b = ~a;                                     //因为使用的是共阴 LED,所以需要取反
        IOWR _ ALTERA _ AVALON _ PIO _ DATA(LED _ PIO _ BASE, b);  //写数据到 LED 的输出
端口
        }
    int main ( void )
        { count = 1;
        alt _ irq _ register( TIMER _ 0 _ IRQ, (void * )&count, handle _ Timer0 _ interrupts);
        //注册中断函数,设置定时器初始值,用下面的两个函数
        IOWR _ ALTERA _ AVALON _ TIMER _ PERIODL(TIMER _ 0 _ BASE, 0x0000);
        IOWR _ ALTERA _ AVALON _ TIMER _ PERIODH(TIMER _ 0 _ BASE, 0x0100);
        / * 其中 TimerValueLow 和 TimerValueHigh 是要设置的低 16 位和高 16 位定时器的初值,用户
            可以任意设置 */
        IOWR _ ALTERA _ AVALON _ TIMER _ CONTROL(TIMER _ 0 _ BASE, 7);
        //启动 timer,允许中断,连续计数
        while ( 1 ) { ; }
        }
```

实验三　串口通信实验

一、实验前的准备

(1) 该实验未使用 7 个模块组中的各个功能单元。当 3 个拨码开关 MODEL _ SEL1～MODEL _ SEL3 拨下处于 OFF 状态时,可使用实验仪上的固定连接。

(2) 当 4 个拨码开关 MODEL _ SEL5～MODEL _ SEL8 全置于 ON 状态时,可通过 USB BLASTER 接口下载。当开关全部拨下处于 OFF 状态时,可使用开发平台上的 LAB _ JTAG _ PS _ AS 接口下载或者核心开发板上的 JTAG 接口下载。

可根据自己所用的下载线来选择适当的下载方式和相应的 MODEL _ SEL5～MODEL _ SEL8 开关的状态。

二、实验目的

了解异步串行通信的原理,熟悉 Nios Ⅱ 中 UART 模块的使用,掌握串行调试助手的使用方法,理解基于 FPGA 技术实现与 PC 串口通信的过程。

三、实验原理

异步串行通信的特点是：一个字符一个字符地传输，每个字符一位一位地传输，并且在传输一个字符时，总是以"起始位"开始，以"停止位"结束，字符之间没有固定的时间间隔要求。每一个字符的前面都有一位起始位（低电平），字符本身由 5～7 位数据位组成，接着字符后面是一位校验位（也可以没有校验位），最后是一位、一位半或两位停止位，停止位后面是不定长的空闲位。规定停止位和空闲位都为高电平（逻辑值 1），这样就保证起始位开始处一定有一个下降沿。

Nios Ⅱ 中的 UART 模块是通用的串行接口，可设置波特率、数据位数、校验方式和停止位数，并可选择控制信号。UART 在 Altera 器件内可实现简单的 RS-232 异步发送与接收逻辑，通过两个外部引脚（TxD 和 RxD）发送和接收串行数据，用 6 个 16 位的寄存器进行软件控制和数据通信。

四、实验内容

在 SOPC 中添加一个 UART 模块，作为串行通信接口；在 Nios Ⅱ IDE 中编写一段代码对 UART 模块进行简单的通信测试，观察结果。

五、系统原理图

系统原理图如图 C-4 和图 C-5 所示。

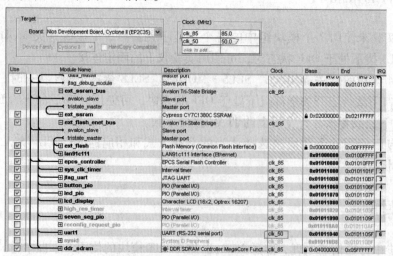

图 C-4　系统原理图（Ⅰ）

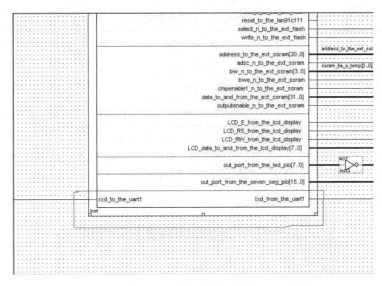

图 C-5　系统原理图（Ⅱ）

设置 UART 模块的波特率为 115 200 bps，校验位为 NONE，数据位为 8 bit，停止位为 1 bit，clock 使用 50 MHz 时钟。在此处采用 Nios Ⅱ 中 example 的 standard 工程来进行设计，图 C-5 为系统原理图，用户可以根据自己的需要添加或删除其中的模块，在此需要将原工程中没有连接到模块上的 50 MHz 时钟的输出与模块连接，以供串口使用。

六、引脚分配情况

表 C-3 为 GX-SOC/SOPC-EP1C20-M400 创新开发实验平台引脚分配表。

表 C-3　引脚分配表

设 计 端 口	芯 片 引 脚	开发平台模块
txd _ from _ the _ uart1	M14	TXD COM1
rxd _ to _ the _ uart1	K16	RXD COM1

注：1. 以上分配的 I/O 是针对 EP1C20-M400 核心板和实验仪模块的连接；
　　2. 核心板上的 EP1C20-M400 芯片与 FLASH、SDRAM、SRAM 等已经固定连接，这些连接在所有的 SOPC 实验程序中定义一致，本实验不再赘述，具体连接定义见核心板原理图。

表 C-4 为 GX-SOC/SOPC-EP2C35-M672 创新开发实验平台引脚分配表。

表 C-4　引脚分配表

设 计 端 口	芯 片 引 脚	开发平台模块
clk	PIN _ B13	
txd _ from _ the _ uart1	J22	TXD COM1
rxd _ to _ the _ uart1	AB15	RXD COM1

注：1. 以上分配的 I/O 是针对 EP2C35-M672 核心板和实验仪模块的连接；

　　2. 核心板上的 EP2C35-M672 芯片与 FLASH、SDRAM、SRAM 等已经固定连接，这些连接在所有的 SOPC 实验程序中定义一致，本实验不再赘述，具体连接定义见核心板原理图。

串口调试助手的设置如图 C-6 所示。

图 C-6　串口调试助手设置

实验步骤：

用串口线连接实验仪的 COM1 口和计算机的 COM 口。

七、结果分析

首先在程序中初始化一个字符串"Gexin technology"，并将其发送到串口。可以在 Nios Ⅱ IDE 的 console 窗口和串口调试助手的接收区看到如图 C-7 所示结果。

然后，使用串口调试助手向串口发送字符串"welcome to my uart1"，同样在两个窗口中可观察到如图 C-8 所示结果。

最后，使用串口调试助手发送字符串"Break"（最好是再加上空格补满缓冲区长度，此处为 20），结束通信，关闭串口，在 Nios Ⅱ IDE 的 console 窗口有如图 C-9 所示结果，而调试助手将不显示任何信息。

```
test_uart1 Nios II HW configuration [Nios II Hardware] Nios II Terminal Window (4/11/06 10:40 AM)
nios2-terminal: connected to hardware target using JTAG UART on cable
nios2-terminal: "Nios II Evaluation Board [USB-0]", device 1, instance 0
nios2-terminal: (Use the IDE stop button or Ctrl-C to terminate)


please input:Gexin technology
```

图 C-7　结果 1

```
test_uart1 Nios II HW configuration [Nios II Hardware] Nios II Terminal Window (4/11/06 10:40 AM)
nios2-terminal: (Use the IDE stop button or Ctrl-C to terminate)


please input:Gexin technology
you have inputed: welcome to my uart1
please input:Gexin technology
```

图 C-8　结果 2

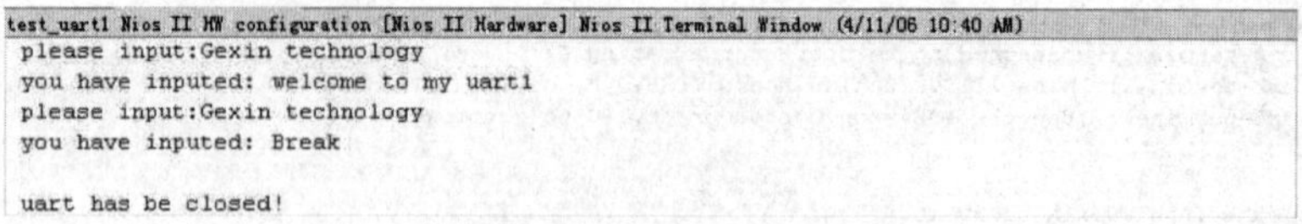

```
test_uart1 Nios II MW configuration [Nios II Hardware] Nios II Terminal Window (4/11/06 10:40 AM)
please input:Gexin technology
you have inputed: welcome to my uart1
please input:Gexin technology
you have inputed: Break

uart has be closed!
```

图 C-9　结果 3

在使用串口调试助手发送数据的过程中，还可以通过 LED 指示灯看到发送的第一位字符的相应 ASC Ⅱ 码的二进制表示。

八、源程序代码

串口通信程序（C 语言）：

```c
#include <stdio. h>
#include <string. h>
#include "io. h"
#include "sys/alt _ flash. h"
#include "system. h"
int main( )
    {char buffer[20];
    char a[20] = {'G','e','x','i','n',
    ' ','t','e','c','h','n','o','l','o','g','y'};
    FILE * uart = NULL;
    if(uart = fopen(UART1 _ NAME,"r+"))// Open file for reading and writing
        {while(1)
    {


        .


        .


        .


        fclose(uart);
        printf(" \n uart has be closed! ");
        }
    else
    {printf(" \n can 't open the uart");
    }

    }
```

实验四　FLASH/SRAM 测试实验

一、实验前的准备

（1）该实验未使用 7 个模块组中的各个功能单元。当 3 个拨码开关 MODEL_SEL1～MODEL_SEL3 拨下处于 OFF 状态时，可使用实验仪上的固定连接。

（2）当 4 个拨码开关 MODEL_SEL5～MODEL_SEL8 全置于 ON 状态时，可通过 USB BLASTER 接口下载。当开关全部拨下处于 OFF 状态时，可使用开发平台上的 LAB_JTAG_PS_AS 接口下载或者核心开发板上的 JTAG 接口下载。

可根据自己所用的下载线来选择适当的下载方式和相应的 MODEL_SEL5～MODEL_SEL8 开关的状态。

二、实验目的

学习 Nios Ⅱ系统的设计，熟悉其相应的硬件和软件设计流程，并了解 FLASH/SRAM 的原理。

三、实验原理

FLASH 存储器的主要作用是固化程序和保存历史数据，并在程序执行的过程中实时地保存或修改其内部的数据单元。图 C-10 为一般 FLASH 的内部结构框图。

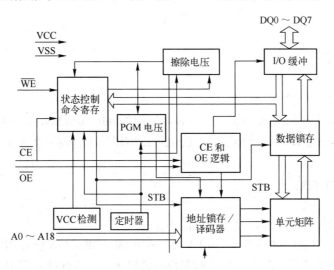

图 C-10　内部结构框图

实验平台上的 SRAM 采用 ISSI 公司的 IS61C1024（或 IS61C1024L）芯片。这类芯片是高速低功耗的 SRAM，存储量为 1M，作为通用存储器使用。图 C-11 为模块的原理图。

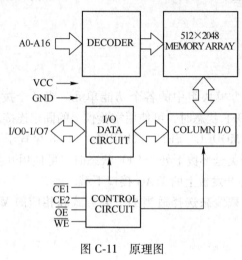

图 C-11　原理图

图中 A0-A16 为地址线，$\overline{\text{CE1}}$ 和 CE2 为 2 个芯片使能，$\overline{\text{OE}}$ 为输出使能，$\overline{\text{WE}}$ 为写使能，I/O0-IO7 为数据线，VCC 为工作电压，GND 为地。

四、实验内容

构建一个包含存储器模块和标准输入输出的 Nios Ⅱ CPU 系统，并在 Nios Ⅱ IDE 环境下设计程序，对 FLASH/SRAM 进行读写操作，通过比较所写入和所读出的数据，测试 FLASH/SRAM 的工作情况，并打印出相应的提示。

五、系统原理图

系统原理图如图 C-12 所示。

以上配置可通过对 Nios Ⅱ 文件夹下 example 中的 full _ featured 工程文件进行修改得到，删除不必要的器件模块即可，这样引脚分配也可以借用该工程的分配情况。

六、引脚分配情况

本实验程序未使用和实验仪模块的分配连接。

核心板上的 EP1C20-M400 芯片与 FLASH、SDRAM、SRAM 等已经固定连接，这些连接在所有的 SOPC 实验程序中定义一致，本实验不再赘述，具体连接定义见核心板原理图。

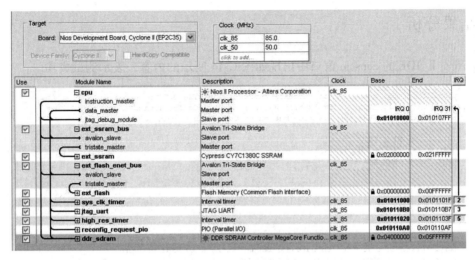

图 C-12　系统原理图

核心板上的 EP2C35-F672 芯片与 FLASH、SDRAM、SRAM 等已经固定连接，这些连接在所有的 SOPC 实验程序中定义一致，本实验不再赘述，具体连接定义见核心板原理图。

七、软件流程图

软件流程图如图 C-13 所示。

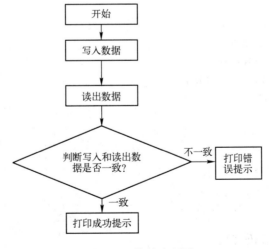

图 C-13　软件流程图

八、结果分析

在 Nios Ⅱ IDE 的 console 窗口中出现如图 C-14 所示的内容，表示测试成功。

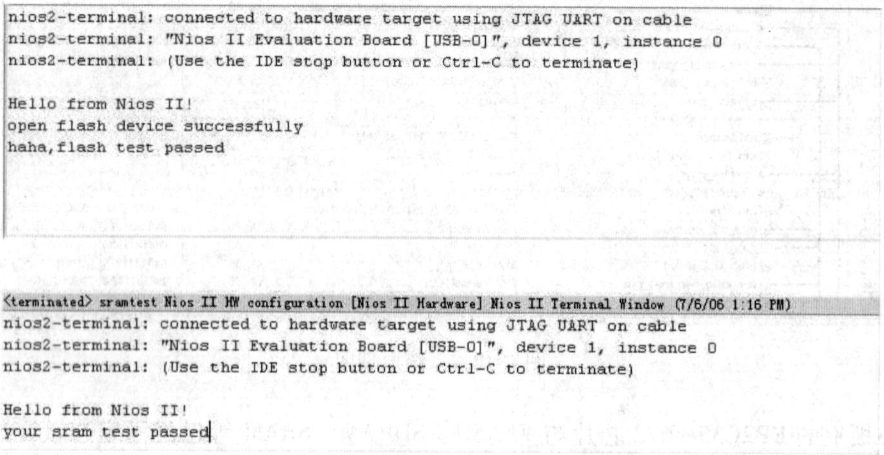

```
nios2-terminal: connected to hardware target using JTAG UART on cable
nios2-terminal: "Nios II Evaluation Board [USB-0]", device 1, instance 0
nios2-terminal: (Use the IDE stop button or Ctrl-C to terminate)

Hello from Nios II!
open flash device successfully
haha,flash test passed
```

```
<terminated> sramtest Nios II HW configuration [Nios II Hardware] Nios II Terminal Window (7/6/06 1:16 PM)
nios2-terminal: connected to hardware target using JTAG UART on cable
nios2-terminal: "Nios II Evaluation Board [USB-0]", device 1, instance 0
nios2-terminal: (Use the IDE stop button or Ctrl-C to terminate)

Hello from Nios II!
your sram test passed
```

图 C-14　结果

九、源程序代码

FLASH 测试程序（C 语言）：

```c
#include <stdio. h>
#include <string. h>
#include "sys/alt _ flash. h"
#define BUF _ SIZE 1048576
#define SECTOR _ 1M _ NUMBER 4
#include "system. h"
int main ( )
{
   .
   .
   .
}
```

SSRAM 测试程序（C 语言）：

```c
#include <stdio. h>
#include <stdlib. h>
```

```
#include <string. h>
#include " system. h"
#include " sys/alt _ flash. h"
#include " io. h"
#include " system. h"
int main( )
{
        .
        .
        .
}
```

实验五　文件读写实验

一、实验前的准备

（1）该实验未使用 7 个模块组中的各个功能单元。当 3 个拨码开关 MODEL ＿ SEL1～MODEL ＿ SEL3 拨下处于 OFF 状态时，可使用实验仪上的固定连接。

（2）当 4 个拨码开关 MODEL ＿ SEL5～MODEL ＿ SEL8 全置于 ON 状态时，可通过 USB BLASTER 接口下载。当开关全部拨下处于 OFF 状态时，可使用开发平台上的 LAB ＿ JTAG ＿ PS ＿ AS 接口下载或者核心开发板上的 JTAG 接口下载。

可根据自己所用的下载线来选择适当的下载方式和相应的 MODEL ＿ SEL5～MODEL ＿ SEL8 开关的状态。

（3）使用 Nios Ⅱ IDE 的 Flash Programmer 将文件写入 Flash，详细说明请见实验内容和实验步骤。

二、实验目的

熟悉文件操作，包括对只读 zip 文件和主机上 txt 文件的操作。

三、实验原理

在程序中实现了对只读 zip 文件的读操作和主机上 txt 文件的读写操作。文件访问采取打开、访问、关闭的方式。

访问只读 zip 文件（此文件已被注册为 mnt 下的 rozipfs 节点），需要先将文件内容写入

Flash，然后使用标准 C 文件访问函数即可实现对文件的操作。

如 fp＝fopen（"/mnt/rozipfs/file1.txt"，"r"）便可以读方式打开此节点下的 file1.txt 文件。

本实验用到的文件，其所在位置如下。

file1.txt：本工程对应的系统工程目录下，files.zip 文件中，在软件工程运行前应写入 Flash；

file2.txt：本工程对应的系统工程目录下，files.zip 文件中，在软件工程运行前应写入 Flash；

hostfs _ read.txt：工程目录下；

hostfs _ read.txt：工程目录下。

四、实验内容

本程序的实验平台可以直接采用 Altera 公司的 Nios Ⅱ 软件中自带的标准工程。如果使用 GX-SOC/SOPC-EP2C35-M672 核心板，那么路径为 C:\ altera \ kits \ nios2 \ examples \ verilog \ niosⅡ_ cycloneⅡ_ 2c35 \ standard；如果使用 GX-SOC/SOPC-EP1C20-M400 核心板，那么路径为 C:\ altera \ kits \ nios2 \ examples \ verilog \ niosⅡ_ cyclone _ 1c20 \ standard。运行 standard 工程，下载 sof 文件，并在 Nios Ⅱ IDE 软件环境中新建 zip _ filesystem1 _ 0 工程并运行它。

五、系统原理图

系统原理图如图 C-15 所示。

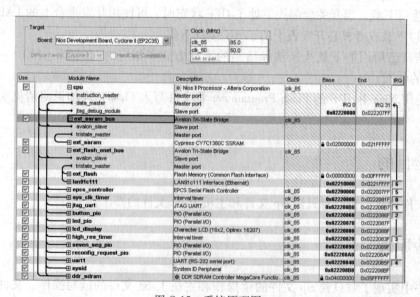

图 C-15　系统原理图

注：

本实验未与实验仪模块的 I/O 连接。核心板上的 EP2C35-M672 芯片或 EP1C20-M400 芯片与 FLASH、SDRAM、SRAM 等已经固定连接，这些连接在所有的 SOPC 实验程序中定义一致，本实验就不再赘述，具体连接定义见核心板原理图。

实验步骤如下。

（1）在 Nios Ⅱ IDE 软件环境中新建一个工程 zip_filesystem1_0（选择 zip_filesystem 模板）。

（2）编译 zip_filesystem1_0 工程。

（3）选中该工程，并选择 Tool 菜单中的 flash programmer。

（4）单击 new，选中 program software project into flash memory。

在 Project 中选择 zip_filesystem_0。

选中 Program a file into flash memory。

在 File 中选择工程项目文件路径 software \ zip_filesystem_0_syslib 下的 files. zip。

在 memory 中选择 ext_flash U5。

在 Offset 中选择 0x0。

（5）单击 apply。

（6）单击 Program Flash。

（注：在运行 Program Flash 命令之前不要运行 Quartus Ⅱ中的工程文件。）

如果下载正确，在 Nios Ⅱ IDE 的 console 窗口中有以下输出。

以下是运行 GX-SOC/SOPC-EP2C35-M672 核心板显示的内容。

```
# Programming flash with the project
$ SOPC_KIT_Nios2/bin/nios2-flash-programmer --input=ext_flash. flash --sof= $ SOPC_
KIT_Nios2/components/altera_nios_dev_board_cyclone_2c35/system/altera_nios_dev_bo-
ard_cyclone_2c35. sof --cable='Nios Ⅱ Evaluation Board [USB-0]' --device=1 --base
=0x01000000
Oct 13,2006 11:11:45 AM - (??) nios2-flash-programmer:Launching Quartus Programmer
to download:
       c:/altera/kits/nios2/components/altera_nios_dev_board_cyclone_2c35/system/
altera_nios_dev_board_cyclone_2c35. sof
Pre-Reading 80KBytes of data from U5:
    |----. ----+----. ----|
    ＊＊＊＊＊＊＊＊＊＊＊＊＊＊＊＊＊＊＊＊ (1. 125 sec).
Erasing 2 Sectors:
    |----. ----+----. ----|
    ＊＊＊＊＊＊＊＊＊＊＊＊＊＊＊＊＊＊＊＊ (1. 047 sec).
Writing 128KBytes :
```

```
|----. ----+----. ----|
```
****************** (6. 813 sec).

Verifying 128KBytes of data:
```
|----. ----+----. ----|
```
****************** (1. 219 sec).

Oct 13,2006 11:12:09 AM - (??) nios2-flash-programmer:Success. Verified 128KBytes written to U5.

Oct 13,2006 11:12:09 AM - (??) nios2-flash-programmer:Flash programming complete

....

Programming flash with the datafile

$ SOPC _ KIT _ Nios2/bin/nios2-flash-programmer --input=files. flash --sof=__ NO _ SOF _ PL EASE __ --cable='Nios Ⅱ Evaluation Board [USB-0]' --device=1 --base=0x01000000

Oct 13,2006 11:23:07 AM - (??) nios2-flash-programmer:SOF-download skipped.

Pre-Reading 0KBytes of data from U5:
```
|----. ----+----. ----|
```
****************** (0. 547 sec).

Writing 64KBytes :
```
|----. ----+----. ----|
```
****************** (3. 454 sec).

Verifying 64KBytes of data:
```
|----. ----+----. ----|
```
****************** (0. 671 sec).

Oct 13,2006 11:23:17 AM - (??) nios2-flash-programmer:Success. Verified 64KBytes written to U5.

Oct 13,2006 11:23:17 AM - (??) nios2-flash-programmer:Flash programming complete

以下是运行 GX-SOC/SOPC-EP1C20-M400 核心板显示的内容。

```
#! /bin/sh
#
# This file was automatically generated by the Nios Ⅱ IDE Flash Programmer.
#
# It will be overwritten when the flash programmer options change.
#

cd C:/altera/kits/nios2/examples/verilog/nios Ⅱ _ cyclone _ 1c20/standard/software/
zip _ filesystem _ 0/Debug

# Creating . flash file for the project
```

$ SOPC _ KIT _ Nios2/bin/elf2flash --flash = U5 --base = 0x00000000 --end = 0x7fffff --reset
= 0x0 --input = zip _ filesystem _ 0. elf --output = ext _ flash. flash --boot = $ SOPC _ KIT _ NIO
S2/components/altera _ nios2/boot _ loader _ cfi. srec
WARNING：Default charset GBK not supported，using ISO-8859-1 instead

Programming flash with the project
$ SOPC _ KIT _ Nios2/bin/nios2-flash-programmer --input = ext _ flash. flash --sof = $ SOPC _ K
IT _ Nios2/components/altera _ nios _ dev _ board _ cyclone _ 1c20/system/altera _ nios _ dev _
board _ cyclone _ 1c20. sof --cable = ' Nios Ⅱ Evaluation Board [USB-0]' --device = 1 --bas
e = 0x00800000
Oct 14，2006 12：30：17 PM - (??) nios2-flash-programmer：Launching Quartus Programmer
to download：
　　　c：/altera/kits/nios2/components/altera _ nios _ dev _ board _ cyclone _ 1c20/system/
altera _ nios _ dev _ board _ cyclone _ 1c20. sof
Pre-Reading 80KBytes of data from U5：
　　| ----. ----+----. ----|
　　＊＊＊＊＊＊＊＊＊＊＊＊＊＊＊＊＊＊＊＊ (1. 094 sec).
Erasing 2 Sectors：
　　| ----. ----+----. ----|
　　＊＊＊＊＊＊＊＊＊＊＊＊＊＊＊＊＊＊＊＊ (1. 922 sec).
Writing 128KBytes ：
　　| ----. ----+----. ----|
　　＊＊＊＊＊＊＊＊＊＊＊＊＊＊＊＊＊＊＊＊ (6. 312 sec).
Verifying 128KBytes of data：
　　| ----. ----+----. ----|
　　＊＊＊＊＊＊＊＊＊＊＊＊＊＊＊＊＊＊＊＊ (1. 109 sec).
Oct 14，2006 12：30：55 PM - (??) nios2-flash-programmer：Success. Verified 128KBytes
written to U5.
Oct 14，2006 12：30：55 PM - (??) nios2-flash-programmer：Flash programming complete
WARNING：Default charset GBK not supported，using ISO-8859-1 instead

Creating . flash file for the read only zip file system
$ SOPC _ KIT _ Nios2/bin/bin2flash --flash = U5 --location = 0x100000 --input = $ SOPC _ KIT _ N
IOS2/examples/verilog/nios Ⅱ _ cyclone _ 1c20/standard/software/zip _ filesystem _ 0 _ sys
lib/files. zip --output = rozipfs. flash
WARNING：Default charset GBK not supported，using ISO-8859-1 instead

Programming flash with the read only zip file system

§ SOPC _ KIT _ Nios2/bin/nios2-flash-programmer --input = rozipfs. flash --sof = __ NO _ SOF _
PLEASE __ --cable = ' Nios Ⅱ Evaluation Board [USB-0]' --device = 1 --base = 0x00800000

Oct 14,2006 12:30:57 PM - (??) nios2-flash-programmer:SOF-download skipped.

Pre-Reading 0KBytes of data from U5:

|----. ----+----. ----|

******************** (0. 516 sec).

Writing 64KBytes:

|----. ----+----. ----|

******************** (3. 235 sec).

Verifying 64KBytes of data:

|----. ----+----. ----|

******************** (0. 671 sec).

Oct 14,2006 12:31:08 PM - (??) nios2-flash-programmer:Success. Verified 64KBytes
written to U5.

Oct 14,2006 12:31:08 PM - (??) nios2-flash-programmer:Flash programming complete

WARNING:Default charset GBK not supported, using ISO-8859-1 instead

Creating . flash file for the datafile

§ SOPC _ KIT _ Nios2/bin/bin2flash --flash = U5 --location = 0x0 --input = § SOPC _ KIT _ Nios2/
examples/verilog/nios Ⅱ _ cyclone _ 1c20/standard/software/zip _ filesystem _ 0 _ syslib/
files. zip --output = files. flash

WARNING:Default charset GBK not supported, using ISO-8859-1 instead

Programming flash with the datafile

§ SOPC _ KIT _ Nios2/bin/nios2-flash-programmer --input = files. flash --sof = __ NO _ SOF _ PL
EASE __ --cable = ' Nios Ⅱ Evaluation Board [USB-0]' --device = 1 --base = 0x00800000

Oct 14,2006 12:31:09 PM - (??) nios2-flash-programmer:SOF-download skipped.

Pre-Reading 0KBytes of data from U5:

|----. ----+----. ----|

******************** (0. 546 sec).

Writing 64KBytes :

|----. ----+----. ----|

******************** (3. 156 sec).

Verifying 64KBytes of data:

|----. ----+----. ----|

******************** (0. 578 sec).

Oct 14,2006 12:31:19 PM - (??) nios2-flash-programmer:Success. Verified 64KBytes
written to U5.

Oct 14,2006 12:31:19 PM - (??) nios2-flash-programmer:Flash programming complete

（7）待文件写入 Flash 完成后，运行 Quartus Ⅱ 工程，并且下载 standard ＿ time ＿ limit-ed. sof 文件，然后进入 Nios Ⅱ IDE 环境中，在 zip ＿ filesystem ＿ 0 的项目环境下的 Nios Ⅱ IDE 界面中，运行 RUN->Debug As->Nios Ⅱ Hardware->，并在>Debug 环境中进行单步仿真，可以在 Nios Ⅱ IDE 的 console 窗口中看到固化在 files. zip 中的文件。

以下是控制窗口中输出的信息：

Reading file 'file1. txt' from ZipFS...
Hello from ZipFS File 1!

Reading file 'file2. txt' from ZipFS...
Hello from ZipFS File 2!

Reading file 'hostfs ＿ read. txt' from host...
Hello from the host filing system!

Creating file 'hostfs ＿ write. txt' on host...

All files successfully read and written.
Check your software project directory for the file 'hostfs ＿ write. txt'

Exiting...

六、源程序代码

zip ＿ filesystem. c 文件

```
#include <stdio. h>
#include <stddef. h>
#include <stdlib. h>
#define      BUF ＿ SIZE (50)
void print ＿ file ＿ contents( FILE ＊ fp) ;
int    main( void)
{
    .
    .
    .
}
```

```
    print _ file _ contents(fp);                //将 file1. txt 的内容打印到屏幕上
fclose (fp);                                     //关闭文件
    printf("Reading file 'file2. txt' from ZipFS. . . \n");
    fp = fopen ("/mnt/rozipfs/file2. txt","r"); //以读方式打开 file2. txt
    if (fp = = NULL)
    {//不能打开,在屏幕上打印提示信息并返回
        printf ("Cannot open file. \n");
        exit (1);
    }
    print _ file _ contents(fp);                //将 file2. txt 的内容打印到屏幕上
    fclose (fp);                                 //关闭文件
    printf("Reading file 'hostfs _ read. txt' from host. . . \n");
    //以读方式打开主机上的 hostfs _ read. txt 文件
    fp = fopen ("/mnt/host/hostfs _ read. txt","r");
        if (fp = =   NULL)
        {
            printf ("Cannot   open file. \n");
            exit (1);
        }
    print _ file _ contents(fp);                //将 host _ read. txt 文件内容打印到屏幕上
    fclose (fp);                                 //关闭文件
    printf("Creating file 'hostfs _ write. txt' on host. . . \n");
    //以写方式打开主机上的 hostfs _ write. txt 文件,若没有则创建
    fp = fopen ("/mnt/host/hostfs _ write. txt","w");
    if (fp = = NULL)
    {//不能打开文件,打印提示信息并返回
        printf ("Cannot open file. \n");
        exit (1);
    }
    //将"Hello from the target! "写入 hostfs _ write. txt
    fprintf(fp,"Hello from the target! ");
    fclose (fp);                                 //关闭文件
    printf(" \nAll files successfully read and written. \n");
    printf("Check your software project directory for the file 'hostfs _ write. txt' \n");
    printf(" \nExiting. . . . \n");
        return 0;

void print _ file _ contents(FILE * fp)
```

```
{//将文件内容读出并打印到屏幕上
  char buffer[BUF_SIZE];
  int read_size;
  int i;
  read_size = fread(buffer,1,BUF_SIZE,fp);
  for(i=0; i<BUF_SIZE-1; i++)
  {
    .
    .
    .
  }
  printf("%s\n",buffer);
}
```

实验六　CF 卡测试实验

一、实验前的准备

（1）该实验未使用 7 个模块组中的各个功能单元。当 3 个拨码开关 MODEL_SEL1～MODEL_SEL3 拨下处于 OFF 状态时，可使用实验仪上的固定连接。

（2）当 4 个拨码开关 MODEL_SEL5～MODEL_SEL8 全置于 ON 状态时，可通过 USB BLASTER 接口下载。当开关全部拨下处于 OFF 状态时，可使用开发平台上的 LAB_JTAG_PS_AS 接口下载或者核心开发板上的 JTAG 接口下载。

可根据自己所用的下载线来选择适当的下载方式和相应的 MODEL_SEL5～MODEL_SEL8 开关的状态。

（3）将一块已存放好数据的 CF 卡插入 CF 卡插槽内。

二、实验目的

了解 CF 卡的工作原理，掌握在 Nios Ⅱ 内应用 CF 卡模块的软硬件设计。

三、实验原理

CF 卡由一个芯片控制器和一个 Flash 存储模块构成，控制器接口与主机系统相连，可实现 Flash 存储器中数据的读写。CF 卡的工作原理如图 C-16 所示。

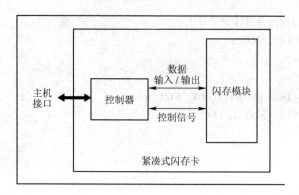

图 C-16　CF 卡的工作原理图

四、实验内容

硬件部分：打开 Quartus Ⅱ 文件夹下 example 中的 standard 或 full _ featured 工程，使用 SOPC Builder 添加一个 altera _ avalon _ cf 器件，并将工程中默认的 LCD 接口删除，因为 LCD 接口与 CF 卡插槽共用了相同的引脚。

软件部分：写程序实现基本的 IDE 接口与 CF 卡的通信，包括调试路径、热交换能力和在 LBA 或 CHS 地址模式下读写 Flash 的能力。

五、硬件系统结构

图 C-17 为添加到系统中后，Nios Ⅱ 系统所显示的 CF 卡模块部分输入和输出端口。

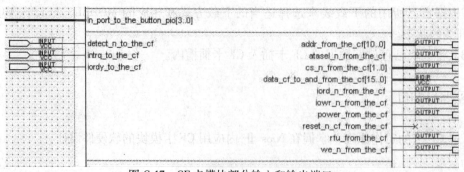

图 C-17　CF 卡模块部分输入和输出端口

图 C-18 为 Nios Ⅱ 系统的结构图。

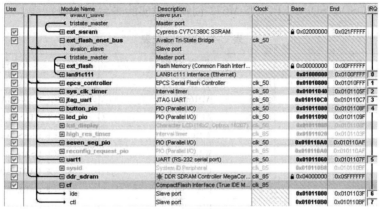

图 C-18　系统结构图

六、引脚分配情况

表 C-5 为 GX-SOC/SOPC-EP1C20-M400 创新开发实验平台引脚分配表。

表 C-5　引脚分配表

设 计 端 口	芯 片 引 脚	开发平台模块	设 计 端 口	芯 片 引 脚	开发平台模块
cf _ power	M13	CF _ POWERA			
addr［0］	H17	A0	cf _ data［0］	F20	D0
addr［1］	H18	A1	cf _ data［1］	F15	D1
addr［2］	H19	A2	cf _ data［2］	E19	D2
addr［3］	W18	A3	cf _ data［3］	F18	D3
addr［4］	K15	A4	cf _ data［4］	E17	D4
addr［5］	J18	A5	cf _ data［5］	D17	D5
addr［6］	J17	A6	cf _ data［6］	D18	D6
addr［7］	J14	A7	cf _ data［7］	C18	D7
addr［8］	H14	A8	cf _ data［8］	C19	D8
addr［9］	J20	A9	cf _ data［9］	D19	D9
addr［10］	J15	A10	cf _ data［10］	D20	D10
			cf _ data［11］	F17	D11
			cf _ data［12］	E18	D12
			cf _ data［13］	F16	D13
			cf _ data［14］	F19	D14
			cf _ data［15］	G16	D15

注：1. 以上分配的 I/O 是针对 EP1C20-M400 核心板和实验仪模块的连接。

　　2. 核心板上的 EP1C20-M400 芯片与 FLASH、SDRAM、SRAM 等已经固定连接，这些连接在所有的 SOPC 实验程序中定义一致，本实验不再赘述，具体连接定义见核心板原理图。

表 C-6 为 GX-SOC/SOPC-EP2C35-M672 创新开发实验平台引脚分配表。

表 C-6　引脚分配表

设 计 端 口	芯 片 引 脚	开发平台模块
clk	PIN _ B13	
cf _ power	AD16	CF POWERA
cf _ atasel	AE16	CF ATASELA n
cf _ detect	W15	CF PRESENTA n
cf _ cs _ n［1］	W16	CF CSA n
cf _ addr［0］	PIN _ M21	CF CARD A0
cf _ addr［1］	PIN _ J26	CF CARD A1
cf _ addr［2］	PIN _ T23	CF CARD A2
cf _ addr［3］	PIN _ V25	CF CARD A3
cf _ addr［4］	PIN _ V26	CF CARD A4
cf _ addr［5］	PIN _ U21	CF CARD A5
cf _ addr［6］	PIN _ U20	CF CARD A6
cf _ addr［7］	PIN _ T19	CF CARD A7
cf _ addr［8］	PIN _ R19	CF CARD A8
cf _ addr［9］	PIN _ U26	CF CARD A9
cf _ addr［10］	PIN _ T18	CF CARD A10
cf _ cs _ n［0］	PIN _ R17	CF CSA n
cf _ data［0］	PIN _ H24	CF CARD D0
cf _ data［1］	PIN _ G26	CF CARD D1
cf _ data［2］	PIN _ G24	CF CARD D2
cf _ data［3］	PIN _ P18	CF CARD D3
cf _ data［4］	PIN _ F26	CF CARD D4
cf _ data［5］	PIN _ J20	CF CARD D5
cf _ data［6］	PIN _ F23	CF CARD D6
cf _ data［7］	PIN _ E25	CF CARD D7
cf _ data［8］	PIN _ F24	CF CARD D8
cf _ data［9］	PIN _ J21	CF CARD D9
cf _ data［10］	PIN _ F25	CF CARD D10
cf _ data［11］	PIN _ N18	CF CARD D11
cf _ data［12］	PIN _ G23	CF CARD D12
cf _ data［13］	PIN _ G25	CF CARD D13
cf _ data［14］	PIN _ H23	CF CARD D14
cf _ data［15］	PIN _ J23	CF CARD D15

注：1. 以上分配的 I/O 是针对 EP2C35-M672 核心板和实验仪模块的连接。

　　2. 核心板上的 EP2C35-M672 芯片与 FLASH、SDRAM、SRAM 等已经固定连接，这些连接在所有的 SOPC 实验程序中定义一致，本实验不再赘述，具体连接定义见核心板原理图。

七、结果分析

在 Nios Ⅱ IDE 下编译和运行程序，没有错误后，将出现如图 C-19 所示菜单供用户选择。

```
cf_test1 Nios II MW configuration [Nios II Hardware] Nios II Terminal Window (4/15/06 10:01 AM)
nios2-terminal: connected to hardware target using JTAG UART on cable
nios2-terminal: "Nios II Evaluation Board [USB-0]", device 1, instance 0
nios2-terminal: (Use the IDE stop button or Ctrl-C to terminate)

IDE Initialized.
Compact Flash/IDE Monitor v 1.3alpha

Compact Flash Debug Commands:
       A: Automated sector write/readback test
       S: Software reset
       I: Identify device
       N: Initialize device
       D: execute device Diagnostic
       R: Read sector(s) in LBA mode.   Format: R [logsector numsectors]
       W: Write sector(s) in LBA mode.  Format: W [logsector numsectors]
       E: rEad sector in CHS mode.      Format: E [cylinder head sector]
       T: wriTe sector in CHS mode.     Format: T [cylinder head sector]
       V: Verbose mode toggle
       X: Exit
```

图 C-19　运行结果

输入 A 后按 Enter 键，自动对各部分进行读写测试，结果如图 C-20 所示。

```
> A
ATesting compact flash device. 63392 sectors will be tested. Progress:
|----|----|----|----|----|
*************************
[cf_test]: Sector test completed successfully
```

图 C-20　运行结果

输入 S 后按 Enter 键，进行软件预置，结果如图 C-21 所示。

```
> S
SsoftwareReset(): software reset command succeeded.
```

图 C-21　运行结果

输入 I 后按 Enter 键，进行器件识别，结果如图 C-22 所示。

```
> I
IIdentify Device:
serial number: STCB30M23006E50634A8
firmware revision: 2.00
model number: TOSHIBA THNCF032MBA
LBA mode supported
PIO mode supported: 2
device parameters:
  # logical cylinders: 496
  # logical heads: 4
  # logical sectors/track: 32
  LBA capacity = 63488 sectors
```

图 C-22　运行结果

输入 N 后按 Enter 键，初始化器件，结果如图 C-23 所示。

```
> N
Nsuccessfully wrote default parameters to IDE drive.
```

图 C-23　运行结果

输入 D 后按 Enter 键，进行器件诊断，结果如图 C-24 所示。

```
> D
DDevice 0 passed; device 1 passed or not present.
```

图 C-24　运行结果

输入 R 1 1 后按 Enter 键，以 LBA 模式从逻辑区 1 的第一部分读取数据，结果如图 C-25 所示。

```
> R 1 1
R 1 1LBA = 1; numSectors: 1
readLBA(): Read OK. Buffer contents:
0000: F4 51 8C B1 F6 B5 31 03 5B 70 5D FD 7F 8B 59 29  .Q....1.[p]..Y)
0010: 48 89 56 03 B7 CD D4 77 A5 A3 BA E4 41 83 6F E1  H.V....w....A.o.
0020: 2F 2D 07 1F 5E 03 70 F7 2C A7 41 A8 DF A0 03 4A  /-..^.p.,.A....J
0030: 3C 53 5F 18 B1 E3 86 AB BF 43 50 81 16 52 2F 9A  <S_......CP..R/.
0040: 62 C3 50 07 54 9B C0 1F D5 78 00 E5 87 7D C7 56  b.P.T....x...}.V
0050: 8D 59 D7 3B 94 44 86 12 E6 99 32 82 05 B5 7D 15  .Y.;.D....2...}.
0060: ED DF 97 CB BB A3 4B 98 97 6D 95 D5 58 31 E0 C5  ......K..m..X1..
0070: BB 0A 16 AF 13 EE 77 3A 22 F3 06 48 8D EB 79 11  ......w:"..H..y.
0080: 3A E5 8D 41 B9 70 48 B4 1C 69 68 89 D6 9A E6 BA  :..A.pH..ih.....
```

图 C-25　运行结果

输入 W 1 1 后按 Enter 键，以 LBA 模式向逻辑区 1 的第一部分写数据，结果如图 C-26 所示。

```
> W 1 1
W 1 1LBA = 1; numSectors: 1
writeLBA(): write OK. Contents of first sector written:
0000: 2F CB 42 98 D0 6C 18 74 43 83 8D 25 45 BD 91 91  /.B..l.tC..%E...
0010: C4 1D 2C 19 F4 36 6E F8 6C D6 58 3A 0B EE C3 0C  ..,..6n.l.X:....
0020: 7B 88 DC 01 0D 5B 0E 9B 91 1C 3A 41 32 76 D4 C0  {....[....:A2v..
0030: 95 EF 5B 57 5D 75 D1 6C 03 19 04 B4 79 07 8A 4C  ..[W]u.l....y..L
0040: 3E F1 1F E3 C5 6F CB 19 F8 F5 43 34 C0 54 41 F5  >....o....C4.TA.
0050: E7 A6 AE E3 B6 D5 42 0D 78 80 2E B0 F9 1B B6 0D  ......B.x.......
0060: 43 83 6A E4 EE 49 1A 24 AE 3A 6F F1 5A 51 C4 88  C.j..I.$.:o.ZQ..
0070: DA 5E 6A 67 25 4B 6D 13 FC E1 32 4F DF 60 78 96  .^jg%Km..2O.`x.
0080: D3 8B 44 49 E3 CD DD 42 EC 1C 91 9A 26 0E 3D 20  ..DI...B....&.=
```

图 C-26　运行结果

输入 E 1 1 1 后按 Enter 键，以 CHS 模式从柱面 1/磁头 1/扇区 1 中读取数据，结果如图 C-27 所示。

```
> E 1 1 1
E 1 1 1CHS = (1, 1, 1); numSectors: 1
readCHS(): read OK. Contents of sector read:
0000:  06 78 19 2D 4F 3F 15 67 06 5A 3C 2C C9 F0 92 A2    .x.-O?.g.Z<,....
0010:  98 59 C8 7D BA AD D8 94 4D E4 63 6C 80 0D A6 92    .Y.}.....M.cl....
0020:  1D 61 75 F8 A8 B2 E0 FE 44 46 52 47 0B 33 FA F7    .au.....DFRG.3..
0030:  6E 39 4E EC 3A 30 5D 52 39 FE DD 14 2E 30 1F 5F    n9N.:0]R9....O._
0040:  4C EC D6 B7 05 41 FF D1 D8 8E 16 52 92 06 3C FB    L....A.....R..<.
0050:  5E 66 B9 0A 15 E3 D6 B2 1C DC 53 8E 30 11 96 97    ^f........S.O...
0060:  9A FA 82 6A 8B E5 4D 09 6B ED BA 19 BC F8 CE 52    ...j..M.k......R
0070:  F8 0E 1D DD D5 1D 30 64 27 4A EA E6 18 C3 31 7A    ......0d'J....1z
0080:  28 E3 1E D9 DE 42 11 CD F0 3C A9 6E E8 DD E2 D1    (....B...<.n....
```

图 C-27　运行结果

输入 T 1 1 1 后按 Enter 键，以 CHS 模式向柱面 1/磁头 1/扇区 1 写数据，结果如图 C-28 所示。

```
> T 1 1 1
T 1 1 1(1, 1, 1)
writeCHS(): write OK. Contents of sector written:
0000:  7C C8 76 8A 64 81 A7 AD A9 8D 2F D9 63 4C D7 68    |.v.d...../.cL.h
0010:  23 7C F6 17 06 54 2B 11 3E 3E 85 45 5F 21 FD 85    #|...T+.>>.E_!..
0020:  5A FF EF 1D 98 19 2A DA 5A 8E B7 E3 E9 9A 82 60    Z.....*.Z......`
0030:  D9 8E EE C5 FC BB B2 CE 86 08 8A 17 24 31 CA AC    ............$1..
0040:  A9 1A 65 7E 8F FF BE 66 FC 93 7A AE 89 90 A0 00    ..e~...f..z.....
0050:  B4 CA 11 69 CD 25 FC DD 40 72 85 A6 E6 42 E5 03    ...i.%..@r...B..
0060:  46 04 71 72 D8 3A 1D 00 93 51 10 F4 D7 0D 0D C4    F.qr.:...Q.....
0070:  A7 C3 B4 61 0D AC BA 9E 92 38 61 FC 54 4E 90 F5    ...a.....8a.TN..
0080:  E5 06 7B 94 F6 F9 7E B8 ED 78 A7 6E 09 B7 C1 53    ..{...~..x.n...S
0090:  34 17 92 AE 8B 64 18 21 15 A1 34 E6 EE A2 E5 6B    4....d.!..4....k
```

图 C-28　运行结果

输入 V 后按 Enter 键，关闭冗长模式，结果如图 C-29 所示。

```
> v
vverbose mode is off
```

图 C-29　运行结果

输入 X 后按 Enter 键，退出测试，结果如图 C-30 所示。

```
> X
XIDE De-initialized. Goodbye.
```

图 C-30　运行结果

八、源程序代码

CF 卡测试相关程序及头文件（C 语言）的源程序代码（略），详见北京交通大学出版社网站。

实验七　I^2C 总线通信实验

一、实验前的准备

（1）该实验未使用 7 个模块组中的各个功能单元。当 3 个拨码开关 MODEL _ SEL1～MODEL _ SEL3 拨下处于 OFF 状态时，可使用实验仪上的固定连接。

（2）当 4 个拨码开关 MODEL _ SEL5～MODEL _ SEL8 全置于 ON 状态时，可通过 USB BLASTER 接口下载。当开关全部拨下处于 OFF 状态时，可使用开发平台上的 LAB _ JTAG _ PS _ AS 接口下载或者核心开发板上的 JTAG 接口下载。

可根据自己所用的下载线来选择适当的下载方式和相应的 MODEL _ SEL5～MODEL _ SEL8 开关的状态。

二、实验目的

了解 I^2C 总线协议及主从器件通信方式，熟悉 Nios Ⅱ IDE 下的总线通信设计。

三、实验原理

实验原理如图 C-31 所示。

I^2C 总线仅仅依靠两根连线就实现了完善的全双工同步数据传送：一根为串行数据线（SDA），一根为串行时钟控制线（SCL）。该总线协议有严格的时序要求。总线工作时，由 SCL 传送时钟脉冲，由 SDA 传送数据。总线传送的每帧数据均为一个字节（8 bit），但启动 I^2C 总线后，传送的字节个数没有限制，只要求每传送一个字节后，对方回应一个应答位。发送数据时先发送数据的最高位（MSB）。

I^2C 总线协议规定，启动总线后第一个字节的高 7 位为从器件的寻址地址，第 8 位为方向位（"0"表示主器件对从器件的写操作；"1"表示主器件对从器件的读操作），其余的字节为操作的数据。每次传送开始时总线有起始信号，结束时有停止信号。在总线传送完一个或几个字节后，可以使 SCL 的电平变低，从而使传送暂停。

图 C-32 为 I^2C 总线 RTL 时钟芯片的寄存器分布图。

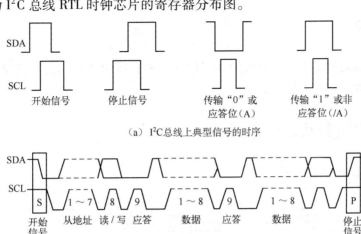

（a）I^2C 总线上典型信号的时序

（b）一次完整的数据传送过程

图 C-31 原理图

地址	数据								功能/范围	
	D7	D6	D5	D4	D3	D2	D1	D0	BCD 码格式	
0	ST	10 Seconds			Seconds				Seconds	00~59
1	X	10 Minutes			Minutes				Minutes	00~59
2	CEB	CB	10 Hours		Hours				Century/Hours	0-1/00~23
3	X	X	X	X	X	Day			Day	01~07
4	X	X	10 Date		Date				Date	01~31
5	X	X	X	10 Month	Month				Month	01~12
6	10 Years				Years				Year	00~99
7	OUT	FT	S	Calibration					Control	

图 C-32 寄存器分布图

用户需要使用 8 个寄存器来实现对时钟的读写操作，第 0 个寄存器的第 7 位为晶振使能位，只有在低电平有效时，内部时钟才会自动计时；第 2 个寄存器的第 6 位和第 7 位为世纪功能位，当第 7 位高电平有效时，第 6 位就会随着第 6 个寄存器中年份的变化而发生相应的变化，从 0 到 1 或从 1 到 0。

四、实验内容

在 SOPC Builder 中添加 I^2C 总线的两根连线（SCL 和 SDA），然后编写程序实现对 I^2C E^2PROM 和 I^2C RTL 时钟的读写。

五、硬件结构图和软件流程图

硬件结构图如图 C-33 所示。

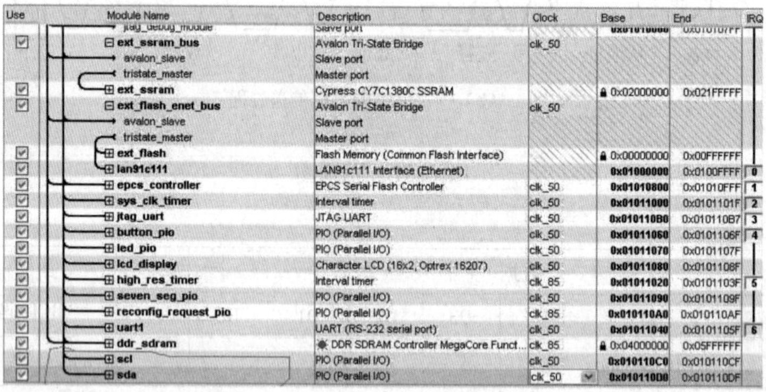

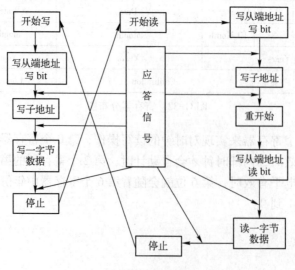

图 C-33　硬件结构图

软件流程图如图 C-34 所示。

图 C-34　软件流程图

六、引脚分配情况

表 C-7 为 GX-SOC/SOPC-EP1C20-M400 创新开发实验平台引脚分配表。

表 C-7　引脚分配表

设 计 端 口	芯 片 引 脚	开发平台模块
SCA	AE24	I2 RTC SCA
SDA	T21	I2 ETC SDA

注：1. 以上分配的 I/O 是针对 EP1C20-M400 核心板和实验仪模块的连接。
　　2. 核心板上的 EP1C20-M400 芯片与 FLASH、SDRAM、SRAM 等已经固定连接，这些连接在所有的 SOPC 实验程序中定义分配一致，本实验就不再赘述，具体连接定义见核心板原理图。

表 C-8 为 GX-SOC/SOPC-EP2C35-M672 创新开发实验平台引脚分配表。

表 C-8　引脚分配表

设 计 端 口	芯 片 引 脚	开发平台模块
SCA	AE24	I2 RTC SCA
SDA	T21	I2 ETC SDA

七、结果分析

（1）固定写入 170 个数据，显示结果如图 C-35 所示。

```
i2c_test Nios II HW configuration [Nios II Hardware] Nios II Terminal Window (4/27/06 11:47 AM)
nios2-terminal: connected to hardware target using JTAG UART on cable
nios2-terminal: "Nios II Evaluation Board [USB-0]", device 1, instance 0
nios2-terminal: (Use the IDE stop button or Ctrl-C to terminate)

start
1,2,3,4,5,6,7,8,9,a,b,c,d,e,f,10,11,12,13,14,15,16,17,18,19,1a,1b,1c,1d,1e,1f,20
,21,22,23,24,25,26,27,28,29,2a,2b,2c,2d,2e,2f,30,31,32,33,34,35,36,37,38,39,3a,3
b,3c,3d,3e,3f,40,41,42,43,44,45,46,47,48,49,4a,4b,4c,4d,4e,4f,50,51,52,53,54,55,
56,57,58,59,5a,5b,5c,5d,5e,5f,60,61,62,63,64,65,66,67,68,69,6a,6b,6c,6d,6e,6f,70
,71,72,73,74,75,76,77,78,79,7a,7b,7c,7d,7e,7f,80,81,82,83,84,85,86,87,88,89,8a,8
b,8c,8d,8e,8f,90,91,92,93,94,95,96,97,98,99,9a,9b,9c,9d,9e,9f,a0,a1,a2,a3,a4,a5,
a6,a7,a8,a9,aa,read i2c DATA successful
```

图 C-35　结果

（2）固定写入 85 个数据，显示结果如图 C-36 所示。
（3）用 PC 键盘输入任意 8 个字节数据，显示结果如图 C-37 所示。
（4）读取时钟数据的结果如图 C-38 所示。

```
nios2-terminal: connected to hardware target using JTAG UART on cable
nios2-terminal: "Nios II Evaluation Board [USB-0]", device 1, instance 0
nios2-terminal: (Use the IDE stop button or Ctrl-C to terminate)

 start
1,2,3,4,5,6,7,8,9,a,b,c,d,e,f,10,11,12,13,14,15,16,17,18,19,1a,1b,1c,1d,1e,1f,20
,21,22,23,24,25,26,27,28,29,2a,2b,2c,2d,2e,2f,30,31,32,33,34,35,36,37,38,39,3a,3
b,3c,3d,3e,3f,40,41,42,43,44,45,46,47,48,49,4a,4b,4c,4d,4e,4f,50,51,52,53,54,55,
read i2c DATA successful
```

图 C-36　结果

```
i2c_test Nios II HW configuration [Nios II Hardware] Nios II Terminal Window (4/27/06 11:54 AM)
nios2-terminal: connected to hardware target using JTAG UART on cable
nios2-terminal: "Nios II Evaluation Board [USB-0]", device 1, instance 0
nios2-terminal: (Use the IDE stop button or Ctrl-C to terminate)

0x01,0x0a,0x11,0x1a,0xaa,0xa1,0xff,0x00
 start
1,a,11,1a,aa,a1,ff,0,read i2c DATA successful
```

图 C-37　结果

```
nios2-terminal: connected to hardware target using JTAG UART on cable
nios2-terminal: "Nios II Evaluation Board [USB-0]", device 1, instance 0
nios2-terminal: (Use the IDE stop button or Ctrl-C to terminate)

 start
date is 4/4/7 4,time is 17:25:21
date is 4/4/7 4,time is 17:25:22
date is 4/4/7 4,time is 17:25:23
date is 4/4/7 4,time is 17:25:24
date is 4/4/7 4,time is 17:25:25
date is 4/4/7 4,time is 17:25:26
date is 4/4/7 4,time is 17:25:27
date is 4/4/7 4,time is 17:25:28
```

图 C-38　结果

　　这里在程序中先对时钟进行初始化，然后再读取出来。之后，如果用户屏蔽掉写入部分直接读取的话，也可以看到时钟的计时效果。同时，在 LCD 上也能看到显示结果。

　　从以上结果看出输入和输出结果相同，说明读写操作没有问题，实验基本达到要求。

八、源程序代码

　　（1）C 语言程序。

```c
#include <stdio. h>
#include <string. h>
```

```
#include <stdlib. h>
#include "system. h"
#include "altera _ avalon _ pio _ regs. h"
#include "alt _ types. h"
#include <unistd. h>
#include <io. h>

/ * start I2C * /
void start( ) {
    IOWR _ ALTERA _ AVALON _ PIO _ DIRECTION(SDA _ BASE,1);
    IOWR _ ALTERA _ AVALON _ PIO _ DIRECTION(SCL _ BASE,1);
    IOWR _ ALTERA _ AVALON _ PIO _ DATA(SDA _ BASE,1);
    IOWR _ ALTERA _ AVALON _ PIO _ DATA(SCL _ BASE,1);
    usleep(5);
    IOWR _ ALTERA _ AVALON _ PIO _ DATA(SDA _ BASE,0);
    usleep(5);
    IOWR _ ALTERA _ AVALON _ PIO _ DATA(SCL _ BASE,0);
}


/ * stop I2C * /
void stop( ) {
    IOWR _ ALTERA _ AVALON _ PIO _ DIRECTION(SDA _ BASE,1);
    IOWR _ ALTERA _ AVALON _ PIO _ DIRECTION(SCL _ BASE,1);
    IOWR _ ALTERA _ AVALON _ PIO _ DATA(SDA _ BASE,0);
    IOWR _ ALTERA _ AVALON _ PIO _ DATA(SCL _ BASE,1);
    usleep(5);
    IOWR _ ALTERA _ AVALON _ PIO _ DATA(SDA _ BASE,1);
    usleep(5);
    IOWR _ ALTERA _ AVALON _ PIO _ DATA(SCL _ BASE,0);
}


/ * ack * /
void ack( ) {
    IOWR _ ALTERA _ AVALON _ PIO _ DIRECTION(SDA _ BASE,0);
    IOWR _ ALTERA _ AVALON _ PIO _ DIRECTION(SCL _ BASE,1);
    IOWR _ ALTERA _ AVALON _ PIO _ DATA(SDA _ BASE,0);
    usleep(5);
    IOWR _ ALTERA _ AVALON _ PIO _ DATA(SCL _ BASE,1);
```

```
        usleep(5);
        IOWR_ALTERA_AVALON_PIO_DATA(SCL_BASE,0);
}

/* write over I2C */
void wrbyt(unsigned char number){
    unsigned char   temp_number;
    unsigned char i;
    int delay;
    IOWR_ALTERA_AVALON_PIO_DIRECTION(SDA_BASE,1);
    IOWR_ALTERA_AVALON_PIO_DIRECTION(SCL_BASE,1);
    for(i=0;i<8;i++){
            .
            .
            .
    }
    IOWR_ALTERA_AVALON_PIO_DATA(SCL_BASE,0);
    usleep(5);
}
/* read one Byte over I2C */
unsigned char rdbyt(){
    unsigned char i=8;
    unsigned char DATA_received=0;
    int delay;
    IOWR_ALTERA_AVALON_PIO_DIRECTION(SDA_BASE,0);
    IOWR_ALTERA_AVALON_PIO_DIRECTION(SCL_BASE,1);
    while (i--){
            .
            .
            .
    }
    IOWR_ALTERA_AVALON_PIO_DATA(SCL_BASE,0);
    usleep(5);
    return DATA_received;
}
int main(){
    unsigned char ff[170] = {0x01,0x02,0x03,0x04,0x05,0x06,0x07,0x08,0x09,0x0a,0x0b,
0x0c,0x0d,0x0e,0x0f,0x10,0x11,0x12,0x13,0x14,0x15,0x16,0x17,0x18,0x19,0x1a,0x1b,
```

```
0x1c,0x1d,0x1e,0x1f,0x20,0x21,0x22,0x23,0x24,0x25,0x26,0x27,0x28,0x29,0x2a,0x2b,
0x2c,0x2d,0x2e,0x2f,0x30,0x31,0x32,0x33,0x34,0x35,0x36,0x37,0x38,0x39,0x3a,0x3b,
0x3c,0x3d,0x3e,0x3f,0x40,0x41,0x42,0x43,0x44,0x45,0x46,0x47,0x48,0x49,0x4a,0x4b,
0x4c,0x4d,0x4e,0x4f,0x50,0x51,0x52,0x53,0x54,0x55,0x56,0x57,0x58,0x59,0x5a,0x5b,
0x5c,0x5d,0x5e,0x5f,0x60,0x61,0x62,0x63,0x64,0x65,0x66,0x67,0x68,0x69,0x6a,0x6b,
0x6c,0x6d,0x6e,0x6f,0x70,0x71,0x72,0x73,0x74,0x75,0x76,0x77,0x78,0x79,0x7a,0x7b,
0x7c,0x7d,0x7e,0x7f,0x80,0x81,0x82,0x83,0x84,0x85,0x86,0x87,0x88,0x89,0x8a,0x8b,
0x8c,0x8d,0x8e,0x8f,0x90,0x91,0x92,0x93,0x94,0x95,0x96,0x97,0x98,0x99,0x9a,0x9b,
0x9c,0x9d,0x9e,0x9f,0xa0,0xa1,0xa2,0xa3,0xa4,0xa5,0xa6,0xa7,0xa8,0xa9,0xaa};
        unsigned char qq[170]={}; //read back to test whether ff==qq.....
        unsigned char i;
        printf("start\n");
        for (i=0;i<170;i++){
            .
            .
            .

        }
        printf("read i2c DATA successful\n");
}
```

（2）只有 main( )函数与前不同。

```
    .
    .
    .
```

（3）也是只有 main( )函数与前不同。

```
    .
    .
    .
```

（4）还是只有 main( )函数与前不同。

参 考 文 献

［1］　江国强. SOPC 技术与应用［M］. 北京：机械工业出版社，2006.

［2］　潘松，黄继业，曾毓，等. SOPC 技术实用教程［M］. 北京：清华大学出版社，2005.

［3］　彭澄廉，周博，邱卫东，等. 挑战 SOC：基于 NIOS 的 SOPC 设计与实践［M］. 北京：清华大学出版社，2004.

［4］　Altera Corporation. Quick Start Guide for Quartus Ⅱ Software［Z］. 2006.

［5］　Altera Corporation. Nios Ⅱ Processor Reference Handbook［Z］. 2006.

［6］　Altera Corporation. Avalon Interface Specification［Z］. 2005.

［7］　Altera Corporation. DSP Builder Reference Manual［Z］. 2006.

［8］　Altera Corporation. Nios Ⅱ Software Developer's Handbook［Z］. 2006.

［9］　Altera Corporation. Nios Ⅱ IDE Help System［Z］. 2006.

［10］　Altera Corporation. Nios Ⅱ Custom Instruction User Guide［Z］. 2007.

［11］　Altera Corporation. Nios Ⅱ C2H User Guide［Z］. 2006.

［12］　Altera Corporation. Accelerating Nios Ⅱ Systems with the C2H Compiler Tutorial［Z］. 2006.

［13］　周立功. SOPC 嵌入式系统基础教程［M］. 北京：北京航空航天大学出版社，2006.

［14］　徐光辉，程东旭，黄如，等. 基于 FPGA 的嵌入式开发与应用［M］. 北京：电子工业出版社，2006.

［15］　王晓迪，张景秀. SOPC 系统设计与实践［M］. 北京：北京航空航天大学出版社，2008 .

［16］　杨军. 基于 FPGA 的 SOPC 实践教程［M］. 北京：科学出版社，2010.

［17］　宋彩利，康磊. 数字系统设计与 SOPC 技术［M］. 西安：西安交通大学出版社，2012.